游戏造梦师

游戏策划职业入门教程

何振宇 编著

電子工業出版社
Publishing House of Electronics Industry
北京•BEIJING

图书在版编目（CIP）数据

游戏造梦师：游戏策划职业入门教程 / 何振宇编著. —北京：电子工业出版社，2024.1

ISBN 978-7-121-46839-1

Ⅰ. ①游… Ⅱ. ①何… Ⅲ. ①游戏程序－程序设计－教材 Ⅳ. ①TP317.6

中国国家版本馆CIP数据核字（2023）第232187号

责任编辑：高　鹏
印　　刷：天津千鹤文化传播有限公司
装　　订：天津千鹤文化传播有限公司
出版发行：电子工业出版社
　　　　　北京市海淀区万寿路173信箱　　邮编：100036
开　　本：787×1092　1/16　印张：17.25　字数：441.6千字
版　　次：2024年1月第1版
印　　次：2024年10月第5次印刷
定　　价：98.00元

凡所购买电子工业出版社图书有缺损问题，请向购买书店调换。若书店售缺，请与本社发行部联系，联系及邮购电话：（010）88254888，88258888。

质量投诉请发邮件至zlts@phei.com.cn，盗版侵权举报请发邮件至dbqq@phei.com.cn。

本书咨询联系方式：（010）88254161~88254167转1897。

读者服务

您在阅读本书的过程中如果遇到问题，可以关注“有艺”公众号，通过公众号中的“读者反馈”功能与我们取得联系。此外，通过关注“有艺”公众号，您还可以获取艺术教程、艺术素材、新书资讯、书单推荐、优惠活动等相关信息。

扫一扫关注“有艺”

投稿、团购合作：请发邮件至 art@phei.com.cn。

前言

我为何要写一本关于游戏策划的书？

今年是我成为游戏策划的第十个年头了。可是，每当有人通过私信问我“到底什么才是游戏策划”的时候，我仍然会觉得，这是一个很难回答的问题。

因为，在很多人眼中，游戏策划是一个很奇怪的职业。它既神秘，神秘到大部分人都只闻其名，却难窥其全貌；它又“多余”，多余到大部分人都以为游戏策划的工作只是写写剧情、改改数值而已。并且，游戏策划还是一个特别“招骂”的职业。一款游戏只要出了问题，第一个被“喷”的绝对是游戏策划。而一款游戏被赞好玩，却极少有人愿意夸一夸游戏策划。

当然，我不能说这些对于游戏策划的刻板印象都有问题，但这些现象所表现的是大部分玩家对于这个职业的不了解。因此，假如你是一名想成为游戏策划的大学生，或者是一位由于对现在的工作不满意，想转行进入游戏行业的人，那么要了解这个行业，大概率只能通过网络上各种碎片化的介绍，或者去花一大笔钱参与那些并不知道是否靠谱的培训班。就像我一样，最初进入这个行业之时，想要在市场上找一本关于游戏策划的图书，看到的却大都是国外的各种游戏设计师所著的关于游戏设计的内容，而介绍游戏策划这个职业的图书却少之又少。

因此，我便萌生了“把我学习的这些与游戏策划相关的知识分享给想要进入这个行业的人，帮助他们少走一些弯路”的念头。于是，我便开设了我的自媒体账号，并在这条道上步履蹒跚地走了两年。虽说没有多少粉丝，但我的确很享受分享带给我的成就感。

本以为，我的生活会一如既往，直到有一天，一条私信点燃了我心中沉寂已久的火焰。我仍然记得，那是平平无奇的一天，我正在卫生间刷牙，随手打开信息后台，看到了这样一条私信：

您好！我是一名快要毕业的大学生，我对游戏策划工作很感兴趣，想了解一下游戏策划的具体工作内容，以及我该如何努力。谢谢您。

我也不知为何这条私信会触动我，可能是见过了太多同样的问题，也可能是那一份莫名涌上心头的责任感。于是，我火速刷完了牙，冲出卫生间，对我老婆说：

“我决定了，我想写一本关于游戏策划的书！”

我觉得我老婆当时听到这句话脑子都是蒙的。她可能觉得我只是一时兴起。再看我自己，在说出这句话时，我就已经开始嘲笑自己了：你自己干游戏策划还没干明白呢，就想写书？因此，之后我也好像只是把这句话当作一时冲动的玩笑话，再也没有提起。

但是，命运使然。由于做自媒体的缘故，我有了一次和出版社的编辑沟通的机会，编辑希望我写这样一本书。在反复斟酌之后，我决定挑战自己，去完成那句“玩笑话”。我不仅希望能通过这本书让更多的人了解游戏策划，进而成为游戏策划，为振兴国产游戏出一些力，而且希望自己能更全面地去总结这些年的工作经验，在此过程中去更深入地学习和研究——也算是为自己的这十年游戏策划经历立下一块小小的里程碑吧！

在阅读之前，我想为你简单地介绍一下本书的内容。本书先从“什么是游戏”讲起，再详细介绍游戏策划的分工及其具体工作内容和成长方法，最后以介绍游戏开发的具体过程和学习制作游戏原型结束。本书主要从游戏策划这个职业出发，从职场体验和实际工作的角度来介绍游戏策划和游戏开发的相关内容。

需要事先说明的是，本书不适合那些具有一定游戏策划经验的人，也不适合想要深入学习游戏设计的开发者，但它可以帮助那些想要了解这个行业或刚刚进入这个行业的人来系统地了解游戏策划这个职业。本书的内容可能并不像很多专业游戏设计图书那样深入，但我本着“就算完全不了解游戏策划的人也能看懂”的原则，尽量让其通俗易懂。当然，由于本人的学识有限，书中难免有一些过时的、不严谨的内容，希望大家批评指正。如果有机会，我也希望在后续的修订过程中不断完善本书，让本书真正成为“最适合游戏策划入门”的图书。

我希望本书能对你的职业规划和游戏开发工作有一定的帮助，同时也希望你能保持对游戏开发的热爱。祝阅读愉快！

目录

第6章

战斗策划：核心玩法缔造者/111

第7章

关卡策划：玩法检验者/133

第8章

技术策划：连接程序员和策划的桥梁/173

第9章

主策划：策划主心骨/185

第10章

了解其他策划岗位/193

第11章

一款游戏的诞生/201

第12章

游戏性与玩家心理/211

第 1 章

什么是游戏

“小明，你有没有想过，以后咱们也可以做一个像《魂斗罗》这样的游戏给玩家玩呢？那样多酷啊！”小宇一边操控着电视里的角色，一边兴冲冲地对旁边的小伙伴说道。

“哈哈哈，你还想做游戏？那我问你，你知道游戏是什么吗？”小明目不转睛地盯着屏幕，头也不回地问。

“啊……游戏，不就是用来玩的东西吗？”小宇想了想，没什么底气地回答道。

听到这样的回答，小明顿时笑了起来：“哈哈哈，玩具也能用来玩啊，那玩具也是游戏吗？”

“那……那你说游戏是什么？”不服气的小宇被说得红了脸，立马反问道。

“游戏……是……是……可以带来乐趣的东西！”小明憋了半天，憋出了这么一句话。

“哈哈哈，你这说得还不如我呢！你快打 BOSS 啊，今天谁死得最多，谁是小狗！”

1.1　游戏的本质

什么是游戏?

作为一名玩家，你是否问过自己这个问题。或许你会说：“我不需要知道什么是游戏，我只需要知道它好玩，这就够了。”是的，对于玩家来说，游戏的本质远没有游戏所带来的乐趣更重要。但是，作为一名游戏设计师，在开始设计一款游戏时，如果连游戏是什么都没有搞清楚，就好像厨师不知道不同食材的区别，木匠不了解木料的种类一样，不知从何下手，或者干脆抄袭其他游戏。

其实，这是一个不太好回答的问题。我们一谈到游戏，几乎已经默认其为利用计算机或游戏机去玩，并且能带来乐趣的电子游戏。但实际上，我们从小就见过游戏的雏形了，那便是童年时面对面玩过的各种小游戏。所以，在思考什么是游戏的时候，我们不妨先回想一下，那些小时候玩过的游戏到底都有什么特征。

石头剪刀布，这应该是非常常见的游戏之一了。直到现在我仍然不清楚为什么在世界上的许多地方，这个游戏的玩法都惊人地相似，就好像有人一夜之间把全世界的人都教会了似的。当然，今天我们不是要讨论它的起源，而是要归纳它的特征。

游戏名称：石头剪刀布。

规则：对决双方同时比出“石头、剪刀、布”其中的一个手势，根据“石头克剪刀，剪刀克布，布克石头，手势相同为平局”的判定规则来决定胜负。

通过这个规则，同时你回忆一下你和你的朋友在玩这个游戏时身处的场景。这时，你可以归纳出游戏的什么特征呢?

- 这是一个需要两个及以上玩家才可以进行的游戏（当然，如果你喜欢自己和自己玩也可以，但你会发现自己赢自己好像没什么意思）。
- 有非常明确的规则，且参与的玩家（甚至是旁观者）都非常清楚这些规则。
- 玩家对自己要比出什么手势完全自主。
- 游戏的目标是决出胜负。玩家为了获得胜利，会动用自己全部的智慧（和运气），甚至衍生出了各种涉及心理学范畴的博弈论。

- 胜负很难预测。
- 无论是结果还是过程，这个游戏都会让玩家兴致盎然。胜负出现的那一刹那，获胜者沾沾自喜，失败者后悔莫及，但大家都会享受这个游戏过程，甚至胜负本身对于有的玩家来讲都已经没有那么重要了。

现在，你是不是对游戏的特征有了一些模糊的认识了？别急，我再举一个例子，毕竟归纳的结论还是需要一定的样本数量才更具有说服力的。

为了保证样本种类的多样性，这次举例就放过小时候玩的游戏了，回归到设计目标——电子游戏上来。

《俄罗斯方块》是一个家喻户晓的游戏。它是由俄罗斯人阿列克谢·帕基特诺夫以 Electronica 60（一种计算机）为操作平台发明的休闲游戏。

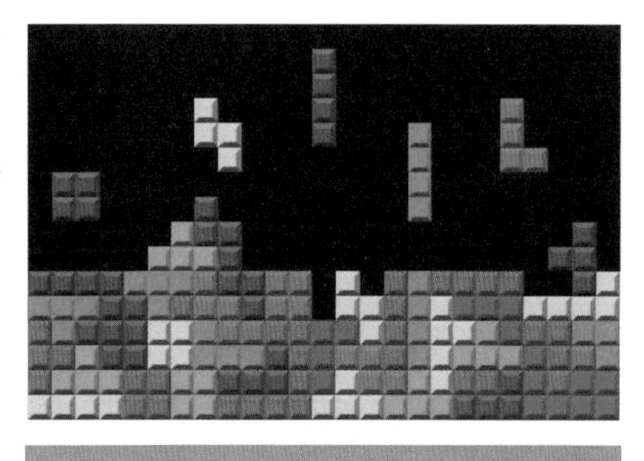

依照惯例，我们拆解并归纳一下它的规则。

游戏名称：俄罗斯方块。

规则：随机从由 4 个方块组成的 7 种形状中选出一种，从屏幕上方的随机位置下落，通过移动、旋转和摆放这些方块，使之排列成完整的一行或多行，消除可得分。

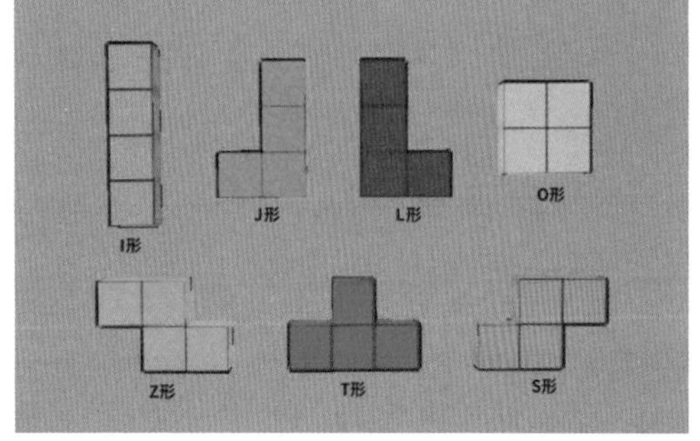

那么，我们从这个规则中可以尝试归纳出以下几条特征。

- 这是一个需要一位玩家的游戏（其实现在已经有多人对战版本，但此处就以经典的单机版本为例）。
- 游戏的规则简单易懂，一上手就会。
- 可以操作方块左右移动、旋转和加速下落。
- 游戏的目标是获得更高的分数。

- 一旦屏幕被方块充满，游戏就结束了。
- 无法确定每局游戏的时长和最终分数。
- 非常经典和耐玩，充满乐趣，经久不衰。

有了两个样本作为参照，我们就可以尝试去总结游戏的通用特征了。

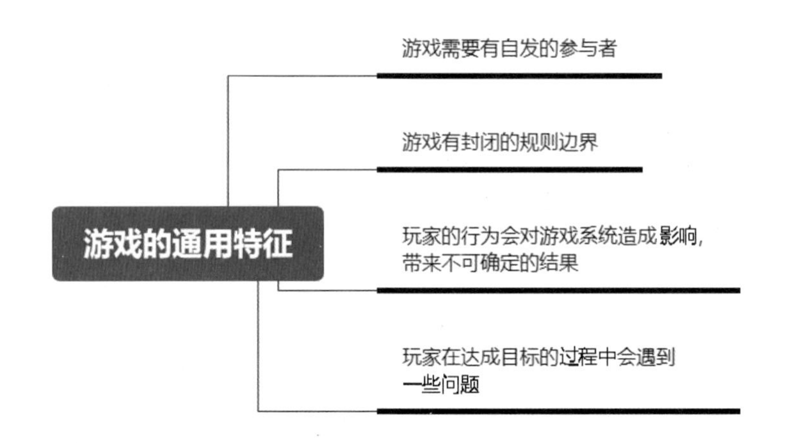

1. 游戏需要有自发的参与者

我们想要玩《俄罗斯方块》，想要玩“石头剪刀布”，这是可以选择的。当然，我们也可以不玩这两款游戏，而去玩其他的游戏，如《超级马里奥》、“丢骰子比大小”，同样能从中获得不少的乐趣，或者实现和朋友一决高下的目的。玩耍的一个重要特征就是它是自发的。试想，你被要求去玩游戏和你自己选择去玩游戏，哪种情况让你更有“玩耍”的感觉？事实上，我们从小感兴趣，且想要去玩耍的事物，都是自己选择的。

玩耍是人们自愿并且乐于去做的事情。

——乔治·桑塔亚那

2. 游戏有封闭的规则边界

游戏必须有规则。这很好理解，比如“石头剪刀布”的手势比拼规则，《俄罗斯方块》的同列消除规则，都是非常明确、直观的限定条件。“边界”就决定了游戏规则不能被打破，一旦被打破，游戏也就失去了其原本的意义。我出石头，你也出石头；你说你的石头比我的大，所以你赢。显然，这样玩游戏就进行不下去了。而且，规则也是游戏乐趣非常重要的组成部分。这就好比那些玩竞技游戏开挂的人，可能一开始他会觉得自己无所不能，但慢慢地，他就会觉得无聊了，因为他打破了规则，所以丧失了挑战的乐趣。

“封闭”也是游戏规则的一个重要特征。封闭指的是一个游戏的规则，只在自己这个封闭系统内有效。例如，“石头剪刀布”的规则放到《俄罗斯方块》中就无法成立。甚至同类型的不同游戏，各自的规则也是封闭的。在《APEX 英雄》中，每个玩家的血量固定是 100 点。但是在同是 FPS（First-person Shooting Game，第一人称射击游戏）游戏的《守望先锋》中，不同位置英雄的血量有一定的差别，这是因为这些游戏要给人以不一样的体验，所以它们的规则只在自己这个封闭的游戏系统内有效。

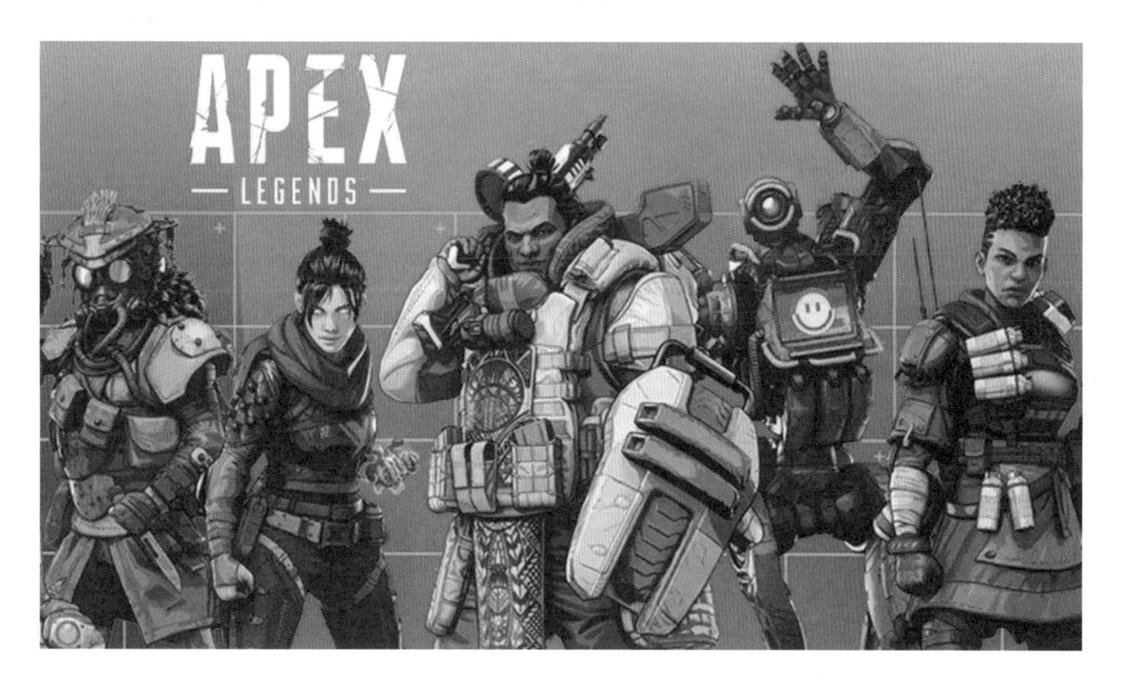

3. 玩家的行为会对游戏系统造成影响，带来不可确定的结果

这是游戏的重要特征之一：交互和反馈。游戏和其他媒体最重要的区别就是“交互”。看一本书，看一部电影，我们都是被动接收者。作家和导演安排和设计好剧情、内容，作为读者和观众，我们是没有更改的权力的。在游戏中，我们可以通过移动鼠标，按下按键，滑动屏幕，甚至在摄像机前扭动身体，让游戏中的角色等按照自己想要的方式（在游戏系统限定范围内）去移动、战斗。“交互”使我们不再是屏幕前只能傻傻坐着的看客，而是化身为用手控制角色的木偶大师，或者心灵操纵者，和游戏中的世界融为一体。这也是游戏让人有极强沉浸感的重要原因。

交互有了，反馈也有了，但是玩家不是机器人，并不能保证每次操作都是精准的，也不能保证每次判断都是准确的，再加上游戏中会用各种如暴击、概率掉装备这样的随机机制来增加不确定的干扰因素，所以只有不断地交互、反馈，才能提高达成游戏目标的概率。而这些不可预知的结果，也使玩家们对每一次操作都聚精会神，对每一场游戏都充满期待。

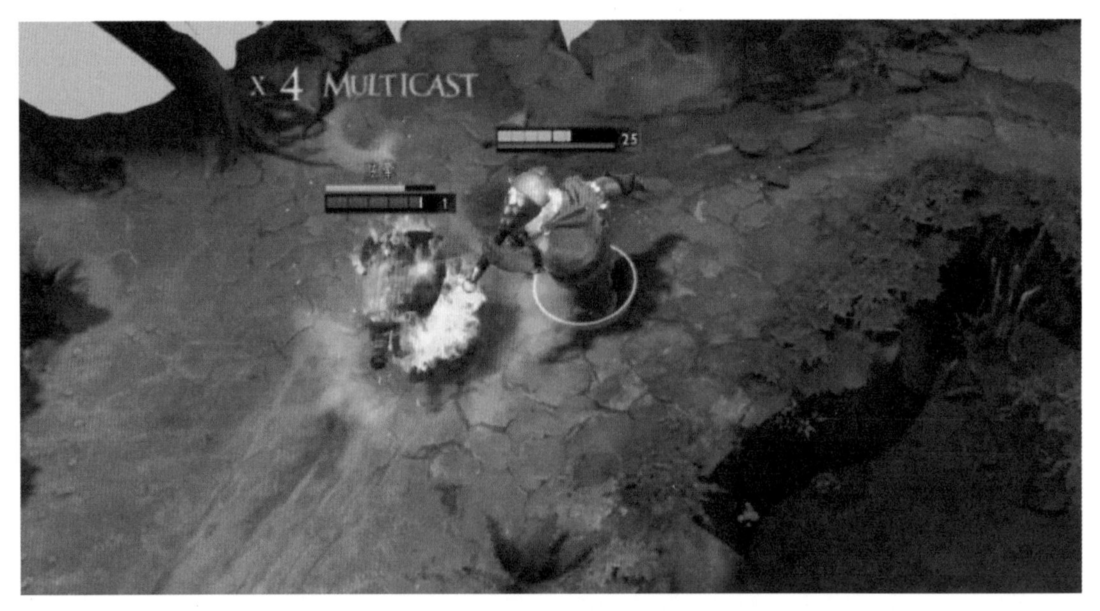

DOTA2 中的多重施法暴击

相对地，在你知道一个游戏的结果后，你便会丧失玩这个游戏的动力了。试想一下，当你玩“石头剪刀布”的时候，如果对手是一只螃蟹，你还会觉得这是一个“游戏”吗？

4. 玩家在达成目标的过程中会遇到一些问题

玩一个游戏，就是在解决一个或多个问题。玩《超级马里奥》，要解决如何让马里奥

跳跃到敌人头上消灭敌人，以及如何最终夺得旗帜的问题；玩 *CS：GO*，要解决如何快速击杀敌人，以及如何获得比赛胜利的问题。既然是问题，那么必然需要通过一定的方法、手段，甚至是缜密的思考、精确的操作才能解决。我们可以把解决问题理解为完成游戏中充满的各种挑战。没有挑战的游戏只是无趣的过程而已，而挑战过高的游戏又容易让人望而却步，这就涉及后续章节中提到的“心流理论”。总而言之，“挑战”也是游戏的重要特征之一。

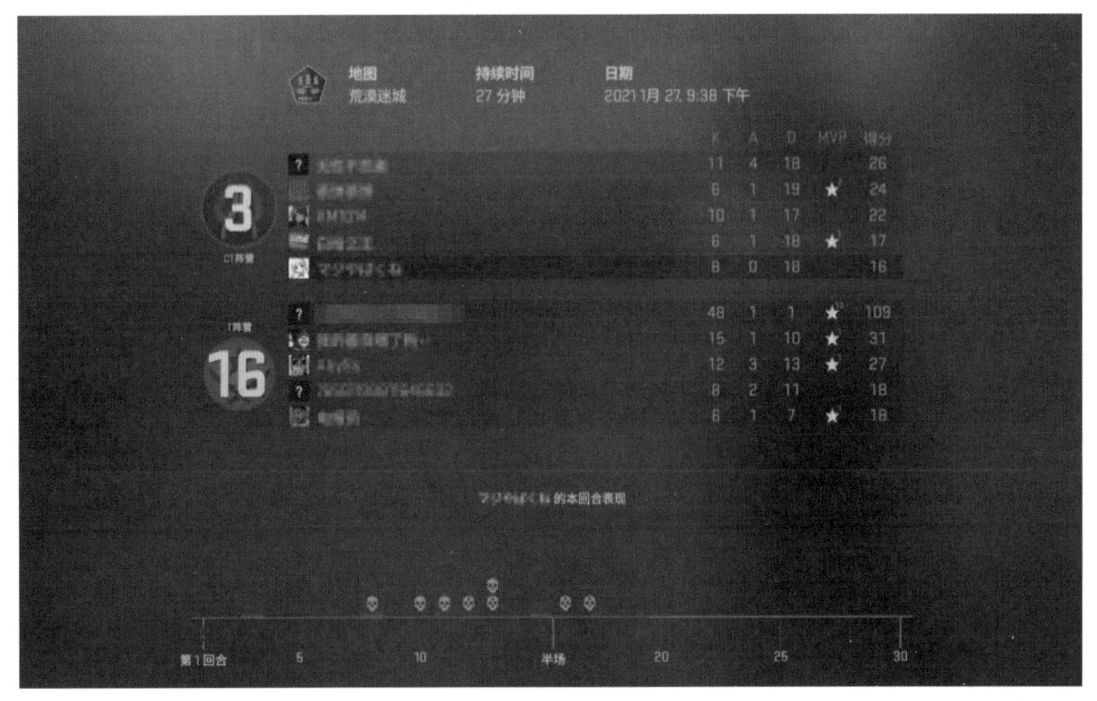

CS：GO 结算界面

在我们整理出了游戏的这四个特征之后，相信你对于“什么是游戏”这个问题已经有自己的答案了。那么接下来，我们要介绍游戏的最重要的组成部分，也是游戏的核心：游戏机制。

什么是游戏机制？

作为玩家，你应该曾经听说过这个名词。人们在对某款游戏评头论足的时候，会用“这个机制还挺好玩的”“我不太喜欢那个机制”这样的语句来形容对游戏玩法的一些个人感受。在大众认知中，“游戏机制”似乎就等同于游戏玩法，这样的结论是否正确呢？对于游戏策划而言，游戏机制到底该如何定义呢？

在得出结论之前，我们不妨先看看知名的游戏设计师是如何给游戏机制定义的。

游戏中的过程和规则：机制描述了玩家怎样才能完成游戏的目标，当他们尝试的时候会发生什么。

游戏机制是游戏真正的核心。在剥离美学、技术和故事后，剩下的互动和关系，就是游戏机制。

——《游戏设计艺术（第 3 版）》，Jesse Schell

这是《游戏设计艺术（第 3 版）》的作者给出的定义。在这本书中，他把游戏拆解为四种元素：机制、美学、技术和故事，而机制则是最重要的组成部分。接下来，我试着用通俗的语言来分析一下这个定义。

“游戏中的过程和规则”，“过程”即我们玩游戏的手段，也就是前面在归纳游戏特征的时候，提到的“交互”和“反馈”。我们在讲游戏特征的时候详细分析过，交互和反馈是游戏的重要特征之一，而这两者也是游戏机制最重要的组成部分。

“规则”，对应了游戏的另一个特征“游戏有封闭的规则边界”。规则，决定了进行交互的限制及方法。比如，规则是玩家只有瞄准敌人射击才会造成伤害，只有在限定时间内到达终点才能获得胜利，这样按照规则操作才能利用操作达成游戏制定好的目标。

从这个定义中可以看出，游戏机制既包括了玩家通过交互这一手段得到的游戏系统给予的反馈，也包括了玩家在玩游戏过程中需要遵守的规则。

所以，简单概括，游戏机制即玩家需要利用和遵守的规则，以及达成游戏目标所需要的过程和手段。

这样解释可能还有些抽象，下面来举几个例子。

初代《超级马里奥》，这款由任天堂出品的游戏，一直都被当作游戏设计师要学习的教科书。其中的许多游戏设计影响着一代代的游戏设计师们。其中最重要的，也是最让玩家印象深刻的，莫过于马里奥的跳跃了。

为什么说马里奥的跳跃如此重要？因为它是这个游戏中最核心的机制，也是串联起整个游戏的机制。

说马里奥的跳跃是游戏机制，应该没有人会提出反对意见。毕竟对于大部分人来说，机制 = 玩法。跳跃是这个游戏中最基础的玩法，所以这里以此举例，来分析一下游戏机制到底有哪些特征。

我们先分析一下跳跃的交互逻辑及使用场景。

交互逻辑：

- 按跳跃键马里奥会腾空而起，可以跨越一定尺寸的障碍和沟壑。
- 按住跳跃键的时长与马里奥跳跃的高度在一定范围内成正比。
- 跳跃的速度与起跳时马里奥的水平加速度成正比。
- 跳跃到部分敌人上方踩踏敌人，会对敌人造成伤害（踩扁或改变形态，如乌龟）。
- 跳跃可以顶撞问号方块，从而使其释放出不同的奖励。
- 变大形态的跳跃可以顶破砖块。

虽然玩的时候感觉很简单，但仔细一分析，跳跃机制居然串联着这么多游戏内容！这就足见游戏机制对于游戏来说有多么重要了。

现在我们再对照游戏机制的定义来研究马里奥的跳跃，就会发现其中的关联性。

在每次跳跃之前，都有一个目标。例如，我想越过眼前的高墙，或者我想消灭冲过来的板栗仔，这时通过交互手段——按跳跃键，以及得到的反馈——马里奥跳起、落下踩扁敌人，从而达成这个目标。也就是说，通过交互这一手段让马里奥跳跃，并且利用游戏规则中跳跃可以实现的玩法达成目标。这便是之前得出的游戏机制的定义。

游戏机制即玩家需要利用和遵守的规则，以及达成游戏目标所需要的过程和手段。

在游戏机制中，像马里奥的跳跃一样，作为核心功能的机制，称为核心机制，在传统概念中也经常称为核心玩法。比如，在动作游戏中，移动和战斗就是核心机制；在射击游戏中，瞄准和开火就是核心机制。核心机制承载着游戏最重要的规则，也是玩家运用最多的交互手段。

在理解了游戏机制的定义后，我们便可以拿出任意一款游戏来拆解它到底由哪些游戏机制组成。

下面以大家非常熟悉的《吃豆人》为例。

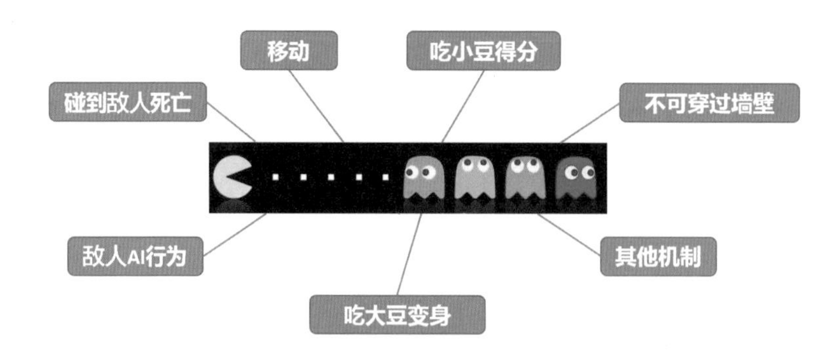

这是对《吃豆人》的一些主要机制的拆解。其实，很多大的机制是可以继续被拆解成细分的小机制的，如“敌人 AI 行为”就可以被拆解为“敌人寻路行为”及“敌人吃豆行为”等。正如《游戏设计艺术（第 3 版）》中提到的一样：

“和游戏设计的许多内容一样，对于游戏机制的分类，也没有一个定论。原因之一在于，就算是简单游戏的玩法机制，也会颇为复杂，难以解析。若尝试把这些复杂机制简化到用数学理解的地步，就会产生许多种描述，而且显然不全面。”

所以，这就需要大家更加深入地理解游戏机制的定义，多去拆解和总结，以此来熟练掌握及总结游戏机制的含义。

我留给大家一道思考题：在《吃豆人》的机制拆解中，哪些是核心机制？除此之外，其他机制还有哪些呢？

1.2 游戏发展史

当我们在讨论“游戏是什么”的时候，除了要看清游戏的本质，还要了解游戏的历史。古人云：“以史为鉴，可以知兴替。”只有追本溯源，看到游戏是如何一步步演变成现在这样的，才会对游戏的本质有更加深刻的认识，并且对游戏的未来有更多的期待。虽然电子游戏在世界历史的长河中只经历了短短的几十年，但它对这个世界的影响已远远超过了人们对其发明之初的想象。

接下来，我用时间表的形式为大家介绍电子游戏发展历程中的一些重要节点事件。

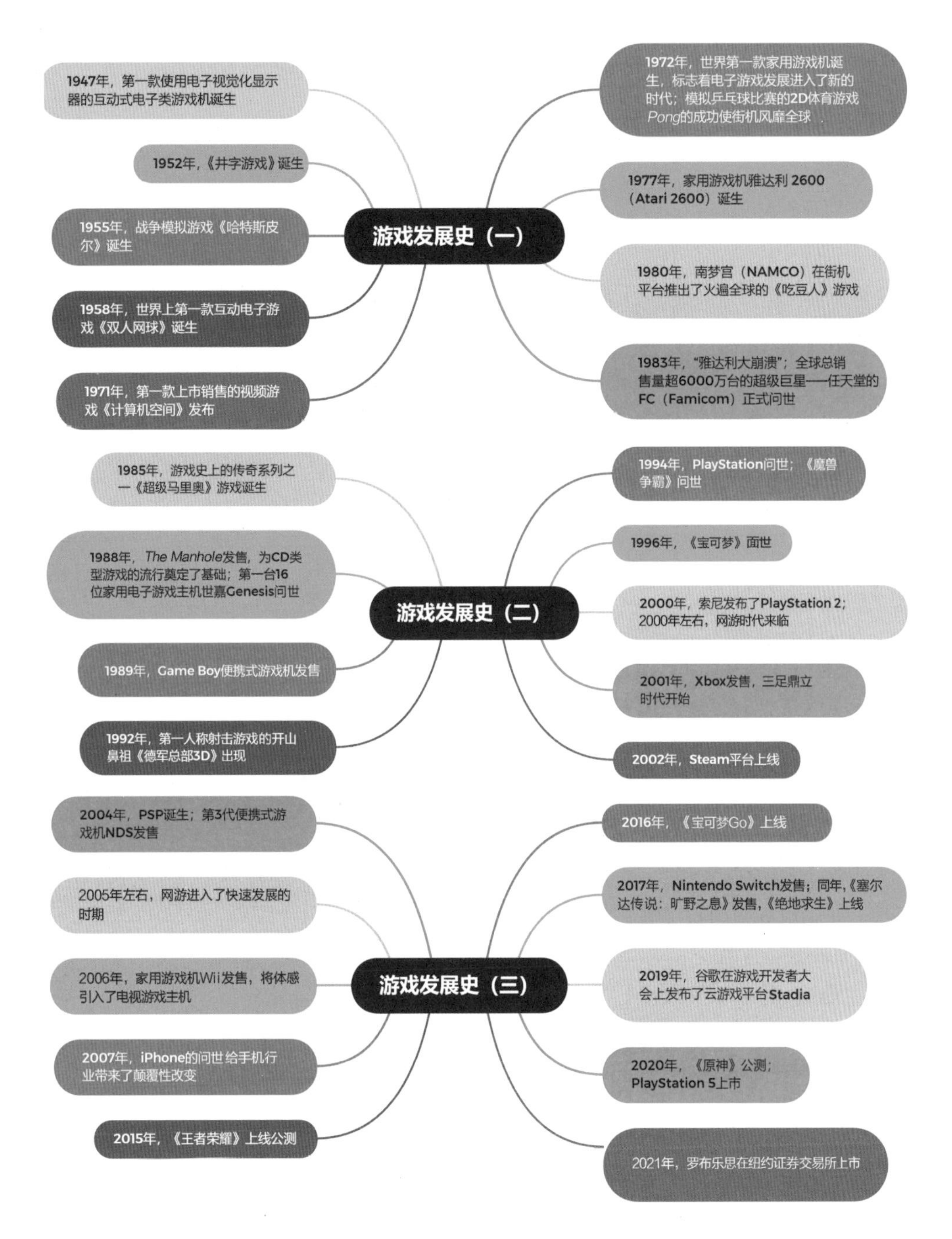

1947 年，就职于美国新泽西州巴赛克电视公司的迪蒙实验室物理学家小汤玛斯・戈德史密斯和艾斯托・雷・曼突发奇想，发明创造出了世界上第一款使用电子视觉化显示器的互动式电子类游戏机，从阴极射线管中发出的电子束，在显示器上形成投射点模拟导弹——被称为“阴极射线管娱乐装置”。但可惜的是，这个装置并未采用任何计算装置，而且没有实际投入大量生产或公开展示，对后世电子游戏产业的发展没有影响，所以这款游戏一般不被称作第一款电子游戏。

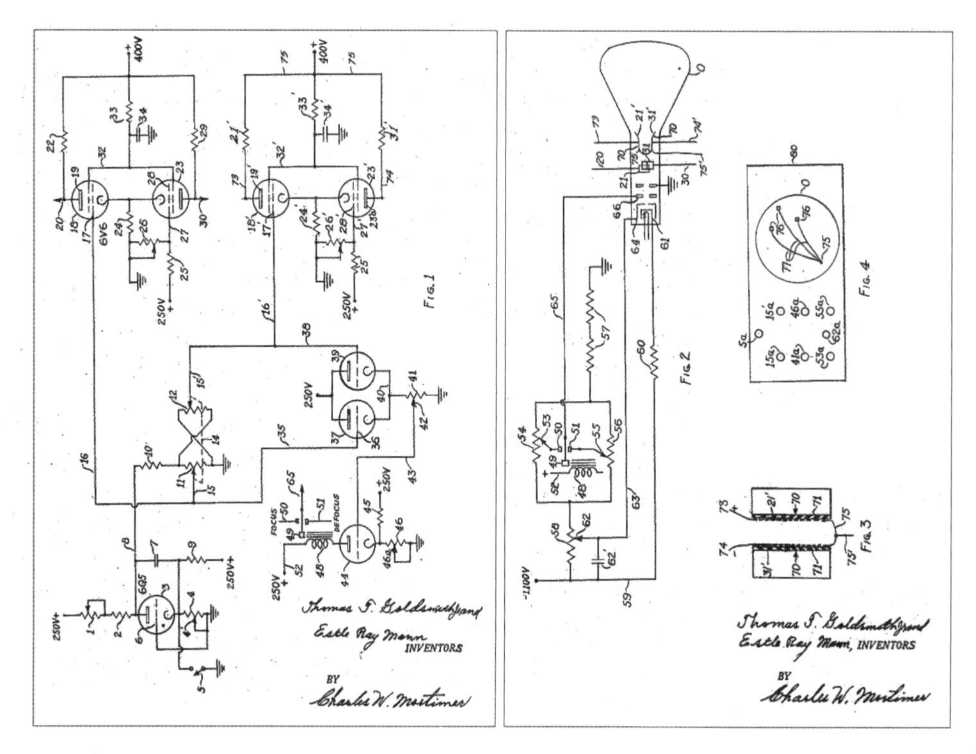

阴极射线管娱乐装置专利电路图

1952 年，剑桥大学计算机科学家道格拉斯开发了《井字游戏》（*Noughts & Crosses*），现在用谷歌搜索“井字游戏”还可以直接在浏览器里进行游戏。虽然很多人宣称这是第一款电子游戏，但在不少对游戏起源的研究资料里，一些人认为电子游戏要求画面活动或实时更新，而该游戏只会输出固定画面，所以并不能将其称为电子游戏。

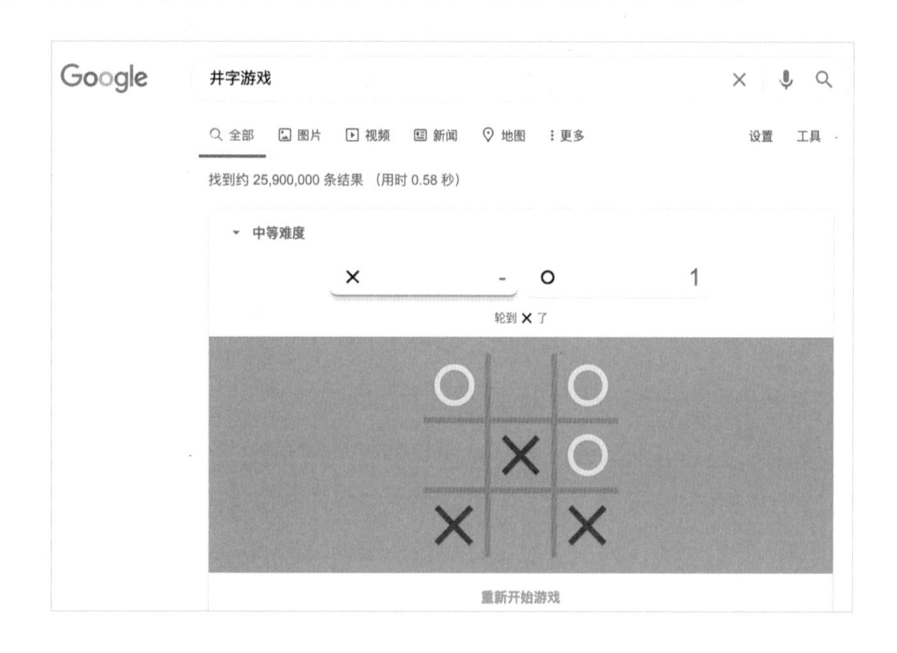

1955 年，美国军方创建了战争模拟游戏《哈特斯皮尔》（*Hutspiel*），游戏中的红、蓝双方分别代表两国。该游戏唯一的作用就是兵棋推演，我们可以将其看作最早的 SLG（Simulation Game，策略类游戏）。

1958 年，威廉·辛吉勃森利用示波器与类比计算机创造出了游戏《双人网球》，以供前来纽约布鲁克海文国家实验室的访客娱乐。《双人网球》显示画面为简化的网球场侧视图，其卖点在于将一个受重力控制的球打过“网”。该游戏提供两个盒子状控制器，并为两个控制器都配备了轨道控制旋钮，以及一个击球的钮。《双人网球》一般被公认为是世界上第一款互动电子游戏。

1971 年，雅达利公司（以下简称“雅达利”），创始人诺兰·布什内尔和泰德·达布尼早期开发的《计算机空间》（*Computer Space*），是第一款上市销售的视频游戏。自此，电子游戏开始进入人们的生活。

1972 年，世界第一款家用游戏机米罗华奥德赛（Magnavox Odyssey）诞生，标志着电子游戏发展进入了新的时代。该游戏机可接入电视机使用，支持 12 款游戏，其中较为出名的是《乒乓》（*Ping Pong*）。*Ping Pong* 的成功证明了电子游戏可以用来获取经济效益，同时也证明了电子游戏产业具有极大的商业价值。

同样是 1972 年，雅达利开发的 *Pong* 一经发售，便大受好评。*Pong* 是一个模拟乒乓球比赛的 2D 体育游戏。玩家能和计算机玩家或另一位人类玩家进行游戏。玩家在此游戏中需要控制乒乓球拍上下移动来反弹乒乓球。当玩家未能反弹乒乓球时，对方就会得到一分。玩家在此游戏中要尽量反弹乒乓球并夺取高分，以击败对手。*Pong* 的成功使街机风靡全球——它为雅达利赚取的利润高于其他街机 4 倍。

1977 年，雅达利发布了具有开创性的家用游戏机雅达利 2600（Atari 2600），它配有能存储游戏信息的暗盒，还配有摇杆；同时也确定了家用主机“一个主机、分离的控制器、可更换游戏卡带”的基本框架。此举让玩家可以在家中玩到那些受人喜爱的街机游戏，带来了家用游戏机产业的革命。

1980 年，南梦宫（Namco）在街机平台推出了火遍全球的《吃豆人》游戏。当时市场上的游戏多以《太空侵略者》（*Space Invaders*）等射击游戏为主，《吃豆人》如同清爽舒适的凉风，很快赢得了包括女性和儿童在内的各类玩家的喜爱。从此，《吃豆人》一发不可收拾，销售额屡创新高，周边产品层出不穷。

1983 年，母公司华纳逼迫雅达利仅用 6 个星期制作了电影同名改编游戏《E.T. 外

星人》，由于其质量“奇烂无比”，与宣传严重不符，发售后玩家的唾弃让大量游戏只能烂在仓库里，雅达利的声望跌至谷底，其母公司不得不将一代霸主分拆出售，这直接导致北美游戏行业在 4 年内无人问津，史称“雅达利大崩溃”。

同样是 1983 年，全球总销售量超 6000 万台的超级巨星——任天堂的 FC（Famicom）正式问世。任天堂的 FC 在游戏界的地位不用多说。任天堂和它的 FC 孕育出一种新的文化——游戏文化。游戏机 FC 的出现对电子游戏产生了十分深远的影响，让北美电子游戏界从 1983 年的崩溃中恢复过来，也奠定了任天堂在当今游戏界的地位。

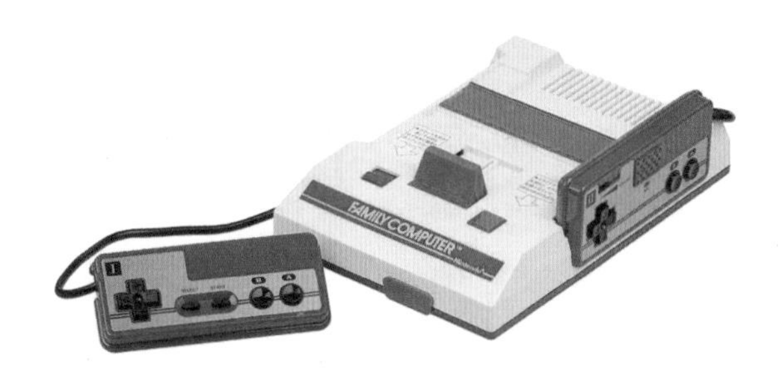

1985 年，游戏史上的传奇系列之一《超级马里奥》游戏诞生。

1988 年，第一款基于 CD-ROM 的 *The Manhole* 发售，为 CD 类型游戏的流行奠定了基础。同年 10 月，世嘉发布了世界上第一台 16 位家用电子游戏主机世嘉 Genesis。

1989 年，任天堂正式发售 Game Boy 便携式游戏机。

1992 年，在 PC 平台上，id Software 开发的 FPS 开山鼻祖——《德军总部 3D》的出现，创造了一种前所未有的全新游戏模式。1993 年，其又创造了一款改变游戏产业历史的游戏——《毁灭战士》（*Doom*），彻底开启了第一人称射击游戏的时代。

1994 年，又一款划时代的电子游戏机——PlayStation 问世，彻底推翻了任天堂统治了长达 10 年的霸主地位。

同样是 1994 年，由暴雪出品的《魔兽争霸》一经推出，直接风靡全球。在接下来的数年里，暴雪陆续推出了几款《魔兽争霸》，而之后在 2004 年发布的《魔兽世界》，更是成为MMORPG（Multiplayer Online Role-playing Game，大型多人在线角色扮演游戏）的制作典范——后来许多大型网游的游戏机制都是参照它而制作的。这些游戏的发行直接奠定了暴雪在游戏领域的霸主地位。

1996 年，由 Game Freak 和 Creatures 株式会社开发，任天堂发行的系列游戏《宝可梦》（*Pokemon*）面世。《宝可梦》系列是目前的世界第一 IP（Intellectual Property 影响力资产），其动画、周边等衍生产品遍布世界，也是世界上第二热销的系列电子游戏，仅次于任天堂的《超级马里奥》系列。

2000 年，索尼发布了 PlayStation 2（PS2），直接霸占了整个游戏主机市场。PS2 平台上约有 10828 款游戏，它是截至目前销量最高、销售时间最长、官方厂商支持时间最长的游戏主机。

2000 年左右，计算机硬件的迅速发展促使网速大幅提升，在此背景下，网游时代来临了。从《传奇》的公测开始，各种网游开始井喷式爆发。国内各大厂商也从代理网游逐步转为自研网游，此后一段时间，相继诞生了《梦幻西游》《劲舞团》《诛仙》《天龙八部》《征途》《泡泡堂》《跑跑卡丁车》《英雄联盟》等一大批经典网游。除了这些重量级的网游，各种休闲棋牌类的网游也数不胜数，而由于覆盖人群广泛，其玩家人数相比起来也毫不逊色。

2001 年，美国微软开发的家用电视游戏机 Xbox 发售。自此，微软、索尼和任天堂形成了三足鼎立的局面。

2002 年，Steam 平台上线。它的初衷是 Valve 为了方便旗下诸如 *CS* 等游戏的发售，并且提供反作弊支持。Steam 平台是全球最大的综合性数字发行平台之一，玩家可以在该平台购买、下载、讨论、上传和分享游戏和软件。

2004 年，索尼推出的掌上游戏机 PSP（PlayStation Portable），同时也是 PlayStation 系列中的第一款便携式设备，在日本发售。PSP 获得了巨大的成功，但其成功并没有在下一代掌机 PS Vita 上延续。

同样是 2004 年，任天堂发售了第 3 代便携式游戏机 NDS。其主要特征包括了双屏幕显示（下方的屏幕为触摸屏），并配置有声音输入装置麦克风和无线网络功能。而在 2006 年，任天堂又推出了家用游戏机 Wii。Wii 第一次将体感引入了电视游戏主机，发售第一年销量达 2000 万台。截止到 2018 年 12 月，Wii 全球累计销量为 1 亿多万台，游戏 9 亿多万份。Wii 和 NDS 的成功使它们在游戏业界风光一时。任天堂成了商业教科书竞相引用的成功案例。2008 年是电子游戏产业的一个分水岭，任天堂在那一年达到了顶峰，股票市值峰值约为 880 亿美元（当时相当于索尼的 4 倍多）。

2005 年左右，随着浏览器的相关技术日益成熟，网游进入了快速发展的时期。

网游《神仙道》

2007 年，iPhone 的问世给手机行业带来了颠覆性改变。随着手机行业的变革，手游市场也火热起来了。2012 年左右，手机上的游戏虽然还以《水果忍者》《神庙逃亡》《植物大战僵尸》等这类休闲游戏为主，但以触屏为主的玩法让手游给玩家带来了独特的体验。

2015 年，腾讯游戏天美工作室群开发运营的 MOBA（Multiplayer Online Battle Arena，多人在线战术竞技游戏）类国产手游《王者荣耀》上线公测。《王者荣耀》开启了国产手游的新时代，成为国民认知度非常高的手游。

2016 年，任天堂、宝可梦公司、Niantic Labs 联合制作开发的现实增强（AR）宠物养成对战类 RPG（Role-playing Game，角色扮演游戏）手游 AR 游戏《宝可梦 Go》上线，一经推出就掀起了全球性的游戏热潮，标志着结合虚幻与现实的游戏所具有的巨大潜力。

2017 年，任天堂 Switch（Nintendo Switch）发售，它采用了家用机、掌机一体化设计。Switch 主机销量突破 1 亿万台，游戏软件销量突破 7 亿万份，为至今为止任天堂销量最高的游戏主机。

同年，护航 Switch 的开放世界游戏《塞尔达传说：旷野之息》正式发售。该作是《塞尔达传说》系列第 19 部主线作品，并于 2017 年 12 月 8 日获得“TGA（the Game Awards，被喻为游戏界的奥斯卡）年度游戏”的“最佳游戏设计 + 最佳动作冒险”游戏。这款游戏重新定义了开放世界游戏，也被公认为是世界上最优秀的游戏之一。

仍然是 2017 年，由韩国 Krafton 工作室开发的战术竞技型射击类沙盒游戏《绝地求生》（*PUBG*）上线。在该游戏中，玩家需要在游戏地图上收集各种资源，并在不断缩小的安全区域内对抗其他玩家，让自己生存到最后。该作品定义了“大逃杀吃鸡”类游戏的玩法，创造了 7 项吉尼斯世界纪录，获得了巨大的成功。

2019 年，谷歌在游戏开发者大会（Game Developers Conference，GDC）上发布了云游戏平台 Stadia。云游戏从概念上来说就是基于云计算技术，把游戏放到服务器上运行，而游戏渲染出来的画面，通过网络传送到终端（包括 PC、机顶盒、移动终端等）。如此一来，终端客户不需要下载、安装游戏，只需要连接互联网，哪怕是硬件配置要求高、运算量大的游戏，也能顺利运行。云游戏可能会成为未来游戏的重要形态之一。

2020 年，由米哈游制作发行的开放世界冒险游戏《原神》公测。该游戏获得了世界范围内的成功，同时也获得了 2021 年“TGA 最佳移动游戏”的荣誉。开发这款游戏所投入的高成本及获得的高回报标志着国产游戏开始迈入了精品化的时代。

同年，索尼新主机 PlayStation 5 在北美、日本、澳大利亚等地上市。超高速固态硬盘实现快如闪电的加载速度，触觉反馈、自适应扳机带来的全新体验，3D 音效技术、光线追踪，以及 4K 分辨率、每秒显示 120 帧带来的极致视听体验，标志着游戏次时代的来临。

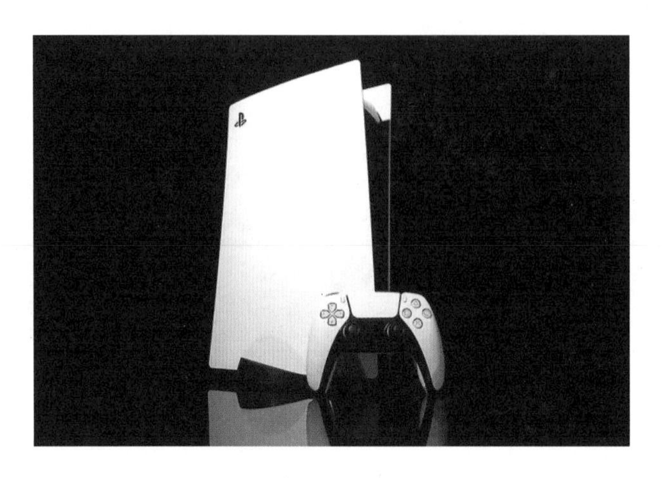

2021 年，罗布乐思（Roblox）正式在纽约证券交易所上市。*Roblox* 是一款兼容了虚拟世界、休闲游戏和自建内容的游戏，游戏中的大多数作品都是用户自行建立的：从 FPS、RPG 到竞速、解谜，全由玩家操控那些圆柱和方块形状组成的小人们参与和完成。在游戏中，玩家可以开发各种形式 / 类别的游戏。这一年也被称为元宇宙元年，而元宇宙可能是游戏未来的重要发展形态之一。

电子游戏发展到现在，越来越多的玩法类型，越来越丰富的互动手段，以及越来越逼真的沉浸感，使得游戏已经成为人们生活中不可或缺的重要组成部分。而游戏的发展，也会伴随着科技的进步、生活方式的改变而不停向前。未来的游戏会是什么样的？我们现在并无从得知。但是，作为游戏策划，始终要保持敏锐的前沿洞察力，关注游戏界的最新动态，这样才能跟上前进洪流的旗舰，扬起迈向未来的风帆。

第2章

游戏策划职业概述

"小宇，你逛招聘会逛得怎么样啊？"电话那头传来熟悉的声音。

"还没定呢，下午有个游戏公司招游戏策划，我想去试试。"小宇看着手里的公司招聘简章轻声回道。

"游戏策划？就是天天玩游戏，给游戏编剧情、写故事的？"

"就是做游戏的吧，说实话我也不太了解。但我对游戏感兴趣啊，你还记得咱俩小时候一起打《魂斗罗》吗？"小宇抬头看了看从树叶缝中透过的阳光，"那时候我就想做游戏来着，也许，游戏策划还挺适合我的。"

"哈哈哈，那你加油！找到工作后记得请我吃饭啊！"

"放心吧，你考研也加油啊！"

2.1 什么是游戏策划

几乎所有的玩家都知道“游戏策划”这个职业的存在。但是，如果你问他们：什么是游戏策划？那么你大概得到莫过于“测试游戏的”“给游戏配数值的”“编游戏剧情的”这些模棱两可的答案。大部分玩家其实并不知道“游戏策划”到底是做什么的，但是，一旦游戏出了问题，他们又都会异口同声地把游戏策划骂得狗血淋头——就算这个问题可能和策划没有半毛钱关系。

那么，这样一个“神秘”的，却又不招人待见的职业，到底是干什么的呢？

1952 年 11 月 16 日，在一个日本的普通家庭中，一个男孩呱呱坠地。但在这个时候谁都没有想到，这个男孩长大后会在世界游戏史上创造出惊人的伟业，并被冠以“游戏之神”“电子游戏之父”这样顶级的称号。这个男孩就是宫本茂。

要说起宫本茂对游戏产业的贡献，那可真是一时半会儿说不完。从家喻户晓的《超级马里奥》系列，到如今的连不玩游戏的人也听说过的《塞尔达传说》系列，都是由他一手打造出来的。从《大金刚》在美国大火，到几乎可以说是“电子游戏教科书”的《超级马里奥兄弟》席卷全球，都离不开宫本茂天才的游戏设计技巧及其大力推动项目开发的能力。像宫本茂最初所做的那样（因为现在他已经不在开发一线了，而是把控产品品质的总监制），从游戏的创意设计开始，负责设计游戏机制、世界观、数值架构、关卡等内容，并一步一步通过和美术设计师、软件开发工程师等职能人员的合作，推动游戏各个模块和系统的落地，完成对各种细节及问题的调整和修改，最终将游戏开发完成，并持续跟进迭代的职业，称为“游戏设计师”，也就是“游戏策划”。

从这个定义来看，其中有两个重点需要被关注，而这也是游戏策划最重要的两项工作。

- 设计。游戏策划，即设计游戏的人。上面提到的游戏机制、世界观等游戏的组成内容，都是由游戏策划设计出来的。如果把设计游戏比作盖房子，那么游戏策划便是绘制设计图纸的建筑师。对于游戏策划具体要设计的内容，后面的章节会有详细阐述。
- 推动。要盖一座房子，不是把设计图纸画出来，房子就自动拔地而起了。一个游戏从创意变成实际的产品，少不了美术设计师、软件开发工程师，以及其他职能人员的设计及开发工作。而将设计意图清晰、明确地表述给美术设计师和软件开发工程师，并且推动开发工作，跟踪开发进度，验收开发成果，修复体验问题，最终完成一个功能 / 系统 / 机制的开发，是游戏策划必不可少的工作内容。

相信现在你对于游戏策划是一个怎样的职业已经有了基本的认知了。那么，到底什么样的人适合做游戏策划呢?

2.2　游戏策划需具备什么特质

曾经流传着这么一句话：“游戏策划是游戏开发中门槛最低的职业。”对于这句话，我不置可否。也许游戏策划的确不像美术设计师和软件开发工程师那样，必须把美术功底和编程能力作为硬性要求，但是，这也并不是说任何人都可以成为游戏策划。游戏策划的门槛更多体现在众多软实力上。而这些软实力就是游戏策划所需要具备的各种特质。

2.2.1　热爱游戏

热爱游戏，听上去很简单的一个要求，实际上却并非如此。有的人会说：“我可热爱游戏了，我玩《英雄联盟》能连玩三天三夜不睡觉！”还有的人会说：“你没有我热爱，我光买游戏装备就花了十来万元！”那么，这些人是热爱游戏吗？我只能说，这些人只是“热爱打游戏”。

对于游戏策划来说的热爱游戏，不仅要“热爱打游戏”，还要有足够的热情和欲望，即带着分享欲和创作欲去制作游戏，并愿意将其作为终身的目标，不停地努力奋斗——就像攀登者一样，向着世界最高峰不断前进。

就像《合金装备》系列的制作人小岛秀夫，已经60岁的他仍然奋战在游戏开发一线，并仍旧能拿出《死亡搁浅》这样高水准的游戏作品来。支撑着他一直坚持到现在的就是他对游戏的深深的热爱。而像小岛秀夫这样的游戏人，也是游戏策划需要用尽全力去追寻的。

那么，为什么游戏策划要热爱游戏呢？

首先，热爱会指引游戏策划前进。只有真正热爱游戏的人才想要去亲手创造自己梦想中的游戏，才愿意从一个玩家变成一位游戏开发者，才想要为了创造出世界顶级的游戏而努力奋斗。

其次，热爱是游戏策划成长路上的动力。游戏策划这个职业，并不像大家想象中的那样光鲜亮丽。在工作过程中，游戏策划可能会接触到自己不感兴趣的工作内容、不会好好合作的同事、无休无止的 Bug（漏洞）等糟心事，而这些糟心事会慢慢消磨游戏策划的热情、击碎游戏策划的意志。所以，游戏策划需要具备对游戏的深深的热爱，这份热爱是其在午夜时分怀疑自己时，在即将放弃而不断追问自己时的那个坚定的信念，从而支撑着自己战胜困难和挫折，一路走下去。

如果游戏策划只是把这份工作当作用来谋生的活计，甚至当作可以挣大钱的“美差”，可能很快就会失望，进而放弃。所以，一个想要成为或已经成为游戏策划的人，要时刻保持热爱游戏。

因为，唯有热爱才是一切动力的源泉。

2.2.2 想象力和创新能力

我们经常会把游戏世界比喻成一个个充满幻想和魔力的神秘世界，而游戏策划就是创造这些世界的人。那么，拥有想象力和创新能力便是创造过程中的重要灵感来源。

首先是想象力。想象力是什么？是能够在脑海中构建画面的能力。一个游戏策划在开发游戏的时候，不仅要想象出想要创造的画面，更重要的是要想象出通过这些画面、设计会给玩家带来怎样的体验。例如，要开发一个恐怖游戏，那么怎样的场景、怎样的敌人、怎样的关卡节奏，甚至怎样的音效，才能营造出阴森恐怖的氛围，这是在设计之初就需要想象出来的。而丰富的想象力，其实依托于丰富的知识储备和生活经验，这便要求游戏策划去更多地学习和体验。

其次是创新能力。电子游戏发展至今，各种类型的游戏已经数不胜数。尽管如此，玩家仍然希望玩到具有创新玩法的游戏。而就在我们觉得创新很难的时候，像任天堂这样的厂商，仍然可以带给我们如《健身环大冒险》这样采用了创新模式的游戏。

游戏产业的发展需要用新想法及新模式来增添新鲜血液、扩大玩家群体，这才是游戏产业良性发展的基础。尤其在一直被诟病缺乏创新游戏的国产游戏市场中，玩家的期望会更大。所以，作为游戏设计的核心，游戏策划更需要具备强大的创新能力，以承载玩家的期待。

当然，无论是想象力还是创新能力，都不能过于天马行空，要不然就会陷入只顾自我陶醉，却忘记了玩家体验的“死胡同”之中。在之后的章节，我会针对如何创新进行更详细的阐述。

2.2.3 逻辑思维能力

游戏就像钟表，即使它看上去很简单，在它的内核之中，也有着复杂的结构，以及缜密的逻辑关系。作为游戏的设计者，游戏策划也需要拥有优秀的逻辑思维能力，这样才能够在设计游戏内容的时候想明白每个操作和反馈之间的关系，以及不同条件下的游戏机制该如何处理。拿游戏设计中非常著名的“门问题”举例：假如让你设计一扇游戏中的门，你会想到什么？

- 你的游戏里有门吗？
- 玩家可以打开吗？
- 玩家可以打开游戏中的每一扇门，还是只可以打开其中有装饰的门？玩家如何分辨其中的差异？
- 玩家能打开的是绿色的门，不能打开的是红色的门吗？门前是否堆满了无法使用的垃圾？玩家是否只卸下门把手便收工？
- 门可以被上锁和开锁吗？
- 是什么告诉玩家一扇门是锁着的并且是可以打开的？
- 玩家会知道如何打开一扇门吗？玩家是否需要一把钥匙，破解一台终端，解决一个谜题，或者等待一个剧情节点？
- 有没有那种玩家可以打开但永远无法进入的门？
- 敌人从哪里来？是从门里跑进来的吗？敌人进来之后门会被锁吗？
- 玩家怎么把门打开？他们只要走到门前，门就像电梯门一样自动滑开了吗？还是像平开门一样敞开呢？玩家是否得按下某个按钮才能打开门？
- 门会在玩家通过后自动锁上吗？
- 如果有两个玩家会发生什么？门是否只有在两个玩家都通过后才会自动锁上？
- 如果关卡真的很大，但两个玩家不能同时存在怎么办？如果一个玩家落后了，地板可能会从其身下消失，你会怎么做？
- 你会阻止其中一个玩家继续前进，直到所有玩家都到达同一个房间里吗？
- 你是否会通过空间传送落后的玩家？
- 门的尺寸有多大？
- 门必须足够大才能让玩家通过吗？

- 如何处理玩家协作问题？假如玩家 A 站在门口，是否会阻拦玩家 B 进入？
- 那些跟随玩家的盟友有多少个能穿过门而不被卡住？
- 敌军呢，比玩家大一些的小 BOSS 也正好穿过门吗？

可以看到，游戏策划设计这样一扇小小的门，就有诸多问题需要考虑。而这些问题正是需要由游戏策划来解决的。所以，如果游戏策划在设计游戏时，无法通过逻辑思维能力将各种情况考虑周全，轻则让软件开发工程师随口问住不知所措，重则让游戏内 Bug 不断、玩家怨气冲天。可见，逻辑思维能力是游戏策划非常重要的能力之一。

2.2.4 沟通和团队合作能力

众所周知，大部分游戏都是由少则几个人，多则上百个人的团队开发完成的。由于现今的游戏开发技术越来越先进，开发流程越来越工业化，游戏团队中的每个人都需要和其他职能部门通力合作，从而保证一款游戏顺利完成开发。那么，作为游戏设计核心的游戏策划，其不仅要将自己的设计意图完整、高效地传达给美术设计师、软件开发工程师等职能人员，还要在开发过程中始终保持良好的推动力，及时解决各种开发和合作方面的问题。

那么，如何做到这一点呢？就看这个人是否有足够的沟通和团队合作能力了。沟通，最重要的就是传达和倾听。

- 传达，即要以平和的语气、平等的态度，以及思维明确的语言，让对方明白设计意图。一般来说，结构清晰的设计文档和图文并茂的表现形式，会更有利于信息的传递，但最重要的，还是语言的组织能力及表达能力。游戏策划不一定要有很好的口才，但一定要把话说清楚、讲明白。
- 倾听，则是要了解对方的诉求，并结合自己的想法给出建议或解决方案。在开发过程中，其他成员一定会提出自己的建议和想法，或者针对某项工作所产生的问题质疑。例如，设计了一个关卡，美术设计师希望这个场景拥有更多的树木来烘托气氛，而软件开发工程师却希望这里要少一些植被，以免影响运行效率。这时，关卡负责人就需要从设计目的和玩家体验出发，权衡双方的需求，如同意增加植被并提出优化方案，通过类似的方法让开发工作顺利推进。

除了沟通，在工作和日常交往中，和团队其他成员建立良好的关系也是保证团队健康运作的关键。

尤其是刚刚走出校园的大学毕业生，不要把自己当作孤立的个体，我行我素，而要作为团队的一分子，一起为了项目的顺利开发而努力。

沟通和合作，并不是抹杀个性，更不是卑躬屈膝，而是因为单靠自己是无法高效完成一个游戏的开发的。只有学会沟通和合作，才能让自己的价值得到最大化的体现，同时让自己更有效地成长。所以，拥有良好的沟通和团队合作能力，在任何场合及工作环境中都是非常必要的。

2.2.5　学习能力

俗话说得好：活到老，学到老。对于任何职业来说，想要可持续地发展，学习能力都是必不可少的。游戏策划也不例外。不仅如此，由于游戏是现实世界的虚拟写照，所以游戏策划要想让玩家有身临其境的体验，就必须学习很多不同领域的知识。例如，要熟知玩家心理就要学习心理学，要营造电影般的视觉体验就要学习电影分镜设计，要构建健康的游戏经济系统就要学习经济学，要设计真实可信的世界观就要学习历史学和人类学，要写出扣人心弦的游戏剧情就要学习剧本写作……如果想成为一名顶级的游戏策划，要学习的东西真的非常多。

可见，之前提到的那句玩笑话“游戏策划是游戏开发中门槛最低的职业”存在非常刻板的偏见。也许进入这个行业并不需要特别多的硬性条件。但是，一旦进入，你就会发现在你面前的是一座座需要跨越的大山。所以，始终保持学习的习惯，去学习优秀的游戏设计理念，去学习顶级游戏的设计思路，去学习各种相关的知识，都是为了跨越这一座座大山而层层铺设的阶梯。而且，这也是在如今游戏行业越来越内卷的现实之下，最为有效的应对手段。

2.2.6　审美能力

“游戏策划也要会画画吗？”其实并不是一定要会画画。游戏策划并不需要会美术设计，但是，因为要给玩家带来设计体验，那么其构想的画面必须有一定的美学支持。否则，游戏策划就算想给美术设计师找参考图，都不知道从何下手。

由于一款游戏需要画风统一，那么游戏策划在设计游戏元素的时候就要从美术的角度去思考，怎样的表达才最符合游戏画风。例如，对于一款背景为中世纪的冒险游戏，游戏策划就不能设计过于浮夸的角色和敌人，而要从更贴合游戏主题和世界观的角度入手进行设计。

此外，审美能力决定了设计能力的上限。很多时候，想象力和创新能力也源自游戏策划对于世界的认知能力和审美能力。例如，非常有创意的《画中世界》，是制作人通过自己对宗教和美学的理解创造出来的一部神秘、惊艳的游戏作品。

2.2.7 技术意识

游戏策划其实并不需要亲自编写游戏程序。但是，随着游戏开发的工业化程度越来越高，游戏策划对游戏开发的主要工具——游戏引擎的掌握要求也在不断提高，甚至出现了专门的技术策划岗位。在这种情况下，游戏策划更需要对自己所设计功能的开发细节有更多的了解。例如，想设计一个可以移动的平台，在平台上和敌人战斗。如果游戏策划不了解技术开发的细节，就不能理解为什么开发这个功能还需要支持在平台上动态创建寻路区域。对于这些细节，游戏策划需要在设计时就有技术意识，进而去和软件开发工程师沟通功能实现的可能性及要点，这样才能让策划方案更容易落地。

游戏策划除了要了解开发细节，还要了解自己项目所在平台的技术限制。例如，因为手机平台对优化有更高的要求，所以游戏策划不能设计太多消耗特别大的游戏机制等。对于这些技术的敏感度，游戏策划需要逐步培养，不断积累。

2.2.8　不断思考

古人云：学而不思则罔。游戏产业经过了几十年的发展，从最初单一的计算机平台，到如今百花齐放的主机、手机甚至虚拟现实设备；从用示波器才能玩的小游戏，到现在五花八门的游戏类型，谁都不知道接下来游戏会如何发展，也不知道下一款会爆火的游戏到底是什么。但唯一可以确定的就是，一旦游戏策划停止对游戏本身、自我及这个世界的思考，就会被历史的洪流无情地淹没。思考不仅是总结经验教训的工具，更是打开未来大门的钥匙。不断对学习的知识及实践的成果进行梳理、分析，形成自己的方法论，并将其应用到之后的实际工作中，是一名游戏策划，也是其他任何岗位，提升自己能力必不可少的手段。

2.3　游戏策划分类

现在，游戏开发已经变成了一件相当复杂的事情。少则十来人，多则上百人的团队，只有分工合作，才有可能将一款游戏开发完成。那么，各种职能的细分也就变得必不可少。和其他行业一样，策划团队成员也有着不同的类别。

2.3.1　系统策划

大部分刚刚进入游戏行业的策划，都会被冠以“系统策划”的名号。看上去，系统策划好像是最容易上手的。但实际上，这是最简单也最困难的策划职位。

那么，什么是系统策划呢？

简单来说，系统策划就是设计游戏系统的人。

什么是游戏系统呢？

游戏系统就是游戏状态之间的相互关系与流向。

听上去是不是很抽象？没关系，后面的章节会针对游戏系统和系统策划做更详细的阐述。这里我们只需要知道，游戏是由一个个如等级系统、技能系统等游戏系统组成的，而系统策划就是设计这些系统，并且最终推动这些系统开发完成的人。

2.3.2 数值策划

负责确定游戏中各种数值的人便是数值策划。

数值策划可以说是一个特别需要游戏阅历及项目经验的岗位，因为数值并不是单纯的计算公式，最重要的是，数值是用来实现体验和控制节奏的。

2.3.3 文案策划

现在的大部分游戏都会拥有一套完整的剧情故事，以此来增强玩家的代入感。在游戏开发过程中，那些构建世界观、设计角色背景、制作任务流程的人，称为文案策划。

在国产手游盛行的时代，文案策划曾一度不被重视。但在游戏精品化的大环境下，文案策划的重要性越来越高，其工作内容也越来越复杂。

2.3.4 战斗策划

在之前讲解游戏机制的章节中提到每个游戏都有核心机制，而负责设计这些核心机制的人便是战斗策划。

其实最开始国内是没有战斗策划这个岗位的，因为像设计战斗系统这种核心机制也可以被算作系统策划的工作内容。但由于现在国产游戏对于战斗系统越来越重视，因此越来越需要专精于此的策划，战斗策划这个职位便出现了。

2.3.5 关卡策划

几乎所有的游戏都是在游戏关卡中进行的，而设计这些游戏关卡的人便是关卡策划。

关卡是游戏的重要组成部分，关卡策划的工作内容也是纷繁复杂的。关卡策划的工作内容主要包括关卡设计、白盒搭建、机制开发等。

2.3.6 技术策划

技术策划是近两年来国内刚刚出现的策划岗位。在游戏精品化的推动下，像开放世界这样级别的游戏，需要更高效地将游戏策划的意图传达给程序员，于是诞生了作为连接程序员和游戏策划桥梁的技术策划这样的岗位。

技术策划并不是单纯的“会技术的策划”，其主要工作是为方便策划在开发过程中，更高效地产出内容而进行各种管线和工具的搭建和开发。其实，技术策划还有很多比较复杂的工作内容。

2.3.7　主策划

在策划团队中，一定会有的一个岗位便是主策划。主策划的主要工作内容包括游戏整体规划、管理策划团队、把控开发进度等，是整个策划团队的领导岗位。

一般来说，由于对综合策划能力要求更高，主策划都是由有丰富项目开发经验的人员来担任的。

2.3.8　其他策划岗位

除了以上这些比较常见的策划岗位，根据项目的具体情况，还有很多更加有针对性的策划岗位。例如，刚刚进入游戏行业，主要做一些执行工作的执行策划；主要负责运营活动相关工作的运营策划；主要负责玩法设计的玩法策划等。对于这些策划岗位的工作内容，后续章节也会有讲解。

2.4　游戏开发团队构成

一个游戏，想要单单靠策划就开发出来，就像只靠建筑设计师就想把一座楼盖起来一样，实在有点强人所难了。一个游戏只有靠开发团队中不同职能人员的通力合作，才能将其从 0 到 1 开发完成。下面就来介绍一下游戏开发团队主要由哪些职能人员组成。

2.4.1　制作人

如果要问谁在游戏开发团队中拥有最高的话语权，那就非制作人莫属了。制作人相当于一艘船的船长，他负责确定整个项目的开发方向，并且带领着游戏开发团队按照这个方向前进。

简单来说，制作人的工作内容主要有以下几点。

- 确定游戏开发方向。
- 负责跟进开发计划。
- 把控开发资金预算。
- 负责与发行商沟通。
- 负责管理和分配开发资源。
- 负责团队架构管理和整合。
- 解决开发团队在开发过程中遇到的问题。

其中的每一项工作对于游戏开发来说都是非常重要的。例如，如果没法确定开发方向，当策划团队和其他团队在某项工作上产生分歧的时候，就没有一个人来引导他们基于正确的方向去解决问题，这样就会给开发进度带来非常大的影响；如果没有制作人去和发行商进行积极的沟通，那么游戏可能会陷入虽然做完了却没法上线的窘境。所以，制作人不一定是对这个游戏的所有细节都最了解的人，但他一定是对这个游戏的方方面面都能做到心里有数的人。

而且一般来说，一个游戏的玩法设定、美术风格、世界观包装，都会在一定程度上体现出制作人个人的游戏审美。例如，知名的游戏制作人宫崎英高，他指导开发的《黑暗之魂》系列、《只狼：影逝二度》，以及《艾尔登法环》，都能体现出其强烈的个人风格及独特的游戏审美。这些知名的游戏无论是销量还是玩家口碑，都有不俗的表现，这也充分说明了宫崎英高作为游戏制作人的强大游戏设计能力和团队把控能力。

所以，一款游戏是否成功，在很大程度上取决于制作人综合实力的强弱。成为举世闻名的游戏制作人，开发出世界顶尖的游戏，是每个游戏人终其一生所要实现的梦想。

2.4.2　软件开发工程师

现在几乎所有的电子游戏都是由程序开发实现的。而负责程序开发的人员，则被称为软件开发工程师，即人们常常提到的程序员。

如果把游戏比作一个人，游戏的程序架构便是其骨骼。骨骼是否坚固，是否灵活，决定了这款游戏是否能够稳定、有效地运行。所以，软件开发工程师的工作也就至关重要了。

概括来说，软件开发工程师的主要工作内容有以下几项。

- 进行游戏技术结构设计。
- 负责游戏引擎的开发和维护。
- 负责游戏机制、功能等方面的开发实现。
- 帮助美术和技术美术人员实现美术效果。
- 与质量保证工程师合作，发现和解决技术问题。
- 负责游戏开发工具的开发与维护。

由于这些工作涉及程序开发的各个方面，所以软件开发工程师也会有不同的岗位，如专职负责服务器后端的服务器工程师、负责客户端逻辑开发的客户端工程师、负责游戏引擎相关开发的引擎开发工程师等。在游戏策划进行功能设计和开发的时候，少不了和这些软件开发工程师进行沟通。为什么呢？如果游戏策划对要开发功能的实现逻辑没有清晰的概念，或者提出不切实际的需求，如要在某个场景创建1000个敌人，项目进度就无法推进。这也是游戏策划需要有“技术意识”的原因。

2.4.3 美术设计师

对于玩家来说，游戏画面能带给他最直观的印象。如果说程序架构是游戏的骨骼，那么游戏画面便是游戏的外表。虽说不可“以貌取人”，但很多玩家都会根据是否喜欢这个游戏的画面来决定是否选择这个游戏。所以，美术表现对于游戏来说是非常重要的，而负责设计这些美术表现的人便是美术设计师。

相比软件开发工程师来说，美术设计师的类别更加丰富，其岗位划分也更加多样。接下来简单介绍一下美术设计师有哪些分类。

1. 主美术

主美术是美术团队中最为重要的岗位。其工作内容除了管理美术团队，还有指导美术设计方向、把控美术设计质量等。一般来说，主美术都是由在某一美术设计领域有一定造诣，并且对其他领域有足够审美能力的人来担任的。

2. 2D原画设计师

虽然现在的大部分游戏都是3D的，但在3D建模之前是需要有2D原画的。负责这些原画设计的人就是2D原画设计师。2D原画设计师一般分为角色原画设计师和场景原画设计师，主要负责角色和场景的原画设计、宣传概念设计等工作。

《英雄联盟》角色原画

3. 3D建模设计师

3D 建模设计师一般分为角色 3D 设计师和场景 3D 设计师，主要负责根据对应原画完成角色和场景的 3D 模型设计、材质选择和贴图设计等工作。

《王者荣耀》3D 模型

4. 动画设计师

非动态的游戏是无法给玩家带来良好的体验的，而设计这些动作的人便是动画设计师。

动画设计师主要负责游戏中角色、场景、技能等动画设计工作，以及骨骼绑定和蒙皮全流程工作。

5. 特效设计师

特效也是游戏表现力不可缺少的一环，而负责游戏中角色、场景及技能等特效的表现设计等工作的人便是特效设计师。

6. 场景编辑设计师

3D 游戏中大大小小的场景是少不了的，而负责编辑这些场景的人便是场景编辑设计师。其主要工作包括根据场景原画或需求参与场景编辑制作，负责场景程序化美术纹理制作、环境搭建与美术设计，以及使用灯光来增强游戏场景的美术效果和游戏性，搭建整个游戏场景的环境氛围、天气系统、昼夜环境等。

《艾尔登法环》游戏场景

7. 用户体验设计师

游戏美术表现力中除了模型、场景和特效，还有一个很重要的部分便是用户界面（User Interface，UI）。而用户体验设计师便是设计用户界面的岗位。其主要工作内容包括定义交互规则，设计帮助玩家更好地与游戏互动的界面、图标等元素，把控动画、特殊交互效果的实现等。

《王者荣耀》用户界面

8. 技术美术设计师

技术美术设计师又称 TA（Technical Artist）设计师，是美术设计师中比较特殊的一个岗位，主要工作就是给美术团队提供技术支持，从而提升美术资源的品质和制作效率。从细分方向上，技术美术设计师一般分为渲染效果向、动画向、特效向、管线向、工具向、自动化技术向、图形学向等方向的设计师。

9. CG设计师

一般大型的项目会有专门负责 CG（在国内，CG 指利用计算机图形技术制作的游戏内动画）的设计师，即 CG 设计师。其主要负责 CG 概念设计、3D 制作，以及视频编导等工作。

《魔兽世界》CG 画面

2.4.4 质量保证工程师

没有一款游戏是开发完成后就可以直接上线发售的，因为不管是小的功能还是大的系统，在开发过程中都会面临无数的 Bug。所以，在游戏开发团队中会有这么一个专门的岗位来保证产品的完成质量，那就是质量保证工程师，又称 QA（Quality Assurance）。一般来说，QA 的主要工作内容包括以下几项。

- 根据游戏设计文档（GDD，Game Design Document）和技术文档制订和执行项目测试计划。
- 根据测试计划和分析设计测试用例，能够根据测试用例进行功能测试。
- 对测试中发现的所有问题进行分类、优选和记录。
- 对修改后的问题进行重新测试，直到问题被修复完成。

在游戏开发过程中，游戏策划也经常会和 QA 打交道。因为游戏的正式完成少不了辛勤的测试工作，而这也是游戏上线前的最后一道防线。所以，详尽地提供各种设计文档，及时修复测试发现的问题，帮助 QA 高效完成测试工作，也是游戏策划重要的工作之一。

2.4.5 音频设计师

除了游戏的画面，动人的音乐、感情丰富的配音，以及恰到好处的音效也是一个成功的游戏的重要组成部分。令人难忘的音乐和配音能够极大地增强代入感，而这些在游戏打击感、交互设计中也起到了不可替代的作用。在游戏团队中，设计这些音频相关内容的人便是音频设计师。其主要工作内容包括如下几项。

- 与游戏策划共同制定音效实现的机制或框架的设计方案。
- 负责游戏内各种音乐、音效的制作。
- 为游戏剧本配音及进行录音剪辑。
- 负责音频资源的整合应用、后期测试 / 调试、处理音频 Bug、版本维护等一系列后期工作。

游戏策划在设计功能时也要考虑到对应功能的音频需求，及时和音频设计师沟通，保证功能实现时可以达到预期的目标。

2.4.6　运营团队

游戏作为产品，最终是要销售出去的。尤其是网游，上线后更需要进行长期的运营。大型的游戏公司中都会有专门的运营部门负责游戏的相关运营工作。下面简单介绍一下运营团队的构成及其工作内容。

1. 市场部门

市场部门主要负责游戏的宣传和推广工作，主要工作有宣传推广、产品销售、内部合作、市场 / 品牌运营、赛事 / 电竞运营、渠道运营等。

2. 研发团队

运营研发团队主要负责配合游戏研发部门，了解研发流程与游戏资源，根据运营需要来把握游戏内容 / 资源的产出及规划、分配。其主要工作有游戏的版本管理、本地化、商业化、活动策划等方面的运营工作。

3. 平台部门

平台部门主要负责利用应用工具，结合游戏实际情况，以用户需求为着眼点来开展相关分析与研究工作，并输出相应解决方案与建议。其主要工作有数据分析、用户研究等。

4. 技术部门

技术部门主要负责为运营工作提供技术保障，主要工作包括服务器相关平台搭建、日常运行维护、玩家数据处理等。

5. 社区/客服部门

社区 / 客服部门主要负责面向用户提供内容服务，提升用户的黏性，并且对用户进行分层运营。其主要工作有社区运营、用户运营等。

运营团队作为连接游戏研发与用户的关键桥梁，起到了非常重要的作用。在研发过程中，游戏策划不仅要经常和运营团队进行沟通，保证游戏的正常运转，还要多去学习运营思路——既要学会如何做游戏，又要学会如何卖游戏。

第 3 章

系统策划：最简单也最困难

“你好，我是咱们项目的主策划，你叫我冬哥就好。”

“冬哥好！我是新来的游戏策划小宇！今后请多指教！”小宇看着眼前略有气场的男子，怯怯地鞠了一躬，低声说道。

“欢迎欢迎！我看了你的笔试题，也听面试官夸过你。我对你可是有很高期望的啊，哈哈！”冬哥拍了拍小宇的肩膀，笑了起来。

“不敢不敢，我就是来学习的。你看我刚来，有哪些需要做的尽管吩咐。”也许是被冬哥的热情感染了，小宇不再那么局促。

“我准备先让你去系统组做一阵子系统策划，也顺便了解一下项目，快速上手，你意下如何？”

“没问题！”小宇挺起胸膛，语气中带着几分自信。尽管这时他连系统策划是做什么的都无从知晓。

3.1 什么是游戏系统

作为一个“最简单也最困难”的策划岗位，系统策划一直都是策划团队中不可或缺的。那么，作为以设计游戏系统为主要工作内容的岗位，如何设计游戏系统，如何写系统设计文档等便是系统策划最需要关注的。本章就针对这些问题对系统策划进行详细的阐述。

什么是游戏系统？

这可能是每个系统策划在开始设计前最需要了解及最想了解的问题。毕竟，连一座房子是由哪些结构组成的都不知道的人，怎么可能设计出令人满意的建筑呢？

之前说过，游戏系统就是游戏状态之间的相互关系与流向。

说实话，这句话的确是有点抽象。所以，这里就从更通俗易懂的角度来分析一下到底什么是游戏系统。

我们把“游戏系统”这个词拆开，变成“游戏”和“系统”。“游戏”，这个在第 1 章已经进行过详细的分析。那么，从“系统”这个词入手，我们会得到哪些信息呢？

系统是由相互作用又相互依赖的若干组成部分结合而成的，具有特定功能的有机整体，而且这个有机整体又是它从属的更大系统的组成部分。

——钱学森

这是我国著名科学家钱学森对“系统”的定义，其中有一些关键词非常值得我们关注：

相互作用又相互依赖的若干组成部分；

有机整体。

现在，我们就把定义和关键词套到一个熟悉的游戏中，研究一下到底哪些是“相互作用又相互依赖的若干组成部分”，而它们又是如何构成“有机整体”的。拿来举例的这个游戏对大家来讲并不陌生，也是我很喜欢用作范例的游戏——初代《超级马里奥》。

我们先来思考一下，在《超级马里奥》这个游戏中都有哪些主要的游戏元素和内容。

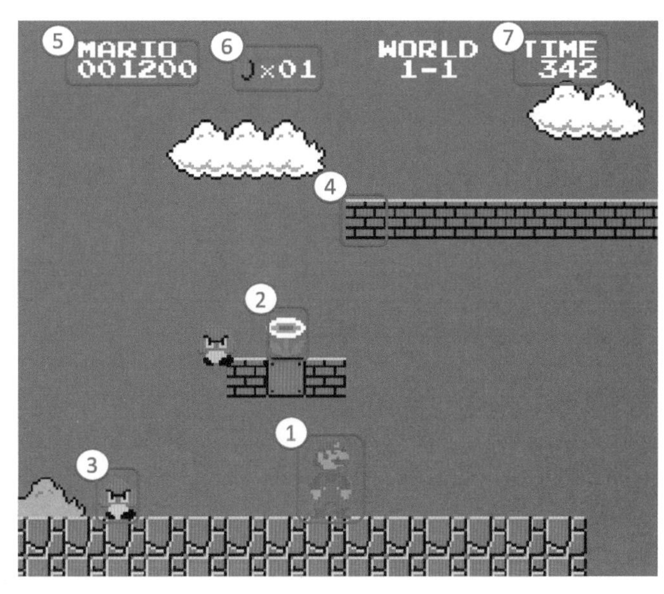

初代《超级马里奥》

① 马里奥：游戏主角。玩家可以操作马里奥移动、跳跃。

② 火焰花：一种奖励道具。马里奥触碰它之后可以获得扔火球的技能，火球可以消灭敌人。和它类似的还有让马里奥变大的蘑菇、无敌的星星等。

③ 板栗仔（没错它不是蘑菇）：一种敌人，马里奥触碰到它会受到伤害，可以从上方踩扁它，也可以用火球消灭它。和它类似的还有乌龟、飞鱼等。

④ 砖墙：阻挡物的一种。变大的马里奥可以直接将其撞破，有一些砖墙中藏有奖励道具。和它类似的还有带问号的砖块等。

⑤ 分数：用作评判玩家成绩的数值。击杀敌人、获得金币等行为都可获得分数奖励。

⑥ 金币：一种特殊的奖励道具。每获得 100 枚金币可以额外得到一条命。

⑦ 时间：玩家通过关卡的倒计时。若在倒计时结束之前没有到达终点，则损失一条命。

简单整理之后，我们就会发现，有些游戏元素会有一些相似的属性和特征。例如，不管是板栗仔还是乌龟，都会对马里奥造成伤害，也都可以通过踩踏来消灭，但乌龟得踩两下，板栗仔踩一下就可以了。看上去，这些拥有相似特征的游戏元素似乎是可以归为一类的，因为它们便是前面定义中提到的具有特定功能的有机整体，且是相对独立的。所以，这时我们就可以把它们看作一个游戏系统，并且取一个名字：敌人系统。其中这些不同种类的敌人可以称作系统的部分。每个系统都是由多个部分组成的。

现在，我们仔细研究一下这个敌人系统，看看这个敌人系统具体有哪些特征。

外形	名称	可踩踏次数/次	移动方式	攻击方式	分数/分	是否对火球免疫
	板栗仔	1	水平移动（慢）	触碰	100	否
	乌龟	2	水平移动（慢）	触碰	200	否
	飞行乌龟	3	大跳	触碰	200	否
	忍者乌龟	1	垂直跳跃	触碰、扔出飞镖	1000	否

我们可以发现，因为属于同一个敌人系统，这些敌人拥有一些相似的特征，如击杀后都可以获得分数，都有一定的移动方式等；但这些相似的特征又拥有不同的表现形式，如击杀一只乌龟可以获得 200 分，而击杀一只忍者乌龟则可以获得 1000 分。这些相似却又不一定相同的特征便是敌人部分的属性。同一个系统中的不同部分拥有各自的属性。这个属性并不一定是一个单纯的数值，如敌人的攻击方式有的是触碰，有的是扔出飞镖。但这些属性可以定义已有的和新的系统个体。例如，我现在想在《超级马里奥》中创造一个新的敌人：飞龙。那么，我便可以进行如下定义。

外形	名称	可踩踏次数/次	移动方式	攻击方式	分数/分	是否对火球免疫
	飞龙	5	水平飞行	触碰、喷射火焰	10000	是

我们通过定义系统中的不同属性可以在系统中创造不同的部分。在玩游戏的过程中我们会发现，这些敌人的属性似乎并不是一成不变的。

例如，一只乌龟，它在屏幕中的位置始终在改变；当你踩踏它的时候，它会变成一只龟壳，再踩一脚，这个龟壳则会飞驰而去……对于这些由于它自身（移动位置）或外界（踩在了它的背上）造成的在某一个时刻的属性改变，我们称为该部分当前的状态。因为一个部分的属性时刻在变化，所以它的状态也会随之发生改变。

对于游戏主角踩踏和踢龟壳——这些造成状态变化的因素，我们称为行为。行为是导致系统状态改变的原因，也是系统中各个部分之间相互作用的方式。例如，一个慢悠悠前进的板栗仔被游戏主角踢过来的龟壳无情地击中，失去了生命。这便是由游戏主角踩踏和踢龟壳、龟壳触碰到板栗仔这一系列行为导致的板栗仔的生命归零。

我们可以用这种方法去拆解更多的系统。例如，主角系统、道具系统、分数系统等。每个系统都有其独特的功能和特点，而系统之间又存在着微妙的关系，从而构成了游戏整体的复杂结构。

游戏主角马里奥是主角系统的代表，他有着跳跃、奔跑、攀爬等多种行动方式，并且可以通过获取不同的道具来改变自己的状态和能力。火焰花、星星、超级蘑菇等都是道具系统中的代表，它们可以为游戏主角提供不同的能力和战斗力。分数系统则用于记录玩家在游戏中的表现，以及给予一定的奖励。

当玩家操作马里奥通过跳跃顶到一个问号砖块，获得了一个火焰花，然后用他的火球消灭了一个板栗仔，获得一些分数的时候，我们就会发现这些不同的系统之间有着千丝万缕的关系。这些关系不是单方面的，而是相互影响、相互作用的。通过获得火焰花，游戏主角的能力得到了提升，可以更加轻松地击败敌人，从而获取更多的分数。这些系统之间的关系会随着游戏的进行而不断变化，玩家只有不断地适应和调整自己的策略，才能在游戏中获胜。

除了这些基础系统，游戏还包括关卡系统和跳跃系统等更大或更小的组成部分。关卡系统是游戏中的一个重要组成部分，它定义了游戏的难度和进度，包括地图设计、关卡布置、障碍物设置等。跳跃系统则定义了主角跳跃时的行为和状态，如跳跃高度、跳跃速度、跳跃方式等。

这些大大小小的系统相互作用、相互依赖，像一条条看不见的线形成了一个个环，如同一个复杂的生态系统。这便是系统的循环。每一个系统都是游戏中不可或缺的一部分，每一个系统的改变都会影响到游戏整体的状态和进程。只有所有的系统都协调一致，才能形成一个完整的游戏世界。

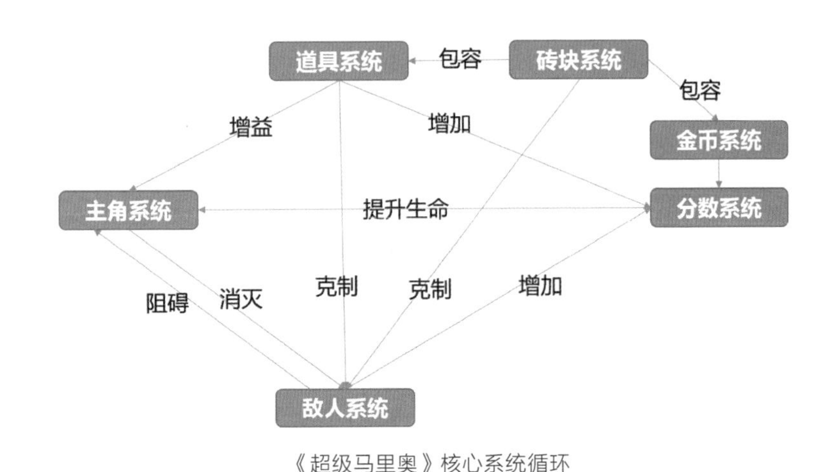

《超级马里奥》核心系统循环

最后总结一下：系统由不同的部分组成，不同的部分有各自的属性集合，不同部分之间的行为造成了其属性的变化，形成了部分的状态。部分之间相互影响、相互作用，构成了系统循环。小的系统通过循环构成大的系统，从而共同构成一个有机的整体。

通过这样的定义，不知你有没有发现，我们身边也有许多系统。就拿自己来说吧，人体是由不同的部分组成的，如五官、四肢、内脏等。而各个部分也由更小的部分，如细胞、原子等组成。这些部分的状态时时刻刻都在发生着变化。例如，现在你的眼睛就在盯着这行文字，你的手在触碰着书页（或屏幕），你的心脏在有力地跳动。不同的部分之间的状态也因为互相影响才导致了改变：心脏会把血液泵向全身各处，大脑会指挥手指移动，而眼睛瞄向手指指的方向等。正是因为人体系统在不停地循环运转，我们才能正常地吃饭、睡觉、学习、娱乐。

每个游戏包含不同的系统。现在，你知道系统策划到底有多么重要了吧？设计游戏，其实就是在设计一套精妙、稳定的系统。

3.2 如何设计游戏系统

当了解了什么是游戏系统以后，我们至少在开始着手设计时便有了一些底气。但是，了解只是设计的第一步，我们还需要了解设计的步骤及技巧。本节便来讲解如何通过一些步骤和技巧设计出一个游戏系统。

3.2.1 从设计目的出发

每个游戏系统都会有一个或几个明确的设计目的。比如《超级马里奥》中的火焰花等道具系统，其设计目的就是让马里奥能够通过道具得到不同程度的强化，从而使玩家获得不同的战斗体验。这个设计目的就好像一棵树的树干，不管上面的枝叶如何延伸，它们都必须依托于树干。系统设计也是一样的，系统设计都围绕着设计目的进行，这样就不会跑偏。

那么，我们该如何明确一个系统的设计目的，并且由此出发来进行设计呢？

假如我们是刚刚进入游戏行业的人，那么一般上级会分配一个比较简单的系统设计任务给我们。这些系统可能是小地图系统、通知系统等。由于系统规模较小，上级一般都会直接告知设计目的。这时候，我们需要去深入地思考这个设计目的，以便围绕这个设计目的进行设计。

举例来说，一个小地图系统的设计目的是让玩家在玩游戏的过程中能够清晰地了解自己的位置和游戏中一些重要元素的位置。在这种情况下，我们需要将玩家的位置和游戏中一些重要元素的位置精确地标注在地图上，并让地图易于阅读和理解；同时我们需要考虑如何让玩家方便地查看地图信息，以及考虑地图的显示尺寸和玩家的视野范围是否合适，以确保玩家可以轻松地使用该系统。

《魔兽世界》小地图

同样地，设计一个通知系统的目的是让玩家可以通过不同的频道和位置获得不同的游戏信息。在这种情况下，我们需要设计出不同系统定位的通知频道和位置，如系统通知、私信通知等，以便让玩家可以根据自己的需要和偏好来选择和使用通知系统。此外，我们还需要考虑通知系统的提示方式和内容，以确保玩家可以及时、准确地获得游戏信息。

在设计这些基础游戏系统时，我们还需要考虑到游戏的整体架构和游戏玩法等因素。这些因素会对游戏系统的设计和实现产生影响。例如，在一个 FPS 游戏中设计通知系统，就需要考虑中央的通知信息会不会遮挡玩家的视野，因为对于 FPS 游戏来说，开阔的视野是非常重要的。因此，在设计游戏系统时，我们要综合考虑这些因素，以确保系统可以很好地与游戏整体相协调。

总之，对于一个刚刚进入游戏行业的人来说，设计一个比较简单的游戏系统是一个很好的起点。新手需要清楚地了解系统的设计目的，并围绕这个设计目的进行设计；同时需要考虑游戏的整体架构和玩法等因素，以确保系统可以很好地与游戏整体相协调。新手通过不断学习和实践，可以逐渐掌握游戏系统设计的方法和技巧，慢慢成长为有经验的系统策划。

随着我们逐渐适应了系统策划的工作，从一个新手变为一个有一些经验的系统策划，当面临新系统的设计，而上级不再告知设计目的时，我们又该如何确定这个系统的设计目的呢？

一般来说，有两种比较实用的方法。

第一，直接和提出需求的上级进行沟通，详细了解这个需求的设计定位及设计目的。这里有一个基本的前提：上级在提出需求之前，已经对系统设计进行了考量。因此，我们与上级进行沟通可以更全面地了解这个需求的设计定位和设计目的。这有助于我们更好地理解设计目的，并为后续的设计工作提供参考。

需要注意的是，上级在考虑系统设计时，会从宏观视角出发，考虑系统在整个游戏中的作用和位置。而对于进入游戏行业不久的系统策划来说，可能没有这样的视角和经验。因此，单纯依靠个人经验来理解设计目的可能会出现偏差。例如，在设计聊天系统时，系统策划可能只考虑了社交层面的需求，而忽略了系统通知等消息的传递。而通过与上级沟通，系统策划可以更加全面地理解设计目的，规避麻烦，并明确设计方向。

第二，从系统框架的角度去分析设计目的。游戏的大大小小的系统是相互作用、相互依赖的。因此，大部分游戏系统在整个游戏这个庞大的机器之中都不是一个单独的螺丝，而是一个齿轮。这也就意味着，在分析一个系统的设计目的时要考虑它与其他系统的耦合关系，以及这些系统是如何共同运作的。

以聊天系统为例，从社交系统的角度看，聊天系统承载了社交的一些重要功能，如私聊、社团聊天等。由于聊天系统是一个比较重要的信息传递媒介，其他系统可以与其产生关联，如系统信息、NPC 剧情等，它们都可以通过聊天系统进行信息传递。因此，当开始分析聊天系统的设计目的时，我们就需要跳出聊天系统本身，从整体框架的角度去考虑其真正的设计目的。

从整体框架的角度去分析游戏系统的设计目的，可以更好地理解系统的功能和作用。我们在考虑一个系统的设计时，需要了解它所处的位置和它与其他系统的交互关系，这样可以确保这个系统的设计不会与其他系统产生冲突，同时也能够让系统的设计更加完整和协调。

此外，我们从整体框架的角度去分析游戏系统的设计目的，也有助于发现潜在的问题。如果一个系统的设计目的与整体框架的目标相悖，就有可能出现系统间的冲突和不协调。例如，一个非常注重沉浸感的角色扮演游戏，就不需要一个满屏弹出花里胡哨的消息 的通知系统。我们要确保系统的设计目的与整体框架的目标一致，以确保游戏系统的稳定性和可靠性。

一旦我们确定了这个系统的设计目的，就需要在设计过程中一直有意识地提醒自己注意这个设计目的。无论是设计整个系统，还是设计其中的任何一个小模块，我们都要问问自己："这个模块带来的体验是否符合系统的设计目的？"只有这样，设计出的系统才不会跑偏，才能够真正地达到设计目的。

举一个例子，设计一个卡牌游戏中的牌库系统，设计目的可能是"让玩家可以自由地组合自己的卡牌，并在游戏中使用这些卡牌，组合起来战斗"。那么，在设计牌库系统的过程中，我们需要考虑以下几点。

首先，我们需要确保这个牌库系统可以存储所有的玩家卡牌，并且可以让玩家自由地组合这些卡牌。对此，我们设计一个简单的拖曳式的界面，让玩家可以将自己的卡牌从牌库中拖出来，并放入一个自定义的卡组中。这样，玩家就可以自由地组合自己的卡牌，并将卡组保存下来，以备下一次使用。

其次，我们需要确保这个牌库系统可以让玩家方便地查看自己的卡牌信息，并且可以让玩家方便地进行卡牌管理。我们可以设计一个详细的卡牌信息界面，让玩家可以查看每张卡牌的详细信息，并可以对这些卡牌进行管理，如卖出或弃用不需要的卡牌。

最后，我们还需要确保这个牌库系统可以和游戏中的战斗系统无缝衔接。对此，我们可以设计一个简单的卡牌选择界面，让玩家在进入游戏开始战斗之前可以选择自己的卡组，并且可以在战斗中使用这些卡牌来进行战斗。

《炉石传说》牌库系统

在设计这个牌库系统的过程中，我们要有意识地提醒自己注意“让玩家可以自由地组合自己的卡牌，并在游戏中使用这些卡牌来战斗”这个设计目的，并注意设计的每个小模块都是为了达到这个目的。之后的所有相关设计都必须围绕着这个设计目的进行。在设计其中任何一个小模块时，我们都要问问自己：“这个模块带来的体验是否符合系统的设计目的？”

通过这个例子我们可以看出，只有在游戏系统的设计中明确系统的设计目的，并且确保所有的设计都围绕着这个设计目的进行，才能够设计出符合玩家期望的游戏系统。

3.2.2　同类参考，构建框架

对于刚刚进入游戏行业的我们来说，想要设计一个自己从来没有接触过的游戏系统，其实是有一定难度的。这时，我们就需要参考同类型优秀游戏的对应系统，并将其作为自己的学习依据。

为什么要参考同类型优秀游戏呢?

首先，优秀游戏系统已经过时间和玩家的检验，此时系统具有稳定性和可玩性，可以提供一个有益的模板来帮助我们了解游戏系统设计的基础知识和技能。通过学习这些系统的结构和设计原则，我们可以更好地了解游戏的核心功能和流程，并能够更好地设计出自己的游戏系统。

其次，参考优秀游戏系统可以为我们提供有益的启示和灵感。优秀游戏系统通常会有独特的游戏机制、故事情节和游戏界面设计等元素，这些都可以为我们提供有益的启示和灵感。通过观察其他游戏的系统设计，我们可以学习如何创造出具备稳定性和可玩性的系统架构和系统循环，从而更好地设计出自己的游戏系统。

最后，参考优秀游戏系统可以帮助我们更好地理解和掌握玩家的需求和期望。优秀游戏系统的成功之处在于该系统能够吸引玩家，满足玩家的游戏需求和期望。通过观察其他游戏系统，我们可以了解玩家对游戏的期望和需求，从而更好地设计出游戏系统。

可能有人会说：“这不就是抄袭吗?没有创新，怎能做出顶级的游戏！”

其实，这不仅误解了“参考”的真正含义，还误解了“创新”的过程和本质。

首先，参考并不是简单地复制粘贴，而是不同程度地借鉴其他游戏中的机制和设计思路，以便自己设计出独特的游戏系统。在很多情况下，参考是游戏开发的重要组成部分，它可以节省时间和精力，使游戏策划更快地实现其目标。例如，知名的FPS团队竞技游戏《守望先锋》，其游戏设计就在很大程度上参考了《军团要塞2》。《军团要塞2》中的每个角色都有自己独特的技能和能力，这一设计元素被《守望先锋》的游戏策划借鉴，从而设计出如会飞行的法老之鹰和扔出炸弹的狂鼠等角色，这些角色也都拥有各自独特的技能和能力。再如，《军团要塞2》中有多种不同的游戏模式，包括抢旗、控制点和推车等。这些游戏模式也被《守望先锋》的游戏策划所借鉴，并在此基础上加以改进和创新。从事实上来看，《守望先锋》的确是在《军团要塞2》的基础上做出了自己的特色，并成为一个优秀的游戏产品。

《军团要塞2》

其次，大部分的学习都是从模仿开始的。一个画家不可能一开始就像毕加索或梵高一样有自己独特的风格。他们需要从临摹大师的画作开始，模仿那一道道笔触、一抹抹色彩，逐渐积累经验，这样才能打牢基础，最终走出自己的艺术之路。同样地，在游戏开发领域，借鉴其他游戏的系统设计和玩法可以帮助游戏策划理解游戏开发的基本原理，并创造出独特的游戏体验。

毕加索早期作品

最后，参考是创新过程的一部分。在游戏开发中，参考可以激发创新的灵感。通过参考其他游戏，游戏策划可以找到新的创意和设计方案，使游戏更加出色和有所创新。此外，参考也有助于游戏策划发现自己游戏中存在的问题，从而改进和完善游戏系统。例如，FPS 游戏《德军总部 3D》（1992 年）经历了 25 年射击游戏的不断进步及微创新，才开创了“吃鸡”这一创新品类的《绝地求生》（2017 年）。

综上所述，参考是游戏开发过程中不可或缺的。虽然有些人认为参考是一种抄袭行为，但实际上，参考是一种学习和创新的过程。通过参考其他游戏，游戏策划可以更快地实现其目标，理解游戏开发的基本原理，并创造出独特的游戏体验。

现在我们知道了，作为一个新手，参考其他游戏系统的设计是一种非常有效的学习方式。那么，我们该如何进行参考呢？

我们需要学会对一个优秀游戏系统进行拆解，目的是从系统结构的逻辑上分析为什么这个系统被设计成这样，以及这个系统与其他系统构成了怎样的关系。我们还需要注意一些细节，如按钮位置、交互逻辑等，以及对这些细节是如何处理的。（关于如何拆解系统，后面会有专门的讲解。）

除此之外，我们还需要考虑优秀游戏系统和自己游戏系统设计目的的差异性。就算是同类型游戏的对应系统，由于游戏架构的整体差别，也会导致某些维度的设计目的有所不同。这里还是用之前提到的聊天系统举例来讲，《原神》的聊天系统和其他 MMORPG 的聊天系统就会由于社交设计目的上的差别，而导致其在设计思路和用户界面布局方面有着不小的差异。这也是在拆解过程中需要进行甄别的。

在拆解分析后，我们可以深入了解所分析系统的各个组成部分，并尝试将其系统框架套用到自己的设计中。在此过程中，我们要注意自己系统的设计目的与所分析系统的设计目的的差异性，有针对性地进行取舍。这将有助于我们更好地实现自己的设计目标，并提升设计质量和效率。

在分析优秀游戏系统的过程中，我们可以从多个方面进行考虑。例如，可以研究其架构设计，看看其各个子系统是如何有机地组合在一起的；还可以关注其交互设计，看看游戏策划是如何设计用户界面的等。

随着经验的不断积累，我们将会形成自己的思维框架和常用的系统设计模板。这些模板有助于我们更快速地进行设计，从而提高工作效率。

同时需要注意的是，这些系统设计模板并不是万能的，在实际的设计过程中，我们需要结合具体的需求进行适当的修改和定制。如果过于依赖模板，可能会导致设计过于死板，缺乏创新性和灵活性。

在积累了一定的经验之后，我们就可以自己进行独立的设计和创新了。这个时候，我们可以充分发挥自己的想象力和创造力，尝试进行一些新颖的、独特的设计。当然，在这个过程中我们需要不断进行实践和调整，以确保设计能够实现预期的效果。当然，这会是一个比较漫长的过程，我们要脚踏实地，一步一个脚印，切勿操之过急。

3.2.3　围绕一些准则

虽然优秀的游戏各有各的优点，但优秀的游戏系统也都有一些可以概括出的准则。围绕着这些准则去进行设计更加有助于我们在整体层面上把控系统设计的尺度和效果。

以下是《游戏设计进阶：一种系统方法》一书中，设计师 Achterman 提出的建立游戏系统的一些准则。

易理解性：如果制作的游戏系统连自己都无法搞清楚其中的关系，就更不要指望玩家能够理解了。作为游戏策划，我们需要将游戏理解为由多个子系统组成的有机整体。玩家自然也需要知道这一点。例如，现在很多网游和手游给玩家提供了 10 多个子系统，如武器强化、宝石镶嵌、装备进阶等。这样复杂的系统架构需要更明确的整体规划和有节奏的体验内容解锁，从而让玩家理解其运转逻辑。而作为新手策划，不要去想我要设计一个多么复杂的系统，而要先考虑这个系统该如何让玩家理解。

一致性：Achterman 指出了“规则和内容在游戏中任一部分都保持统一”的重要性。游戏中的规则和内容不一致可能会导致玩家混淆或无法理解游戏的机制。假设一个游戏的主题是生存和探险，游戏系统规则却强制玩家进行战斗和竞争。这种不协调的设计可能会让玩家感到困惑和不满，因为规则与游戏的主题和情境不符。

可预测性：游戏系统对于给定的输入应具有可预测的输出。如果游戏系统的输出结果不可预测，就可能给玩家带来困惑和不公平的感觉。例如，在一款棋类游戏中，如果同样的走棋方式在不同的游戏场合中产生了不同的结果，那么玩家可能会感到困惑和不满。对于相似的输入，系统不应产生大相径庭的结果，游戏策划应该考虑到任何可能的特殊情况（尤其当玩家触碰到了系统边界的时候），因为这些特殊情况有可能损害玩家体验，也可能产生系统 Bug。例如，你在《巫师 3》的白果园中可以不费力地找到一群奶牛，将它们砍死就能获得牛皮，然后通过冥想使时间倒退两小时，奶牛又出来了，于是不断屠牛不断冥想，钱就能源源不断地到手。这种没有经过限制的敌人刷新机制导致掉落资源无限产出，直到破坏整个经济系统。这就是当初设计师没有考虑周全而产生的恶性 Bug。

《巫师 3》中的奶牛 Bug

可扩展性：系统化地构建游戏通常会使其具有高度可扩展性。尽可能少做高度定制化的内容（除非它是非常重要的独特体验，如新手关卡），系统应当让内容尽量以新的方式被重复利用。例如，想制作一个炸药桶、一个可破坏的栅栏，以及一个宝箱，就可以考虑为它们开发一套组件系统，将它们进行整合。这样一方面可以对它们进行统一管理，另一方面在设计可破坏的矿石的时候可以在组件系统中进行扩展，使其成为一个新的组件。仔细设计游戏系统，只在有需要的部分建立循环，就可以在内部或外部扩展该系统。

优雅性：一个好的系统一定是优雅的。它既一目了然，又深不可测；它既藕断丝连，又化零为整。优雅这一特性其实是对上面几个特性做出的一个概括，它凌驾于一致性之上，但又与其相关。最恰当的例子莫过于中国的围棋。它规则简单，只有两种颜色的棋子，被围住的棋子会被吃掉，评判输赢的标准是看哪种颜色的棋子所占的格数更多；但它又极其复杂，千变万化，可玩性极高。这种由简入繁的系统设计便是具有优雅性的设计。

在设计系统时，我们可以围绕这些准则去思考自己的系统到底该如何构建、循环、优化细节，以设计出更稳定、有效、耐玩、优雅的游戏系统。

3.2.4 重视体验

如果我问你，游戏设计师要为玩家设计什么样的游戏？你会如何回答？

我猜你大概会说：当然是设计玩家想玩的游戏啊！

这个回答对，但又不全对。

> 人们在玩游戏时产生体验，这种体验才是游戏设计师真正关注的。一个缺少体验的游戏毫无价值。
>
> ——《游戏设计艺术（第 3 版）》

其实，游戏设计师最重要的任务之一就是为玩家创造各种各样的体验。我们可以通过游戏的机制、系统、故事情节、关卡设计等多种元素来塑造不同的游戏体验，让玩家有不同的感受。是像《生化危机》那样给玩家带来恐怖、紧张的体验？还是像《动物森友会》那样给玩家带来休闲、放松的体验？这才是在设计游戏系统时最需要重视的。

因此，在最初确定一个系统的设计目的时，该系统所带来的预期体验就是其中非常重要的组成部分。从整体体验是否符合设计目的，到用户体验是否顺畅、舒适，都是要时刻关注的。

那么，如何做到这一点呢？可以从两个维度入手。

第一，将大的设计体验目标按照设计好的系统架构层层拆解，从而明确每个模块的设计体验目标。就好像顺着大树的树干逐渐蔓延到它的每一个枝杈，甚至每一片树叶一样，让小的体验构建成大的体验，这样就能在一定程度上保证设计体验目标不会偏离。

第二，学习 UI/UE 的相关知识。UI 是用户界面的简称，UE（User Experience，简称 UX/UE）是用户体验的简称。这两项对于系统策划来说都是必须熟练掌握的基本技能。只有学习相关的知识，才能在设计用户界面和用户体验时使用一些成熟的思维框架，以及常用的用户交互技巧，以此来提升玩家的交互体验。

例如，期望利用聊天系统让玩家感受到游戏的社交氛围，增强游戏的趣味性和互动性。那么，在设计聊天系统时，系统策划就需要从整体布局、主页显示信息、聊天界面风格、信息优先级区分等层面去为玩家构建这样的体验。

- 设计整体布局需要考虑到聊天系统的位置，以及与其他界面的交互关系。一般来说，聊天系统应该设置在主界面的显著位置，便于玩家随时进行互动。同时，在与其他界面进行切换时，聊天系统应该保持稳定，不影响玩家的操作体验。
- 设计主页显示信息需要考虑到聊天系统的实时性和玩家的交互需求。主页可以显示最新的聊天信息，包括系统公告、私信、群聊等内容。同时，玩家可以快速进入与好友或群组的聊天窗口，方便、快捷地进行互动。
- 设计聊天界面风格需要考虑到玩家的审美需求和游戏的风格定位。聊天界面可以采用比较简洁、清晰的风格，应注重信息的传递和交互体验。同时，也可以根据游戏的风格定位进行风格上的差异化设计，提高玩家对游戏的认同感和情感连接。
- 设计信息优先级区分需要考虑到不同类型的信息对于玩家的重要性。例如，系统公告和私信等重要信息需要在聊天界面中有较高的显示优先级，而聊天记录等次要信息可以放置在次要位置。这样可以提高玩家对于重要信息的关注度和使用效率，同时也可以减少不必要的干扰。

除了以上设计层面，还需要考虑到 UI 设计和 UE 设计的细节层面，以提升玩家的使用体验。在 UI 设计中，需要考虑到色彩搭配、字体选择、按钮设计等方面，以保证用户界面的美观性和易用性。在 UE 设计方面，需要考虑到操作的便捷性、响应速度和交互等方面，以保证玩家的流畅体验和良好的使用体验。

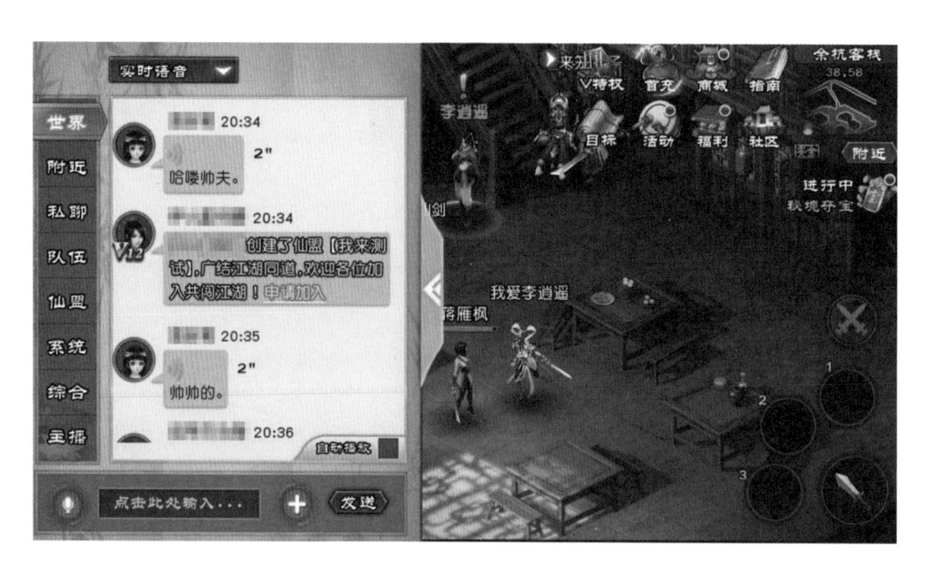

综上所述，只有通过这样从大到小的系统构建和细节优化，才能围绕着设计目的进行设计，给玩家带来预期的游戏体验。

3.2.5 逻辑的严密性

设计一个系统并不是很多玩家想象的那样，只要列出想法和框架，甚至都没有框架，直接跟美术设计师和软件开发工程师说一句“我想做一个聊天系统”，他们就可以像变魔术一样，三下五除二地把一个完美无缺的系统做好。作为这个系统的设计师和负责人，我们既要保证设计经得起推敲、有充分的细节及逻辑支撑，也要保证在后续开发过程中积极地推动美术设计师和软件开发工程师等职能人员的开发进度，从而保证系统设计能够按时、保质地完成。

一个经得起推敲的系统必须有一个严谨的逻辑架构来支撑。这个逻辑架构需要考虑各种情况下系统的运作问题，并对玩家的反馈进行深入思考和研究。

例如，玩家在使用聊天系统和其他玩家私聊时，如果接收到对方的队伍邀请，那么队伍邀请界面应该以什么样的层级关系展示？如果对这个问题考虑不周，玩家就可能因为找不到队伍邀请界面而错失加入对方队伍的机会。

此外，我们还需要考虑玩家的操作习惯和行为模式。当玩家正在发送消息给对方时，如果对方下线了，应该如何显示消息？如果我们对这个问题考虑不当，就可能导致玩家在与其他人交互时出现沟通不畅的情况，从而影响到游戏体验。

要设计一个经得起推敲的系统，我们还需要考虑到各种异常情况和错误处理方式。

例如，当玩家使用聊天系统时，如果出现了一些非法字符或网络延迟，系统应该如何处理这些异常情况，才能尽可能地避免让玩家受到影响？

当然，对于逻辑架构的设计，我们不仅要考虑游戏内的交互和反馈，还要考虑整个系统的可扩展性和可维护性。我们需要考虑到未来可能出现的新功能和新需求，以及如何在保证系统稳定性的前提下进行升级和扩展。

为了梳理逻辑结构，我们一般会使用逻辑流程图。逻辑流程图是一种图形化的表示逻辑结构的工具，它可以很好地帮助我们进行系统设计。逻辑流程图可以把复杂的逻辑结构变成简单的图形，让我们更加直观地理解游戏系统的逻辑结构，从而更好地进行系统设计和优化。

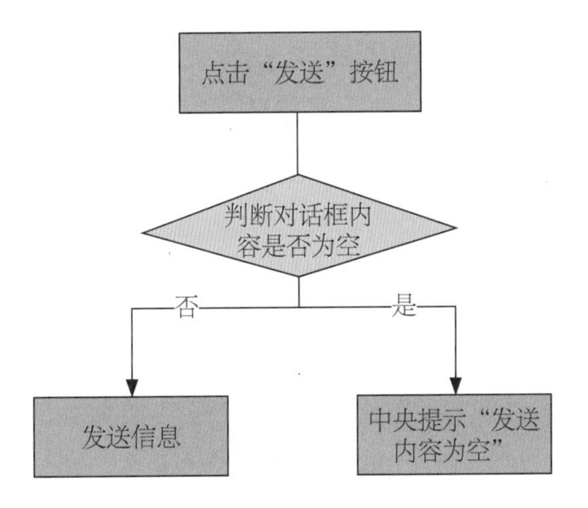

其中方块代表交互行为及系统给出的反馈，菱形表示判断条件，箭头表示逻辑的流转方向。使用逻辑流程图有以下几个好处。

明确逻辑结构：逻辑流程图将游戏中的各个流程、条件、规则等逻辑关系清晰明了地呈现出来，有助于设计师清楚地了解整个游戏系统的流程和运作方式。

方便沟通交流：逻辑流程图用简单明了的图形展示游戏系统的流程和各个模块之间的关系，便于不同职能部门之间沟通和交流，从而避免沟通不畅、理解偏差的问题。

提高开发效率：逻辑流程图可以帮助设计师更好地理解游戏系统，避免由于设计不清晰或不完整导致的开发工作量增加或重复开发的问题，从而提高开发效率。

我们采用这样的形式可以比较明确地分析不同条件下的逻辑跳转关系及对应反馈。在从整体到局部一层层将系统的逻辑结构用这样的流程图梳理下来之后，我们就会对系统的整体逻辑关系比较清楚了，同时也会发现之前没有想到的问题，以及可以扩展的新思路。这样设计的系统会更加稳定、全面。而且，当我们和软件开发工程师或美术设计师进行沟通的时候，他们也会更加明确实现细节及各部分之间的逻辑关系，从而更高效地进行开发。因此，逻辑流程图在游戏系统设计中具有重要的作用，可以帮助设计师更好地理解游戏系统，提高开发效率和质量，降低风险，方便测试和调试，同时能够为玩家提供更好的游戏体验。

3.3 如何书写系统设计文档

不管是哪个岗位的游戏策划，都难逃书写设计文档这一关。实际上，设计文档对于游戏开发来说，也的确是必不可少的。因为它有两个非常重要的作用：备忘和沟通。

备忘：在游戏开发过程中，有不计其数的系统和机制需要开发，而其中会涉及无数的设计细节。如果纯靠口述和人脑记忆，在想要确认某些具体设计的时候就会无从做起。这时，作为记录着项目开发历程的各种文档便可以发挥备忘录的重要作用。

沟通：一篇系统设计文档的最重要功能就是让美术设计师和软件开发工程师等职能人员了解设计意图及设计细节，从而推动系统和功能的正常开发。不要指望单靠一张嘴就能给所有参与设计的人员都说明白。就算他们当时明白了，后面忘记了又该如何确认呢？不仅如此，后续 QA 对开发功能进行验收也需要查看系统设计文档——检查是否实现了当初设计好的功能体验。所以，一篇结构明确、言简意赅的系统设计文档绝对是说服美术设计师和软件开发工程师等其他职能人员的神兵利器。

既然系统设计文档如此重要，那么到底该如何书写呢？它又应该由哪些部分组成呢？

一般来说，系统设计文档都会使用 Word 或 Excel 这两种文档格式，不过不同的项目也会有统一的标准格式及具体要求。接下来要介绍的系统设计文档格式不单单针对系统设计，也可作为其他相关设计如关卡设计等的参考，只不过部分模块描述可能会有些许差别。下面就以 Excel 为例讲解一篇系统设计文档应该由哪些部分组成。

3.3.1 修改列表

在 Excel 文档的开头或第一个分页中，一般都会列出这篇文档的修改列表，因为一篇文档可能会经历数次的修改，尤其随着项目的继续推进，会有新的成员来对已有系统进行迭代。所以，从创建文档，到每次修改，所有的修改内容都要在修改列表中有所体现，主要包括每次的修改时间、修改人、修改内容，以及修改内容的链接。这样就很容易找到每次迭代的修改内容和对应的修改人。

编号	修改时间	修改人	修改内容	修改内容的链接
1	1 月 20 日	何振宇	创建文档	
2	6 月 22 日	二狗	修改了私聊的相关逻辑	

3.3.2　设计模块

设计模块主要用于和组长或主策划进行设计沟通，主要目的是在这个模块中阐述清楚设计的目标、思路、框架及实现方法，并用比较明确的语言和图示将设计意图和细节传达出来。设计模块一般会在单独建立的分页上，主要包含以下内容。

1. 体验概述和设计目标

这是指要用几句话简单描述一下系统设计文档的内容会带给玩家怎样的体验，这个设计属于产品哪部分的体验模块，以及出于怎样的设计目的。由于设计目的及体验概述对具体设计来说具有重要的指导意义，因此这里需要明确该系统或玩法、关卡的设计目的及预期体验，并分别列出。

体验概述和设计目标

构建方便快捷的社交聊天体验

同时能显示部分系统信息

2. 设计思路

这是指分点描述设计思路，将自己对该设计的思考过程列出来，并表述清楚其中的逻辑。

设计思路

为了区分不同的社交需求，将对应的社交板块划分为不同的聊天频道

考虑到手机的易用性，将聊天界面放置在屏幕左侧

为了提升玩家互动性，支持文字、表情、语音输入，以及链接分享

聊天界面分为展开和缩略两种模式，对应不同应用场景

3. 功能概述

这是指简单描述一下按照设计思路需要开发哪些功能模块，建议列出标题。

功能概述

输入模块

　　文字输入

　　表情输入

　　语音输入

　　链接分享

频道模块

聊天界面模块

4. 玩法/关卡设计

玩法 / 关卡设计模块可用于玩法、关卡，及其细分条目，如技能设计、敌人设计等。

- 故事背景：可有一些背景设定，这样让玩法描述更有画面感，会更好。
- 玩法描述：从玩家角度描述这个模块是怎么玩的，有什么影响，玩家会遭遇什么挑战。其中包括玩法的流程及玩法分点设计。
- 相关角色设计：如果玩法中包含特色的角色（如敌人），则需要进行详细设计。
- 参考：对应的图示、视频链接、动图等。

5. 系统设计

模块用于系统设计，包括以下细分条目。

- 故事背景：若有一些背景设定，让系统更有背景设计感，描述更有画面感会更好，也会让美术设计师在风格设计上有更多的参考。

故事背景

星链（StarLink），是我们30世纪全宇宙最受欢迎的聊天软件

它是连接不同文明之间的重要通信工具，不仅可以用于个人之间的交流，还可以用于跨文明的政治和经济谈判

由于各种不同的语言和文化，星链已经成为一种多语言交流的标准化工具，它可以通过自动翻译和语音合成技术实现各种语言之间的互通

玩家可以加入各种不同的频道，包括社交频道、工会频道和私人频道等。这些频道可以让玩家与不同的外星种族进行交流，并在游戏中获得更多的资源和信息

总之，在我们的宇宙中，星链是连接不同文明之间的桥梁，是玩家在游戏中交流、合作、探索和互动的关键工具

例：聊天系统故事背景

- 系统模块：分点拆解模块，主要考查逻辑拆解能力，主要写明每个模块的体验概述、设计目的、功能拆分、功能实现逻辑、具体表现及参考等内容。

系统模块

- 频道模块
    - 概述：用于分别显示不同类别的信息
    - 频道分类
        - 世界频道
            - 概述：显示当前服务器分线的所有世界信息
            - 显示规则：
                1. 全局显示，当前分线玩家均可以在缩略界面和详细界面中看到该频道聊天内容
                2. 玩家15级后开启，15级之前玩家只可查看，不能发送
                   15级之前发送信息弹出中央提示：15级以上可使用世界频道

例：聊天系统模块拆解

- 系统运转逻辑：对于模块之间是怎么运转的，可用一个流程图来展示。

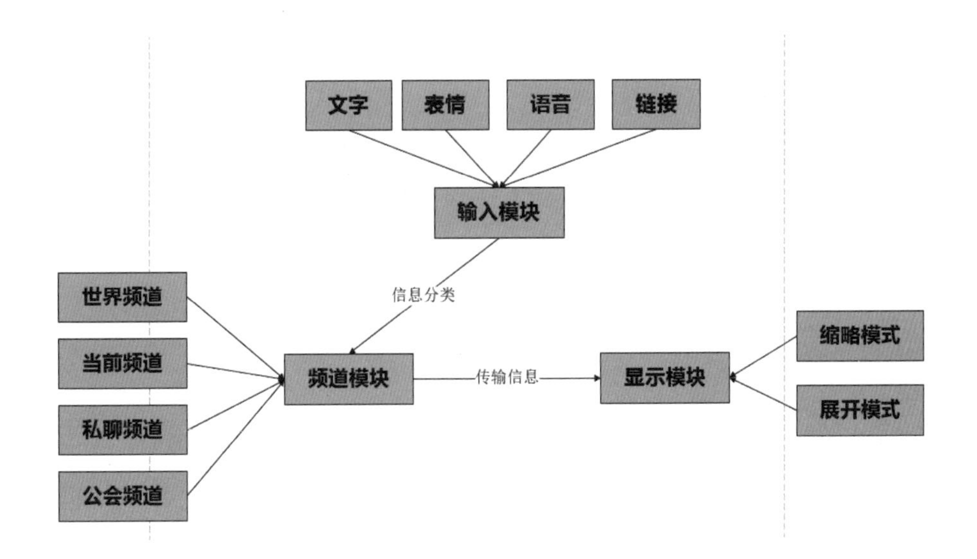

- 系统操作逻辑：系统操作的流程图，也就是前面提到的逻辑流程图，用来显示各模块、功能的操作逻辑。

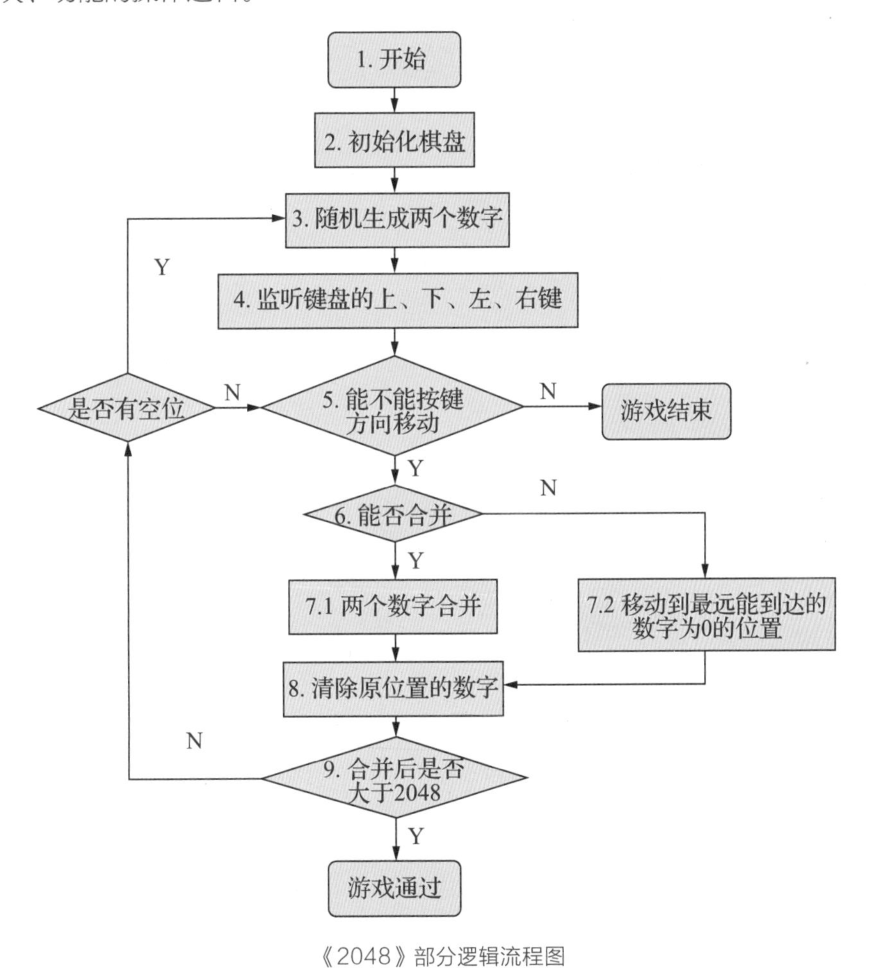

《2048》部分逻辑流程图

3.3.3 功能逻辑

和设计模块不同，功能逻辑主要用来和软件开发工程师沟通设计的具体实现逻辑。所以，相比起设计模块主要阐述体验描述及系统基础设计，功能逻辑会更加侧重于展示系统之间的关联关系、系统的运转逻辑、模块之间的组成和流转、实现的逻辑细节等内容。功能逻辑也在单独建立的分页上，主要包括以下内容。

1. 玩法/系统整体概述

要用玩家的语言描述想要做什么东西，最好有可参考的视频链接或外链 PPT 展示。为什么要用玩家的大白话或视频来表达？我们在和其他职能人员进行功能沟通的时候，应尽量以通俗易懂的方式让对方理解我们的需求，而不是扔出一堆专业术语，因为这样会让对方摸不着头脑。

2. 功能拆解

- 功能分点描述：用“标题 + 一句话描述”的方式分点罗列，标记整体制作范围。

功能分点描述

输入模块：支持文字、表情、语音输入，以及链接分享，其中链接可从装备、道具直接复制（需要对应系统添加新功能）

频道模块：分为世界频道、当前频道、私聊频道、公会频道

显示模块：分为缩略模式和展开模式

- 逻辑关系图：用逻辑关系图的方式表达当前功能的依赖关系。

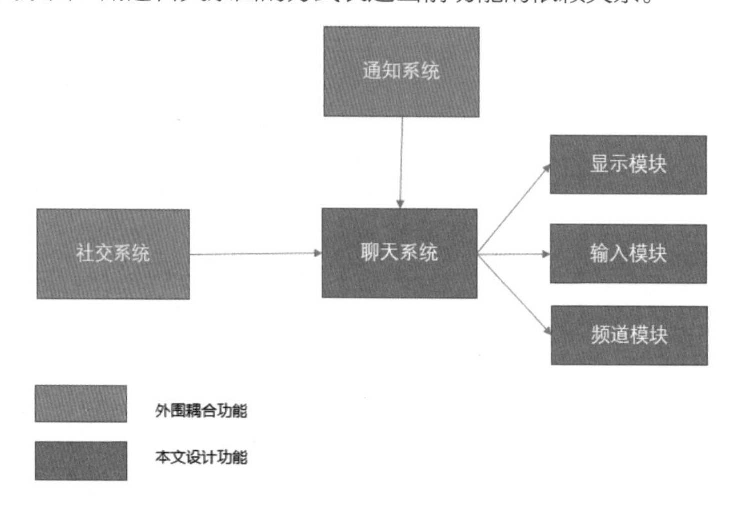

3. 功能分点细述

- 功能详述：用详细的设计语言对功能分点描述的每条内容进行阐述，包括功能的体验细节、不同情况的功能逻辑判断、玩家操作交互后的反馈及其表现等，应在设计模块的系统模块基础上更注重对逻辑及实现的相关表述。
- 功能流程：若特别强调流程的系统和玩法 / 关卡（如一个界面的功能流程或一个线性关卡），需要附带流程图；若特别强调技能，则需要附带技能节点流程描述。具体可参考设计模块的系统操作部分。
- 配置表设计：因为一般系统的功能设计都会涉及策划配置表（通常是 Excel 格式的），所以通过罗列配置表的表头，以及针对每个表头的逻辑和配置项进行解释，以此来厘清模块设计思路、程序员和策划的分工、系统复用性 / 扩展性等系统设计思路。

ID	备注	频道类型	是否可显示通知
id		channel_type	notice_lag
int		int	bool
主键		必填	
1	公共频道	1	0

- 功能资源依赖及范围：一般功能都有美术资源或 UX 资源需求，这里描述一下具体有哪些资源范围。若判断正式资源制作周期超过预期，建议制作临时资源提供给程序员进行逻辑功能开发（建议用表格的形式）。

资源内容	资源类型	资源数量	到位时间

3.3.4　美术需求

不管是功能设计、关卡设计、战斗设计还是系统设计，都需要有美术资源支持。而作为这些模块的设计者，游戏策划也必须在文档中详细说明相关的美术资源需求，这样才能让美术设计师明白如何设计。

1. 模型、动作及特效需求

一般来说，对于这几个相关模块的资源需求，游戏策划可能会集中整理成一份美术需求表，也可能会按照模型、动作和特效分别列表。这里就统一进行整理归纳，主要包括以下条目。

- 名称：模型的名称，如果没有正式名称可用其功能名称代称，如鱼人怪物。
- 编号：英文和数字的组合名，一般会作为程序逻辑或填表识别，如 monster01。
- 外形描述：用简短的话语描述这个模型的外表及具体特征。
- 外形参考及范例：用图示或动图直观展示模型的外形参考。
- 动作名称：动作中文名称，如主角射击。
- 动作编号：英文和数字的组合名，如 shoot01。
- 优先级：动作的制作优先级，一般分为高、中、低三个级别。
- 动作具体描述：用简单的语言描述动作的样式。
- 动作时长：预期动作时长或范围。一些技能动作需要标明动作前摇、后摇时间。
- 是否循环动作：判断是不是循环动作。
- 参考：动图或视频链接，对动作进行形象化描述。
- 特效名称：特效中文名称。
- 特效编号：英文和数字的组合名。
- 是否循环特效：判断是不是循环特效。
- 特效描述：描述特效样式及动态。
- 特效参考：图示、动图或视频链接。
- 备注：其他备注信息。

名称	编号	外形描述	外形参考及范例	动作	动作编号	优先级	动作具体描述	动作时长	是否循环动作	动作相关特效	是否循环特效	特效参考	备注
牛头人士兵	Minotaur01	牛头人 穿着高科技战甲 拿着高科技金属战斧		站立	stand01	高	普通站立呼吸	3s	是	无			
				持械向前跑步	run01	高	双手拿着武器向前奔跑，沉重感	3s	是	无			
				挥砍	slash01	中	高举战斧，然后狠狠向下劈砍	5s（前摇2s，后摇2.5s）	否	随着挥砍产生的白色刀光	否	链接（30s处）	

2. UX需求

系统和功能设计都少不了 UX 设计，即之前提到的 UI/UE。一般来说，UX 需求包括以下内容。

- 大模块：该 UI 所处的大模块，如角色信息。
- 子模块：细分后所处的小模块，也是这个 UI 的名称，如敌人血条。
- 资源类型：根据项目情况进行区分。例如，是屏幕 UI 还是场景 UI。

- 外形描述：描述其外形，以及期望的动态。
- 外形参考及范例：用图示或动图直观地展示其外形参考。
- 备注：其他备注信息。

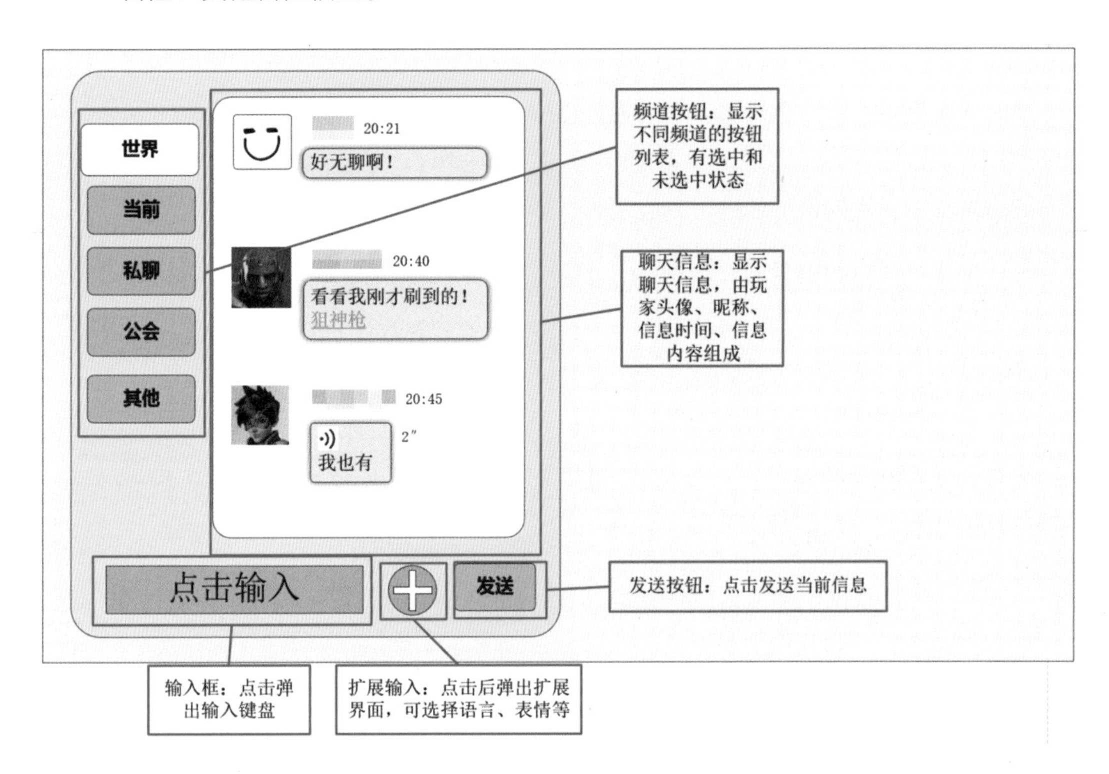

大模块	子模块	资源类型	外形描述	外形参考及范例	备注
移动	左摇杆	屏幕UI			
准星	非持枪状态	屏幕UI	一个小白点在中心		
	持枪状态	屏幕UI	1.以中心白点为圆心 2.外面一圈可根据射击散布扩大		
	命中反馈	屏幕UI	射击命中时，准星的反馈		
	击杀反馈	屏幕UI	1.程度比命中更甚 2.多以红色为主		
	换弹状态	屏幕UI	准星旋转倒数状态		
射击按钮	左射击按钮	屏幕UI			
	右射击按钮	屏幕UI			

以上就是一篇系统设计文档的大体格式。需要说明的是，本节中的格式只是一个参考，我们需要根据项目的实际情况去书写符合项目要求和标准的系统设计文档；同时，要灵活思考，不要生搬硬套。系统设计文档最重要的目的是让相关的人看懂设计，而不是写一篇洋洋洒洒几千字的论文，就好像天书一样谁也看不懂。所以，通俗易懂、准确传达，才是一篇合格的系统设计文档所应该达到的标准。

3.4 如何推动设计落地

当游戏策划把设计文档传达给程序员和美术设计师那一刻起，开发的重心就转移到了他们那边。而这时，并不是说游戏策划就可以撒手不管了，真正考验游戏策划将设计落地能力的时候到了，那就是如何推进开发工作。

在这个推进的过程中，有几个关键的步骤是需要大家重点关注的。

3.4.1 制订开发计划

当设计文档完成并通过后，游戏策划要做的就是制订开发计划，以便有计划、有预期地进行功能开发。一般来说，这一部分分为以下几个步骤。

步骤 1 召开会议：游戏策划需要与被安排开发该功能的美术设计师和程序员召开会议，确保大家在同一时间和地点讨论游戏开发计划。

步骤 2 确定开发细节：在会议上，游戏策划需要分享最新的游戏策划文档，讲解该功能的设计目的、预期体验、系统逻辑、实现细节等要点。目的是让其他职能人员明白：你要做什么，你想怎么做，需要他们做什么。在会议上，程序员会根据游戏策划的讲述，共同讨论技术要求，确保游戏引擎和工具能够满足游戏的开发需求；而美术设计师则会和游戏策划讨论美术需求，包括游戏场景、角色、道具、动画、UX 等方面的设计。同时，大家会对其中某个细节的运转逻辑、实现效果等提出自己的看法或疑问。大家需要在会议上讨论出针对问题的解决方案。例如，是游戏策划修改方案，还是程序员去研究新的技术？如果问题比较棘手，则需要记录下该问题，会后在指定时间内给出解决方法。

步骤 3 确定计划与里程碑：会后，游戏策划会作为主导角色帮助 PM（Project Management，项目管理）和其他职能人员对各自的工作进行拆分及排期。这个过程需要给美术设计师和程序员共同分配任务和角色，确保每个人都有明确的职责和任务。工作的拆分及排期会根据项目的规模大小、功能复杂度、人员配比等因素进行综合评定。例如，一个功能模块的工作计划，是要按照整个系统来排期，还是要按照拆分后的模块来排期，这个会依据具体的情况进行分析。但最终，一定会整理出一份各个职能人员都意见统一的开发计划表。之后，程序员、美术设计师及游戏策划都要按照这个计划表来进行开发工作。

序号	工作名称	模块	描述	负责人	开始时间	完成时间	工作天数/天
1	聊天系统文档书写	系统	聊天系统文档书写	何振宇	2022.3.21	2022.3.25	5
2	聊天系统功能开发	系统	聊天系统功能开发	小明	2022.3.28	2022.4.8	10
3	聊天系统UX设计	系统	聊天系统UX设计	小刚	2022.3.28	2022.4.1	5

3.4.2　跟踪开发进度

在确定开发计划后，各职能人员进行开发的过程中，游戏策划要经常跟踪程序员和美术设计师的开发进度，以便随时了解他们的实现情况、沟通过程中遇到的问题，并及时发现可能存在的风险。不要以为开发过程大部分都是很顺利的，实际情况也许恰恰相反。

举一个例子，二狗花了三天画了一个按钮，结果等到程序员要用的时候，发现尺寸对不上，只能要求二狗修改。这时二狗就不乐意了，质问程序员：当初做的时候怎么不说，现在改，之后的界面就没时间做了。

这其实是开发过程中经常会出现的问题。

游戏策划在跟进过程中要有风险预估能力。对于美术设计师，资源制作一般是周期较长的工作，因此游戏策划要及时和他们沟通设计是否符合规范，以及是否符合美术需求；对于程序员，游戏策划要及时和他们沟通开发细节、功能点的具体实现方式等问题；对于每个功能模块和资源，当它们完成后，游戏策划要及时进行验收和反馈，不要影响开发进度。

此外，为了提高跟进效率，游戏策划要具备强大的沟通能力。

谁都不希望自己做的东西一遍又一遍地被否定、修改，但这又是开发过程中无法避免的。所以，若碰到需要让美术设计师和程序员进行修改的情况，如何说服他们，就要看游戏策划的情商有多高了。

一般来说，首先，游戏策划需要说明修改的理由，而且这个理由必须是合理的，而不能用“就是感觉不对”这种含糊不清的话语来搪塞。

其次，游戏策划要注意沟通的语气。“因为这里和规范不符，所以麻烦您修改一下~”就要比“你做的和规范要求的差得太远了，赶紧修改一下”要好得多。毕竟是请求对方进行修改，因此语气要诚恳、谦逊一些。有时使用符号“~”和表情😀可以收到意想不到的效果。

最后，日常维护与其他职能人员的社交关系有利于开发工作的开展。毕竟，不能期望一个和你有些过节的人会配合你的工作。

总而言之，跟踪开发进度是游戏策划非常重要也非常麻烦的工作之一，非常考验游戏策划的综合能力。这一能力需要长期培养。

3.4.3 配置及测试迭代

在系统开发后期，基本的开发工作就完成了。这就进入了进行配置及测试迭代的流程。这个阶段的工作非常关键，因为它直接决定了该系统的开发质量和玩家体验。其中，有一些关键点需要重点关注。

首先，要保证配置项的全面性及代表性。以签到系统为例，要保证每一天与各种对应类型的奖励都配置完成了，不要有遗漏，否则可能会忽略其中的 Bug。确保配置项的全面性和代表性可以通过制定详细的配置计划和清单来实现。在执行配置计划时，需要保证每个配置项都被正确地设置和测试，并及时发现和修复 Bug。

其次，在测试过程中要尽量严谨地测试各种操作。这也是一个非常重要的点，因为测试是发现和修复 Bug 的关键步骤，而且在测试过程中要尽量模拟真实的用户场景，以便更好地检测系统运行是否正常、反馈是否符合预期、体验是否符合设计目的等。测试需要覆盖系统的各个方面，包括基本功能、高级功能、异常情况等，以确保该系统在各种情况下都能正常运行。如果在测试过程中发现了问题，需要及时记录并提出解决方案。例如，是美术设计师的资源问题，还是程序员的开发 Bug，抑或是游戏策划的配置错误？这些都需要先确定，然后尽快修复。

最后，当 QA 介入之后，要及时配合其测试结果，修复对应的 Bug。QA 在游戏开发团队中是一个非常重要的角色，负责检查游戏开发的内容是否符合质量标准，并提出改进意见。在 QA 介入之后，游戏策划需要积极地配合 QA 的测试工作，及时修复测试中发现的问题，并确保修复后的版本能够顺利通过测试。如果 QA 提出的问题需要进行较大的修改，那么游戏策划要根据工作量来与上级和其他职能人员一起进行评估，看看所提问题是可以马上修复的，还是需要再排工期进行修改的。

总之，在测试过程中，如果有需要修改和迭代的部分，要根据工作量来与上级及其他职能人员一起进行评估。

3.4.4 玩家体验及后期维护

到这一步为止，系统才算真正落地了。但是，游戏毕竟是给玩家进行体验的，游戏策划还需要根据玩家的体验反馈来对系统进行长期的维护和跟进。

当然，对于一些未上线的项目来说，可能没有办法接触到玩家体验这一环节。在这种情况下，游戏策划可以邀请 QA 或项目的其他成员来进行体验，并对他们给出的反馈做出相应的分析和修改。

游戏策划不可能采纳每一位玩家的建议，但仍然要在以设计目的为核心的前提下保证玩家体验，对他们的建议和意见（如修改性价比、合理性等方面）进行分析和评估，给出对应的修改方案。

3.5　系统策划如何成长

其实不管是哪个岗位的游戏策划，或多或少都会接触到系统设计的工作内容。所以，这一节看似是讲系统策划的成长，其实也是所有游戏策划必须学习的必修课。那么，有哪些方法可以帮助系统策划提升自己呢？

3.5.1　拆解优秀游戏的系统架构

游戏策划需要多玩游戏，这个观点想必大家都认同。但是，游戏策划又不能只玩游戏，更要研究游戏。“玩”是指从玩家角度出发，享受游戏，感受游戏带给玩家的各种体验。而“研究”，就需要从设计者角度剖析这个游戏，从表面深入到内部，一层层拆解游戏的系统、机制。这样才可以通过这个过程更加全面地了解游戏，从而学习其优秀的设计理念和系统架构。

那么，该如何进行拆解呢？有以下几个步骤。

1. 深度体验

要想拆解一个游戏，就要先深入地玩一玩这个游戏。游戏策划玩的时候不能像玩家一样，只是单纯享受游戏带来的乐趣，而是要透过游戏的表面去挖掘游戏更深层次的系统架构、体验内核。作为新手，你去拆解全部系统架构可能有些勉强，但是可以针对某个感兴趣的系统，如经济系统、战斗系统，来做进一步研究。

一般来说，如果是单机游戏，需要玩两遍以上；如果是网络游戏，则最好注册至少两个账号。第一遍，以玩家的心态去玩，不用特别在乎细节，感性地去感受游戏带来的各种体验，记住每一个让你印象深刻的点，以及觉得不舒服的点。同时，去思考这些点为什么会给你带来这些体验，要有一个大概的思路。第二遍，深入地去玩，针对你在意的那些关键点去体验围绕它的系统设计，寻找构成这些体验的元素和脉络，尤其要思考这些系统的设计目的，以及这些系统给你带来了哪些体验。

2. 绘制思维导图

在第二遍体验游戏的同时，游戏策划可以通过思维导图的形式去整理所拆解系统的架构。

思维导图是一种运用图文结合的形式，将一个整体按照不同层级、不同模块来逐级表现出来的形象化图形结构。这种方式可以帮助游戏策划整理思路，将大量的信息清晰地呈现出来，更加便于理解和分析。

一般来说，拆解及绘制的步骤需要“从大到小”。

从大到小，指先把游戏按照对系统的归类，从不同的角度（如体验、机制等）拆解为几个大的模块，如战斗系统、任务系统、社交系统等，并将其作为一级标题；然后具体到每个模块，从设计目的和体验概述出发，从系统构成的角度进行更细致的拆解，形成二级标题。

这样一级一级拆解，最后最小的颗粒度会归纳到某个小模块的一个功能节点上。这就算是把这个游戏的系统拆解完成了。

举例来说，下图就是游戏《艾尔登法环》的部分战斗系统的思维导图。

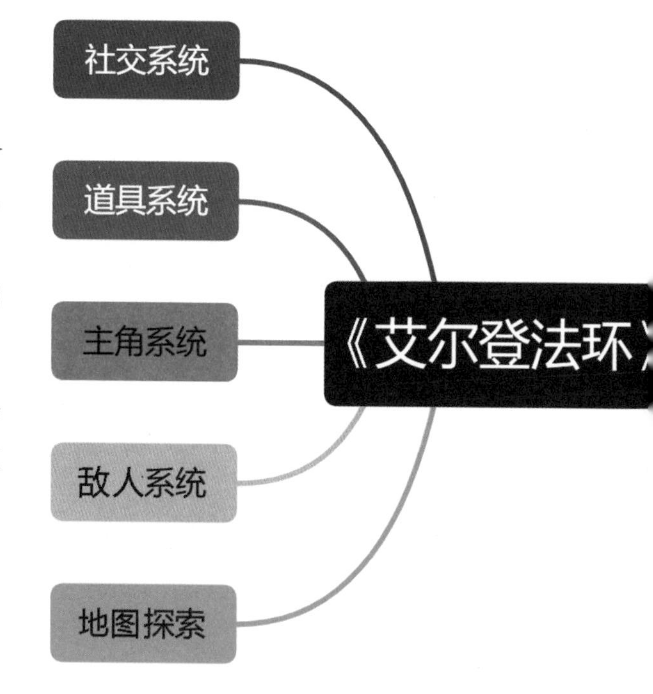

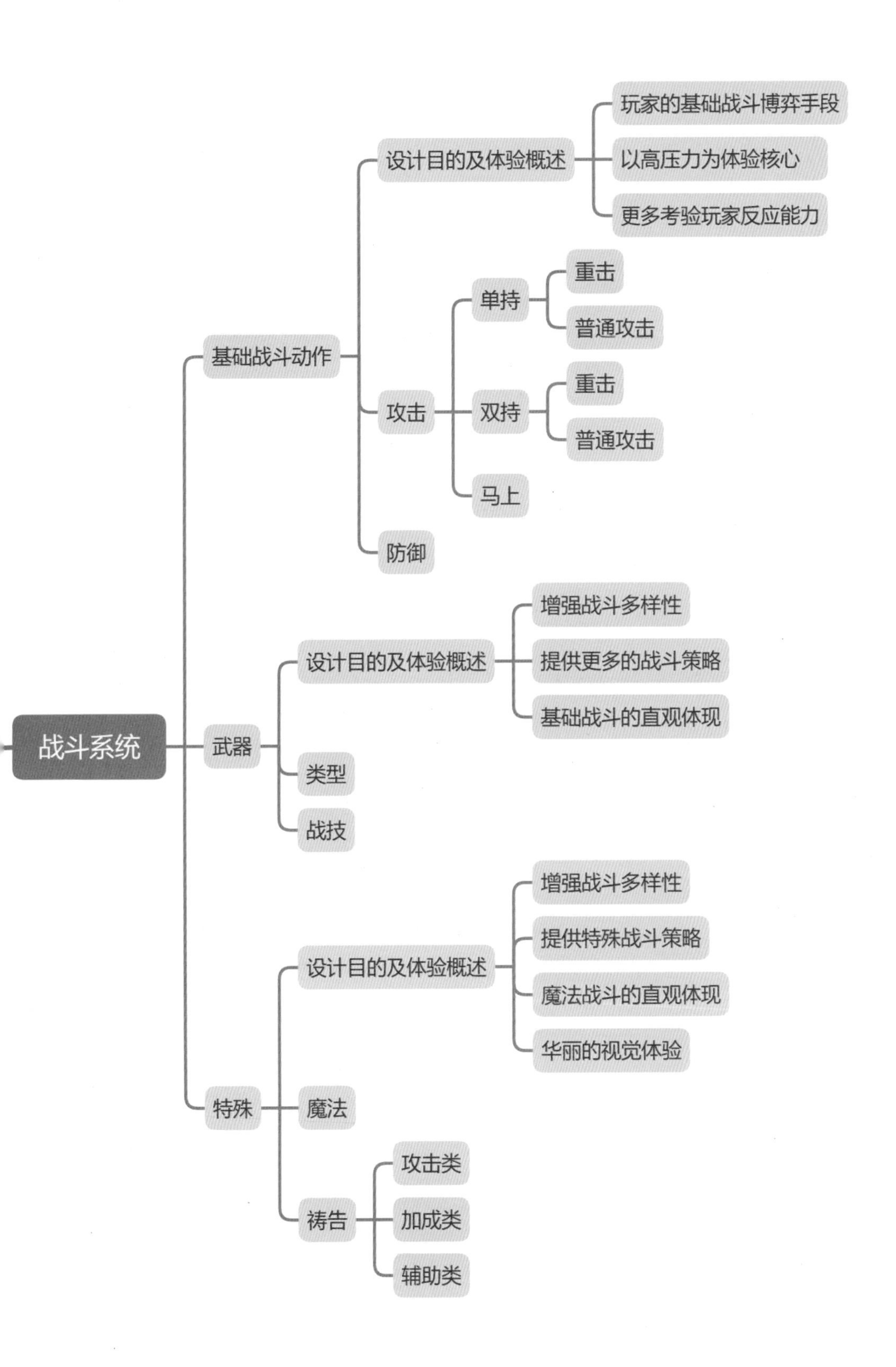
战斗系统
基础战斗动作
设计目的及体验概述
玩家的基础战斗博弈手段
以高压力为体验核心
更多考验玩家反应能力
攻击
单持
重击
普通攻击
双持
重击
普通攻击
马上
防御
武器
设计目的及体验概述
增强战斗多样性
提供更多的战斗策略
基础战斗的直观体现
类型
战技
特殊
设计目的及体验概述
增强战斗多样性
提供特殊战斗策略
魔法战斗的直观体现
华丽的视觉体验
魔法
祷告
攻击类
加成类
辅助类

3. 绘制系统流转图

除了思维导图，游戏策划还要考虑系统之间的循环和流转关系——可以使用下图这样的流转图来进行梳理。重点是思考不同的系统模块之间有怎样的关联，哪些是可以构成循环的，哪些又是在这个循环之外的。系统流转图可以让人明白游戏的整体系统架构到底是怎样的。

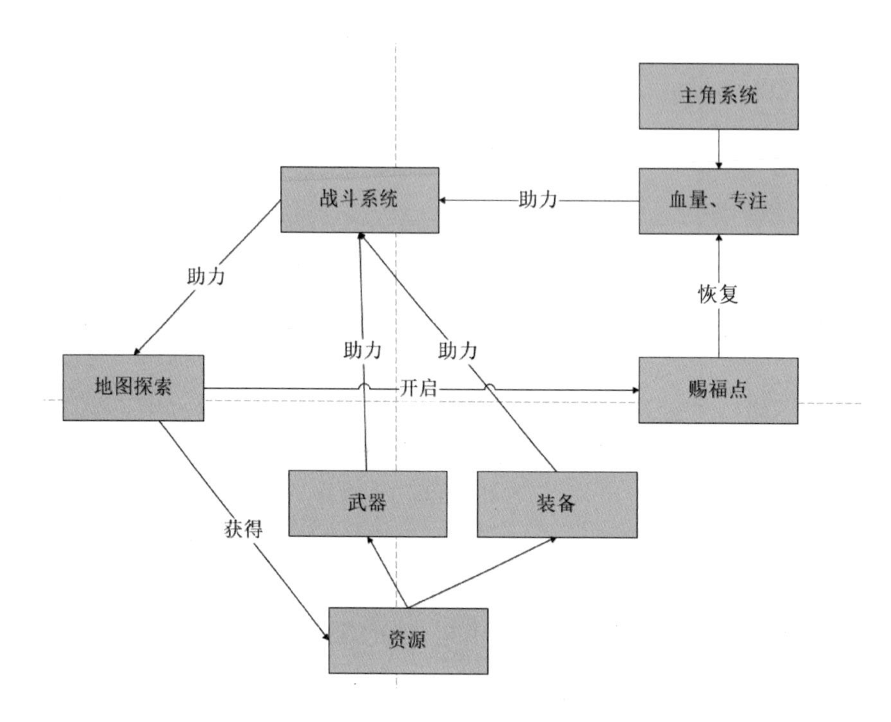

4. 整理文档

除了这些思维图样，游戏策划也可以将思考的内容通过文档的形式进行整理。在通过文档的形式进行整理的过程中，游戏策划可以去思考一些在这些框架之上和之下的游戏内容，如一个系统的包装形式、数值体验、规则设计、交互设计等，从多个层面去思考这个系统是如何从这些方面来体现设计目的和预期体验的，并将这些内容分别整理到文档之中。通过这种方法，游戏策划能更全面地理解和看待一个游戏系统，也能收获更多的感悟。

5. 再玩一遍游戏

在将以上内容都完成，整理出一份比较完整的拆解文档之后，应再玩一遍游戏。因为，只有有了清晰的系统架构，才能更加深入地理解这款游戏，同时发现一些可能遗漏的细节问题。这一步不仅有助于游戏策划将这些拆解内容更加深刻地印在脑海之中，也有助于其完善拆解文档和思考结论。

游戏策划运用这种方法来拆解一个个游戏，对于提升其系统设计能力有非常大的帮助。这是一项长期的能力训练，游戏策划需要在玩游戏的过程中有意识地对游戏进行研究和分析，并在设计自己的系统时有意识地进行参考和取舍，从而将通过这项训练获得的成长最大化。

3.5.2　学习用户交互设计和系统设计

由于在游戏的系统设计中常常会涉及用户交互的相关内容，所以有意识地学习 UX 设计的一些理念也有利于系统策划的成长。这里主要推荐一些相关的图书。

《About Face 4：交互设计精髓（纪念版）》，［美］Alan Cooper 等

这是一本数字产品和系统的交互设计指南，全面系统地讲述了交互设计的过程、原理和方法。

《交互思维：详解交互设计师技能树》，WingST

本书由一位资深的交互设计师所著，其中不乏具体的设计案例，尤其是有不少与游戏相关的案例，比较适合作为入门级用户交互学习用书。

除了用户交互的相关图书，游戏设计的相关图书也是游戏策划长期学习过程中必不可少的。这里主要推荐一本针对系统策划的图书，便于大家进行学习。

《游戏设计进阶：一种系统方法》，［美］Michael Sellers

这本书以系统性思维为基础，解释了游戏与乐趣的本质；严格基于系统性思维，分层次、自顶向下地讲解了游戏设计的步骤；阐述了游戏平衡的重要性，以及如何系统地调整游戏平衡；最后对游戏开发过程中会遇到的各种实际问题进行了介绍，可谓系统策划必读的图书之一。

《体验引擎：游戏设计全景探秘》，［美］Tynan Sylvester

这本书是游戏设计领域的经典教材之一，也是我认为游戏策划必读的图书之一。作者从多个维度出发，详细阐述了如何通过游戏设计来创造丰富多彩的游戏体验，以及如何真正从内心打动玩家。书中的文字轻松易懂，但探讨的内容非常深刻。这本书可以说是一本触及游戏设计核心的经典读物。

本章从讲解什么是游戏系统开始，到如何设计游戏系统，再到如何书写系统设计文档及如何推动设计落地，最后讲到系统策划如何成长。在这个过程中，相信大家已经理解本章的标题“系统策划：最简单也最困难”是什么含义了。

作为以设计游戏系统为主要工作内容的策划岗位，小到简单的签到系统，大到复杂的战斗系统，系统策划会随着工作年限的不断增长及工作经验的不断积累，逐渐接触到大大小小数不胜数的游戏系统设计。游戏系统有的看似很简单，但就像一台机器中的小小齿轮一样，构成了运行这台机器必不可少的动力来源之一；有的看似很复杂，但其实它们也不过是由数个更小的结构有机构成的而已。游戏系统既简单，又复杂，共同构成了千千万万让无数玩家流连忘返的游戏世界的架构。而作为创造这些架构的系统策划，想要参透其中的奥秘，从进门的那一刻开始便要面对漫长的旅程。加油吧，从简单走向困难，最后又回归简单！人生，不就是这样吗？

第 4 章

数值策划：游戏平衡的把控者

“沐哥，组长让我和你聊一下测试版本的升级数值规划，你有空吗？”

“现在不行，我还得把冬哥要的战斗技能数值再调一下，下午我去找你。”一个看上去十分高大，却有点驼背的男子头也不回地回答道。

“好吧……”吃了闭门羹的小宇有点不知所措，赶紧想了几句话来缓解尴尬，“啊，原来你们数值策划这么忙啊！”

“那当然了，凡是带数字的都归我们管。你说咱们游戏里，有哪个玩法系统没有数值需求？好了好了，我还得继续干活，你先回去吧，下午再说，下午再说。”沐哥显然是有点不耐烦了，摆了摆手应付道。

“好好好，你忙着，我不打扰了。”小宇连忙一边应着一边火速逃离现场，嘴里还不忘嘟囔几句，“神神秘秘的，这就是数值策划吗……”

4.1 数值策划工作内容

数值策划，作为策划团队中非常重要的组成部分，一直以来都蒙着一层神秘的面纱。那些升级的经验数值，以及各种攻击的伤害数字，都是如何确定的？数值策划每天都在做什么？不要着急，本章就来走近数值策划，掀开那层神秘的面纱。

可能有不少人认为，数值策划每天只需要填填表、算算数就可以了。但其实，数值策划的工作是比较复杂且有一定难度的。接下来，我们一起看看数值策划的主要工作内容有哪些。

4.1.1 搭建和设计战斗系统

对于每个玩家来说，一个游戏最直观的莫过于它的核心玩法了，而这便涉及它的战斗系统。不管是《使命召唤》中的第一人称射击机制，还是《恶魔城》系列中的横版即时战斗机制，抑或是《开心消消乐》中的三消机制，都可以算作核心战斗系统（对于为什么三消会被称为“战斗”，后面在介绍战斗策划的章节中会进行阐述）。如何从零开始，在设计过程中配合搭建出核心战斗系统的整体数值框架，确定战斗公式，以及设计出其中具体的各项数值参数，是数值策划重要的工作内容。

《恶魔城 X：月下夜想曲》

除此之外，数值策划还需要根据核心战斗玩法来控制战斗的节奏。例如，《塞尔达传说》中使用一把铁剑砍一剑就可以打败一只蝙蝠，打败一只蜥蜴战士需要砍五剑，但如果换成火焰大剑，那么打败蜥蜴战士只需要砍一剑。其中，不同的敌人、装备、技能造成的战斗体验节奏差异也是应在设计战斗模型时进行考量的。

4.1.2　搭建和设计成长曲线

除了战斗系统，游戏中比较重要的数值框架便是成长曲线。游戏角色从 10 级升到 11 级需要多少经验，需要做几个任务和杀多少个敌人？升级以后攻击力会提升多少，防御力会提升多少，可以获得哪些新的武器和装备？这些武器和装备带来的击杀效率是多少？……这些和游戏角色成长息息相关的数值曲线也都是由数值策划精心设计出来的。

4.1.3　搭建和设计经济系统

大部分的游戏都有自己的经济系统。经济系统，听上去好像主要和钱有关，但其实，游戏中的经济系统是指游戏内各种资源的获取、管理、流转、转换、回收。

举例来讲，我在游戏中解决了一只哥布林，获得了 100 点经验、1 把生锈的铁剑、1 件银甲、50 枚金币、5 个铁矿。我换上了这件银甲，并且准备给它升 1 级。到了铁匠那里，我发现还需要 10 个铁矿和 200 枚金币。于是我把生锈的铁剑卖了，但也只换了 5 枚金币。我思考了一会儿，把背包里不需要的装备卖了几件，分解了几件，凑齐了升级需要的资源。完成银甲升级后，我顺便从铁匠那里花 20 枚金币买了一把稀有品质的手枪……

以上这些在游戏中司空见惯的操作就是经济系统最直观的表现了。

数值策划要在游戏中构建出对应的经济架构（例如，定义游戏中有哪些资源，它们源自哪里，占比及用途各是什么，同时设计它们的流转关系；资源之间如何转换，哪些资源需要回收等），还要调节平衡，不能让玩家找到一个可以无限刷金币的敌人，以免让经济系统崩溃。如果涉及玩家和玩家之间的交易，那么，哪些资源可以交易，哪些资源不可以交易，交易的限制有哪些等问题，也都是数值策划在设计经济系统时需要考量的。

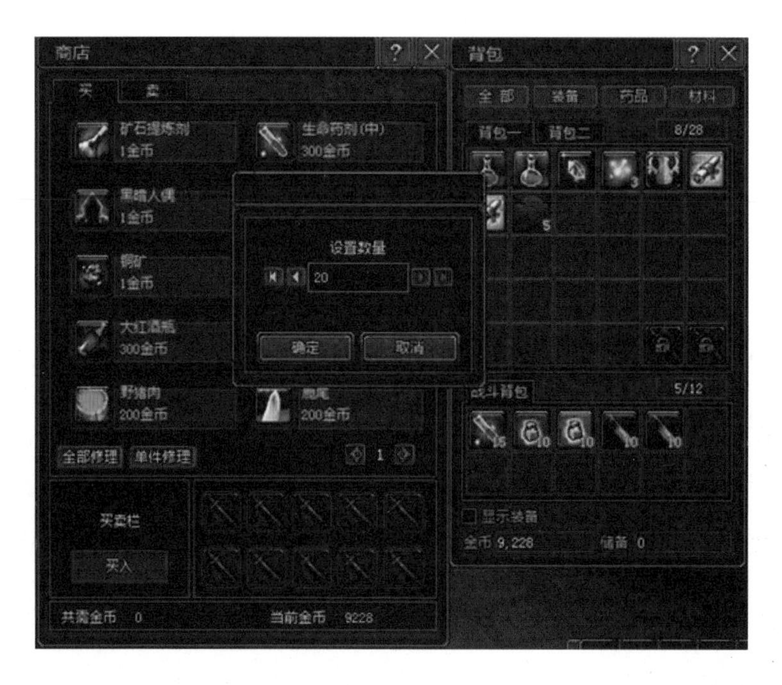

和经济系统关系密切的付费体系也是非常考验数值策划设计能力的重要部分。例如，这个游戏有哪些付费点？期望的玩家付费比例是多少？如何为付费点定价？这些和玩家付费相关的问题关系到整个游戏的收入及玩家的付费体验，甚至关系到"零氪金"玩家的体验。所以，一般只有资深的数值策划才会参与与付费相关的数值设计工作。

4.1.4 进行数据分析

功能做完了，架构搭完了，数值填好了，数值策划是不是就没事了？错了，这时数值策划的重头戏才刚刚开始。对于游戏来说，只有被玩家认可，数值才具有价值。所以，数值策划会在游戏的关键功能和节点设置数据埋点，从而获取玩家在玩游戏过程中的各种行为，以此来验证设计目的是否达成及玩家的行为是否符合预期，并且做出有针对性的调整和修改。尤其是对于长线服务型游戏来说，这一步至关重要。为什么在第三关玩家的流失率最高？为什么玩家的 7 日留存率这么低？这些实实在在的数据能充分说明设计中存在的隐藏问题，也是数值策划验证自己所设计的数值框架和成长曲线是否合理的有力证据。

4.2　数值策划需要考虑的问题

数值策划每天和各种冷冰冰的数字打交道，总会遇到各种各样的问题，而其中的一些问题是需要新手着重关注的。

4.2.1　从体验入手

很多不了解数值策划的人总觉得想要成为一个数值策划，就要有扎实的数学功底，比如微积分、概率论都得掌握得很好。

其实，这是一种很常见的对数值策划的误解。

因为，对于数值策划来说，其最终目标并不是创造出多么复杂、厉害的数值模型，也不是计算长到离谱的公式，而是要为玩家创造出预期的体验。

举一个例子，现在我想要玩家从 1 级升到 100 级，该如何设计成长曲线呢？

一个没有经验的数值策划可能直接拉一条直线就完事了——稳定每 5 分钟升一级，简单易懂，好算又好看，没毛病。

但是只要是有一定经验的数值策划就会发现，玩家在每个阶段的升级速度其实是不同的。在初期，升级速度快一些，能够得到更多的正向反馈，目的是鼓励玩家继续玩游戏。在中期，升级速度逐渐放缓，目的是放慢玩家的体验节奏。在某个特定的等级，可能还要考虑设置一些卡点或增加升级难度，从而改变玩家的游戏体验。所以，数值策划在设计过程中需要先构想好预期的玩家体验是什么样的，再去找对应的公式、数值模型来实现。

此外，对于一些成熟的计算公式或数值模型，数值策划也不能生搬硬套，要明白这些计算公式和数值模型所要解决的问题有哪些，短板在哪里，和自己的项目或功能是否匹配等。要永远记住：工具是死的，人是活的。工具是为了实现体验而存在的，不要本末倒置。

4.2.2　注意数值验证

在数值结构搭建完成后，一些数值策划没有做特别深入的数值验证，只测了几把武器和几级的升级曲线，就认为设计完成了。结果，等游戏上线后，如果玩家体验不好，那么这一块的数值可能就直接崩了。尤其像经济系统或付费数值这样比较重要的模块，一旦出了问题，可能直接就给一款游戏判了死刑。因数值问题导致游戏用户大量流失，最终惨淡离场的案例在现实中真的是一抓一大把。这种问题虽然与数值策划本身的设计水平有很大关系，但有一些明明可以避免的失误就因为缺少了数值验证这一环节，结果酿成大错。所以，数值策划不能指望所有的问题都由QA来发现，在数值落地的过程中，只有经过大量的有效性验证，才算是真正开发完成。时刻牢记，玩家体验才是检验功能是否合格的唯一标准。

4.3　数值策划如何成长

前面讲解了数值策划的一些基本工作内容，那么，对于想要成为数值策划或刚刚入门的人来说，该如何成长呢？

4.3.1　反推游戏数值

就好像系统策划可以通过反推优秀游戏的系统架构来提升自己一样，数值策划也可以通过反推游戏数值来获得成长。

反推游戏数值，主要是指通过一系列的统计及计算，推测出游戏底层那些看不到、摸不着的各种计算公式及数值模型。听上去很复杂，似乎很难下手，但只要按照以下几个步骤，就可以反推出某个游戏的数值。

1. 确定拆解目标

先确定要拆解的游戏，以及要拆解它的哪个部分。例如，你想拆解《魔兽世界》，那么，是要推它的战斗公式呢，还是要升级曲线呢？可以先从一个部分开始，有针对性地进行拆解。

2. 玩游戏

没错！数值策划想要反推游戏数值，不玩游戏肯定是不可能做到的。但这个“玩”不同于普通玩家的“玩”，而要更有针对性地玩。例如，要拆解《魔兽世界》的战斗公式，就主要以战斗为核心来玩游戏。在玩的过程中数值策划要时刻牢记“数值是为了实现体验”这一核心思想，去思考战斗系统带来的体验是怎样的，不同属性、武器、装备对战斗体验的影响是怎样的。这样才能保证反推过程是有目的的，并且是高效的。

3. 数据统计

既然是反推游戏数值，那么肯定需要对大量的数据进行统计分析，所以数值策划在玩游戏的过程中要有计划地进行数值统计。为了保证数据的有效性，数值策划可以用控制单一变量的方法来进行统计。例如，要验证力量对于攻击力的影响，那么在所有其他属性和战斗目标数值统一的情况下（如打木桩），可只改变力量，然后进行数据统计，这样可以保证单个变量改变带来的数值变化规律更加明显。

数值统计好伙伴：木桩

为了保证游戏数值反推的可信度，数值样本肯定越多越好，并且，数值样本的类别越多越好，这样的数值样本才能作为数据统计中的重要参照。

4. 数据分析

当收集了大量的数据之后，接下来数值策划就需要将这些数据整理成图表，形成数值曲线——根据数值曲线就可以大体判断模块所用的函数类型。如果数值策划对数值有一定的研究，就可以通过曲线类型直接推断出模块所用的公式类别。例如，战斗公式中常用减法公式和乘法公式。当然，很多游戏如下图所示——数值曲线是分段函数，这需要数值策划根据数值曲线来进行仔细甄别。

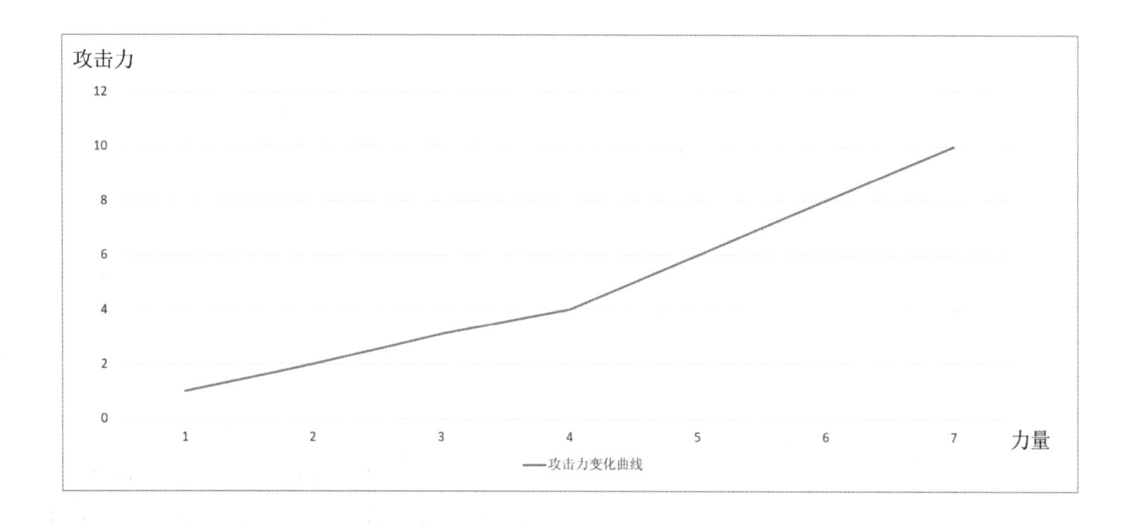

5. 数据验证

大体推算出这一模块所使用的曲线函数之后就可以尝试将数值代入函数中，然后用得出的结果在游戏中进行验证，看看是否符合预期。如果有出入，则继续重复上面几个步骤。经过这些步骤，就可以大体反推出一些基础模块的计算公式或数值模型了。

当然，游戏的数值计算往往比较复杂，其公式也并不会像上述例子那么简单。这里主要是提出反推的思路，更多的反推技巧需要在大量的训练和学习中去掌握。锻炼反推数值的能力是数值策划在成长道路中必不可少的环节。

4.3.2　提升数学能力

很多人认为，数值策划必须是数学专业或数学相关专业毕业的，其实数值策划所需要的数学能力能达到高中水平就已经足够了。但这并不是说，数值策划就不需要提升数学能力了。事实上，对于数学的掌握程度的确可以体现在工作中。例如，通过计算数学期望来计算出玩家的预期暴击伤害等。所以，如果想要在数值策划这一岗位上不断精进，概率论、统计学这些与游戏体验息息相关的学科是要进行系统性的学习的。

4.3.3　锻炼“数值感”

一名数值策划对“数字”要有一定的敏感度。不管是玩游戏还是开发游戏，在体验游戏的时候，对于战斗中的伤害数字、升级所需的经验值，或者购买道具所花的那些金币等，数值策划应从它们的变化规律中快速感受到由变化带来的体验差异；或者，在感受到体验差异的时候，能敏锐地感受到这是由于哪些数值的改变导致的。这便是数值策划需要具备的数值感。

那么，数值感该如何进行锻炼呢？

首先，当然是利用大量的游戏体验所带来的经验积累来进行游戏数值分析。在体验游戏的过程中，数值策划要有意识地关注各项数值，并且通过之前的游戏数值反推来总结出它们的变化规律，从而转化成自己的数值学习经验。

其次，就是通过大量的落地实践进行数值设计分析。不管是游戏开发中的数值设计，还是游戏中的数值验证，数值策划要把积累的经验反复进行实践验证。这样不仅能把学习到的知识运用到实际工作中，而且能通过这种方式使数值分析和计算形成“肌肉记忆”。

最后，提升上述两项工作的效率。不管是游戏数值分析还是数值设计分析，都要争取更快地完成。这样不仅能提升工作效率，而且能加强自己对于数据分析和体验把控的敏感度。

4.3.4　成为Excel大师

要说起数值策划最好的工作伙伴，那就不得不提 Excel 了。作为成天和表格打交道的“表哥”的数值策划，熟练掌握 Excel 绝对是一项基本功。而想要成为高级甚至资深的数值策划，不仅要了解基础的如 MATCH、OFFSET、LOOKUP、SUM 这样的函数，最好还要学习 VBA 编程。这样在搭建数值框架和进行数值验证的过程中就会节省大量的时间。对 VBA 编程的掌握程度也是评判一个数值策划 Excel 水平的重要标准。

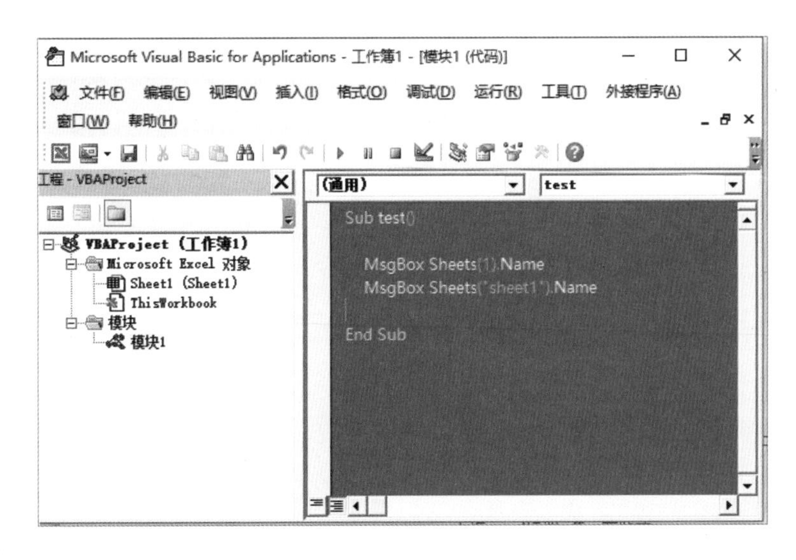

4.3.5　其他学习途径

除了这些常规的数值训练，各种学习资料当然也是数值策划成长过程中必不可少的“养料”。接下来我就为大家推荐一些相关的图书和视频学习资料。

《游戏数值设计》，作者：肖勤

本书由一名从事游戏制作十多年的游戏设计师所著，系统地介绍了游戏设计中与数值相关的基础知识、理论思想及实践课题，涵盖游戏数值设计从入门到实践所需的知识。

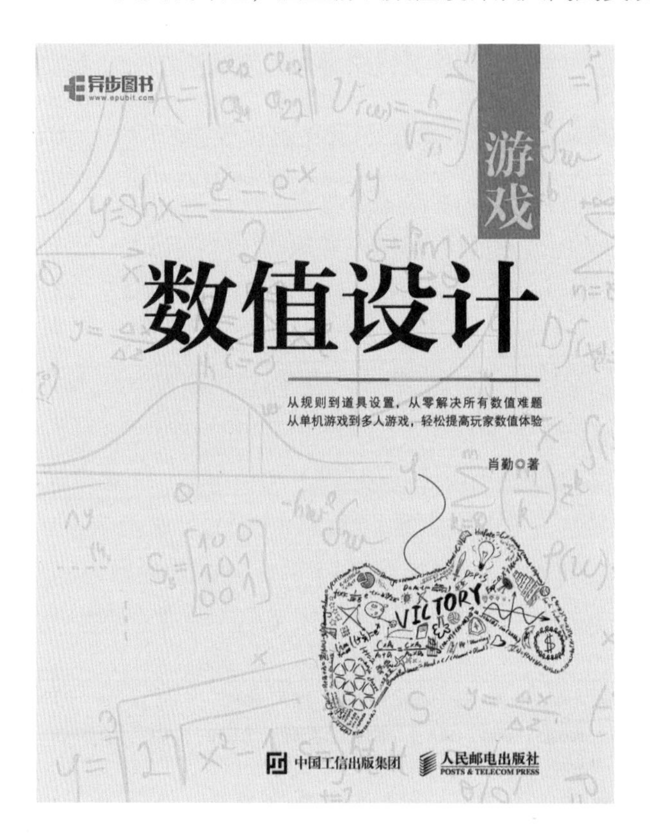

《平衡掌控者：游戏数值战斗设计》《平衡掌控者：游戏数值经济设计》，作者：似水无痕

《平衡掌控者：游戏数值战斗设计》和《平衡掌控者：游戏数值经济设计》的作者是一位从事游戏数值策划工作十余年的游戏人。作者从进入游戏行业开始便从事数值策划工作，之后担任主策划、制作人等职务。这两本书借助真实的游戏设计案例，讲解了如何进行战斗系统和经济系统的数值设计，以及很多 Excel 和 VBA 编程的相关实用知识，是一套比较详尽的数值策划学习资料。

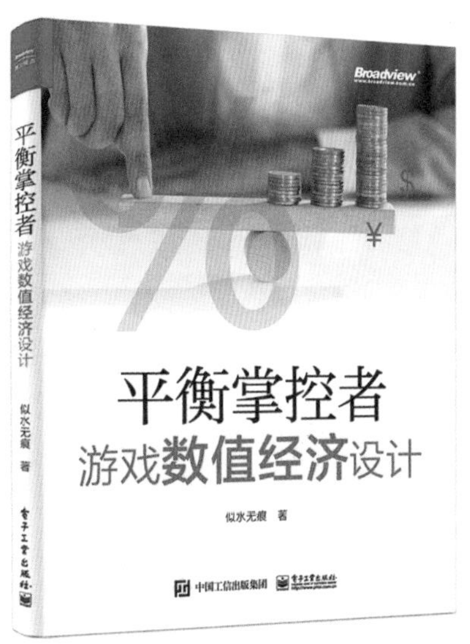

“从零开始的游戏数值生活”，作者：龟派游戏

这是一套 B 站上的视频教程，是由一位从事游戏数值设计研究工作二十多年的资深游戏从业者所制作的。此套教程一共有 40 节，从数值策划的基础工作内容讲起，详细讲述了进行游戏数值设计的各种心得，可谓一套比较难得的数值策划学习资料。

数值策划，作为游戏平衡的把控者，是一个非常需要经验积累和实战演练的策划岗位，这个岗位所涉及的内容也不是短短一章就可以详尽阐述的。故本章只介绍了数值策划的一些基本工作内容及学习成长的途径，至于入门之后的学习成长，则需要大家通过本章介绍的一些途径，以及通过进行持之以恒的学习来实现，从而在数值策划这条漫漫长路上修成正果。

第 5 章

文案策划：世界架构者

“小宇，神器系统的文案包装写完了，你看一下。”正在写文档的小宇突然看到一个聊天窗口弹出，冒出这么几句话和一个文档。

“谢谢雪姐！你们文案组的效率真是太高了！”小宇赶忙对着键盘一阵输出，字里行间流露出抑制不住的喜悦。毕竟，早点拿到文案包装，自己写的文档也能早一点过审。

“没什么，小意思。对了，对于这个系统我这边还有些别的想法，可能会对咱们的主线叙事有些帮助，咱们下午 3 点在会议室对一下？”

“没问题！听候您差遣！”最后，小宇还不忘发了一个猫咪敬礼的表情包。

5.1　文案策划工作内容

“电影发明后，人类的生命至少延长了三倍。”这是电影《一一》中的一句台词。这句话的意思是，在不同的电影中，我们可以体验不同的人生，感受不同的世界。其实，游戏也是这样的。而且，游戏玩家更是进入了一个个光怪陆离、神秘莫测的世界，去影响着这些世界的发展，并被那些感人至深的故事及富有魅力的角色所吸引、所感动。那么，这些五花八门的游戏世界是谁创造出来的呢？本章就来介绍扮演着关键角色的游戏策划岗位：文案策划。

文案策划，又称剧情策划。作为游戏项目中，尤其是大型游戏项目中不可或缺的游戏策划，其工作内容远比普通玩家所想象的“编编故事，写写对话”要复杂得多。

5.1.1　架构游戏世界观

之前提到，一个游戏就是一个世界。文案策划的重要工作内容之一便是搭建这个世界的世界观。

那么，什么是游戏世界观呢？

简单来说，游戏世界观是构成这个世界的所有基础元素及运转规则的总和。

以我们比较熟悉的《魔兽世界》来举例。在这个游戏中，我们可以感受到世界所承载的厚重历史，了解到宇宙的构成，以及世界的起源。而对于这个世界主体的各种族，我们也能通过游戏的进程了解其信仰、外表、战斗方式，以及各种族之间的钩心斗角。这些便是《魔兽世界》的历史、地理、国家、种族、科技、经济、文化等元素。我们通过这些元素能够明白游戏以怎样的规律和规则进行运转和发展，经历了怎样的变化并产生了怎样的结果。诸如此类的设定便构成了一个游戏的世界观。

那么，在项目初期设计游戏世界观的架构，并且在开发过程中持续不断地对这个世界观进行扩充、完善，便是一个文案策划在游戏开发过程中非常重要的工作内容。

5.1.2　设计游戏剧情

如果说游戏的世界观是一个布置得非常华丽和完善的舞台，那么游戏剧情便是这个舞台上所发生的一个个或惊心动魄或感人至深的故事。而编写这些故事发生的时间、地点、人物、起因、发展、结局，甚至细致到每一句对白，便是文案策划的主要工作。

在设计游戏剧情的时候，情节的构建是文案策划需要考虑的一项重要内容。这个过程一般包括以下几个核心步骤。

1. 制定剧情大纲

制定剧情大纲是设计游戏剧情的关键步骤之一。剧情大纲是一份详细的计划，它概括了游戏剧情的整体框架，包括主线和支线的故事发展，以及每个支线的结局。在设计游戏剧情时，制定好的剧情大纲可以为游戏制作提供清晰的方向和指导，同时也方便后续的修改和完善。

在剧情大纲中，首先应该确定游戏剧情的主题和方向。

主题和方向可以决定游戏剧情的基本走向和核心元素。例如，一个冒险类游戏的主题可以是探险，方向可以是寻找宝藏或解开古迹之谜等。

其次应该确定游戏剧情的主线和支线。

由于主线故事是游戏剧情的核心，所以需要在剧情大纲中进行详细阐述。主线故事需要包含游戏的起因、发展和结局，这是游戏剧情的骨架。假设我们正在设计一个角色扮演类游戏，主线故事情节就可以如此设计。

起因：游戏主角出生在一个贫困的小村庄，父母双亡，只留下一份神秘的遗物。

发展：游戏主角在寻找遗物的过程中遇到了一个神秘的老人，他告诉游戏主角关于遗物的真相，同时指引游戏主角进入了一个神秘的洞穴。

结局：游戏主角最终发现遗物是一个能够拯救世界的神器，于是他决定利用这个神器拯救世界。

支线故事是对游戏剧情的补充，可以为游戏增加更多的情节和玩法。支线故事可以在主线故事的基础上进行拓展，或者独立于主线故事而存在。例如，在上面主线故事的基础上可以设计如下支线故事。

游戏主角在洞穴中意外发现了一把宝剑，带回去询问老人。老人大惊失色，让他赶紧将宝剑丢弃。后来他通过老人藏起的笔记才得知这把宝剑为老人当年封印的一个妖物所弃，拥有此宝剑者会终身被诅咒。但此宝剑也是打开妖物的隐藏宝库必不可少的道具。面对诅咒的威胁和宝库的诱惑，游戏主角会如何选择呢？

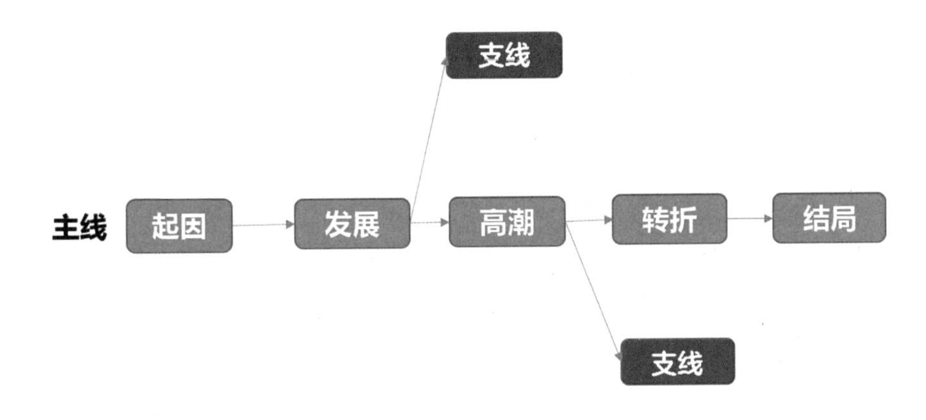

2. 设计剧情细节

在确定了剧情大纲后，文案策划便可以针对主线故事和支线故事来完善细节了，通常按照以下步骤进行。

确定故事的基本元素：在剧情大纲的基础上，确定每个故事的主角、背景、目标等。这些基本元素构成了游戏剧情的基础框架。

确定剧情走向：剧情大纲只是一个草图，需要对其进行进一步扩充。为了让玩家更好地沉浸在游戏剧情中，文案策划需要细化故事的情节和情感变化，从而确定剧情走向。

设计角色和角色关系：不同的角色会有不同的性格、特点和行为。文案策划可以通过深入了解角色为故事添加更多的情感和情节变化。此外，不同角色之间的互动也是剧情细节的重要组成部分。

把握主线故事和支线故事的平衡：在添加剧情细节时，需要注意主线故事和支线故事的平衡。支线故事可以用来增强游戏的深度和丰富度，但不要占据玩家太多的时间和吸引玩家太多的注意力。

不断迭代和完善：在完善剧情细节的过程中，需要不断迭代和完善。文案策划可以听听组长、主策划的建议或意见，也可以邀请其他策划人员或玩家进行讨论，收集反馈意见，以便更好地优化游戏的剧情细节。

3. 设计剧情的高潮和转折点

设计游戏剧情还需要考虑高潮和转折点的设计。高潮是游戏剧情中最为关键的部分，应该在游戏的关键节点展开，以吸引玩家的注意力和激发玩家的情感。转折点是连接不同情节的关键部分，可以让玩家感受到游戏的剧情发展和角色成长。

例如，在《蔚蓝》这个游戏的后段，游戏主角在马上就要登上山顶时不幸坠落深渊。这样的转折不仅强化了玩家的情感体验，也为后面游戏主角的逆袭和自我救赎做了极佳的铺垫。

除了剧情的撰写，剧情如何成为可玩的游戏内容，如何表现给玩家，也是衡量文案策划工作能力的重要标准。游戏剧情应该与游戏玩法相互促进，从而使玩家更容易理解游戏规则和操作，同时也更加容易沉浸在游戏的世界中。

文案策划在设计剧情之初，就需要考虑其预期表现形式。是该用任务还是该用副本？什么时候用过场动画？ CG 需要如何展现这一段内容？什么时候发布任务？任务需要拆分吗？以怎样的节奏才能将玩家代入其中？是否需要制作单独的副本关卡？关卡中应该有哪些核心体验体现出这个故事的内核？关卡的整体叙事节奏应该是怎样的……大到整个故事的叙事框架，小到应该以什么语气为每句台词配音、哪里是重音，CG 的分镜是否合理等，这些都是文案策划的工作内容。

《原神》中的 CG 画面

5.1.3　设计游戏角色

在游戏过程中，玩家会接触各种各样的角色，除了自己可操控的角色，还会接触很多 NPC（non-player character 的缩写，是游戏中的一种角色类型，意思是非玩家角色）。这些角色有的是我们的挚友，有的是敌人，有的就是我们自己。其中，那些个性鲜明、有血有肉的游戏角色总会给人留下极其深刻的印象。例如，《最后生还者》中为了亲情与世界为敌的乔尔，《魔兽世界》中从充满正义变得邪恶无比的阿尔萨斯，《泰坦陨落 2》中充满人性的 BT-7274 等。塑造这样的游戏角色，需要确定游戏角色的外观、性格、特长、社会关系等详细内容，这也是文案策划的重要工作内容。

《泰坦陨落 2》

在设计游戏角色的过程中，文案策划应注重对游戏角色的塑造和发展。其中有以下几个注意要点。

- 游戏角色的形象和性格应该与游戏的类型、风格相匹配。

游戏类型和风格是游戏开发的基本元素，它们通常会影响游戏角色的形象和性格。如果一个游戏以恐怖和惊悚为主题，那么游戏角色的形象和性格应该与这个主题相匹配——通常会选择让游戏角色显得比较沉默、神秘和危险。相反，如果一个游戏以童话和幻想为主题，那么通常会选择让游戏角色显得更加友善、可爱和有趣。

一个很好的例子是《生化危机》系列游戏中的游戏主角里昂·斯科特·肯尼迪。这是一款恐怖生存游戏，游戏角色的形象和性格必须与这个主题相匹配。游戏中，里昂被设定为新手警察。尽管他还是一个“菜鸟”，但他非常英勇和果敢，因此能够在恐怖的环境中保护自己和其他幸存者。他的形象和性格是恐怖生存游戏的理想选择，这让玩家能够更好地理解和接受这个游戏的主题和情节。

- 游戏角色的形象和性格应该与游戏剧情相匹配。

除游戏类型和风格外，游戏剧情也是影响游戏角色的形象和性格的重要因素。游戏角色的形象和性格应该与游戏的剧情相匹配，这样才能让游戏角色的行为和决策更加符合游戏的主题和剧情发展。如果一个游戏的主题是拯救世界，那么，游戏角色的形象应该是勇敢、无私和坚定的，能够承受各种困难和挑战，为了拯救世界不惜付出一切。

例如，《最终幻想Ⅶ》中的主角克劳德。克劳德作为前神罗士兵，经历了许多战斗和磨难，包括目睹他的良师益友扎克斯为了保护他而牺牲，这让他变得更加内敛和忧郁。他的形象和性格让玩家更容易理解和接受游戏的主题和情节，也让玩家更容易沉浸在游戏的世界中。

- 游戏角色的成长和变化需要与游戏剧情相互促进。

游戏角色的成长和变化是游戏剧情中的重要部分，它们应该与游戏剧情相互促进，以此来创造一个丰富的游戏角色。如果游戏角色的成长和变化没有与游戏剧情相互促进，就会显得毫无意义或不自然。

这里还是以克劳德为例。虽然曾经的经历让他变得极其内向，但随着游戏进程推进，他遇到了蒂法、爱丽丝等不同性格的朋友，并发现了隐藏的真相，于是他开始慢慢接受他人，并被激发出正义和勇气，逐渐成长为一个更为成熟和有担当的游戏角色。这种设计让玩家更加喜欢克劳德这个角色，同时也更容易沉浸在游戏的世界中。

5.1.4　系统玩法包装

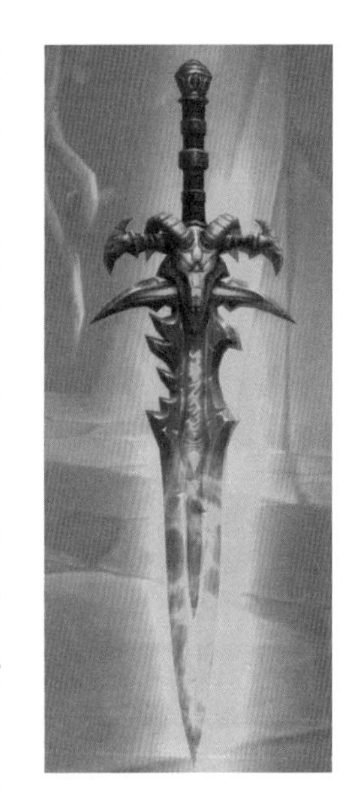

《魔兽世界》的“霜之哀伤”——这把被恶魔锻造，并被巫妖王赋予了窃取灵魂能力的死亡骑士代表之剑，为无数玩家所熟知。其名称与故事也呼应游戏角色阿尔萨斯充满传奇的一生。那么，为像这样的武器命名，并根据世界观设定设计出其故事背景、外观特征等文化包装，从而让玩家在使用、查看这些武器的时候能够明确它们在游戏中的用途，并有一定的代入感，这也是文案策划的重要工作内容。

除了武器、道具、货币等资源，游戏中的各种系统、玩法、活动等内容也需要文案策划进行统一包装。为什么《艾尔登法环》中的篝火点叫赐福，血瓶叫圣杯瓶，经验叫卢恩？为什么《喷射战士 3》中的特色对战活动叫祭典？这些都是由文案策划依据世界观背景，以及系统策划等其他策划岗位的系统及玩法设计、具体需求，来对文案、外观、特色要素等进行详细设计的。文案策划不仅要保证它们的包装符合世界观设定，而且要保证它们在游戏玩法中是直观的、清晰的，能够让玩家有一个统一认知和深刻印象。

5.1.5　对外文化宣发

对于商业游戏来说，宣传和营销是必不可少的。将自己游戏的特色、文化等传达给玩家、投资商等，也是文案策划的工作内容。在一些项目中，这些工作会由运营策划或其他运营岗位的人员来负责，但前期一般都由文案策划负责整理出能够代表游戏文化的详细内容，包括但不限于游戏的世界观、主要剧情、角色、核心玩法等，然后交给运营人员进行接下来的宣传工作。千万不要小瞧这部分工作——游戏作为一种商品，好的营销文案和传达方式甚至可以决定一个游戏的生死。

5.2 文案策划需要考虑的问题

在看了前面对于文案策划工作内容的介绍后，相信大家都能看出来：文案策划的工作没那么简单。也正因为如此，很多新手在刚刚做这份工作时往往会遇到各种各样的问题。本节就简单梳理一些文案策划在设计中需要考虑的问题。

5.2.1 不要忘了“游戏”

很多人都看过小说。很多小说，尤其是玄幻小说，都会把其中的世界构建得天马行空。什么三界六道、仙魔大战，让人看着的确很过瘾。但对于游戏的文案策划来说，千万不能忘了“游戏”是在“文案”之前的，不能因为自己的喜好和所谓的“坚持”而把一个看上去非常酷的故事套到游戏中，认为这样就可以了。游戏和电影最大的区别就是游戏中的故事是由创作者和玩家通过交互这种形式共同完成的。所以，在设计游戏剧情的时候，文案策划要时刻思考它在游戏中应该如何表现给玩家看，如何让玩家在玩的过程中感受到故事的起因、发展、结局，并且能够将玩家代入其中。

在设计剧情表现的过程中，文案策划应尽量多采用交互的形式，而不应单纯用对话、CG、剧情表演这些传统形式。如果只是在不同的阶段穿插各种 CG 和对话，那么其实和看电影并没有太多本质上的区别。例如，在《艾迪芬奇的记忆》中，字幕没有采用传统的在屏幕下方的形式，而是跟随玩家的视线来变化移动的。

再如，在《风之旅人》中，玩家独自一人在空旷的场景中流浪，突然碰到另一名玩家，两人互相扶持，一起前进，最终突破难关到达终点。这种全程没有一句对话，完全用关卡设计和机制设计来塑造角色、渲染情感的表现手法，是最佳的游戏剧情表现形式，也是会让玩家印象非常深刻的表现形式。

同时，文案策划也应考虑实现这些效果需要花费的成本是可控的：不能因为 CG 效果好，这一大段就都用 CG；尽量避免将动作表演设计得特别复杂，否则美术设计师要制作很长时间。这时文案策划就需要以系统策划的思维方式，从系统的角度考虑哪些可以复用，哪些可以通过策划配置来解决，哪些又是不能妥协的。例如，是否可以设计一个剧情表演系统来配置通用的剧情动画？哪些通用的动作可以满足大部分的表演需求？对于游戏策划来说，能够落地的设计才是好设计，而落地后能给玩家带来良好的体验才是大家所期望的。

5.2.2　好故事是打磨出来的

花了两周确定的世界观设定，因为主策划一句“调性不对”就要修改 80%？辛辛苦苦做了一个月的任务流程，因为玩家体验后的一句“太拖沓了”就要全部改掉？相信这是很多文案策划在工作过程中经常会遇到的情况。这时，挫败感、自我怀疑等负面情绪便会涌来，甚至忍不住思考自己是否真的适合这份工作。

其实，讲好一个故事，尤其是在游戏中讲好一个故事，真的没那么容易。《最后生还者 2》中有这样一个让人印象深刻的关卡——生日礼物：乔尔和小时候的艾莉前往一所废弃的博物馆探险，并在这里给艾莉过了一个难忘的生日。这个关卡的设计极其精巧和成熟，在没有战斗的情况下展现了两人的情感交流，并承接了新作剧情的发展。这样一段几十分钟的关卡流程重做了二十多次，历时两年才完成。所以，游戏策划不应该因为修改和删减就怀疑自己的工作能力及其他同事的专业度，而应该从体验和设计目的出发，不断审视自己的设计及落地效果，不断吸收反馈和进行调整。这样才能打磨出好的故事，刻画出令人印象深刻的角色。

5.2.3　亮点和细节

如果现在让你说一个印象最深刻的游戏剧情，你会想起哪一段呢？是《泰坦陨落 2》中的“相信我”，还是《最后生还者》中的长颈鹿？相信大家都能感受到，每当想要回忆这些让人难忘的游戏桥段时，我们想起的大都是曾经给我们带来极大情感冲击的部分。这些精心设计的游戏剧情便是剧情设计中的亮点，或者叫高潮。巧妙地安排亮点可以极大地提升玩家的体验感。

那么，如何设计亮点呢？有一个思路可以作为参考，那便是“情理之中，意料之外”。

什么是“情理之中，意料之外”？就拿《最后生还者》中的长颈鹿举例。乔尔和艾莉在闯过一段封闭的关卡之后，来到了安全的开阔地带。就在这时，几只长颈鹿突然出现。那种废墟之上、末世之中，突然看到如此高贵、优雅的生物的场景，不禁让人感到震撼，甚至潸然泪下。文案策划要善于利用关卡节奏的变化：前一段流程给人以压抑的感觉，从而凸显出后面的祥和、平静。从所有可能出现的视觉元素中选择了大家最意想不到，却又非常合理的长颈鹿，这便是“情理之中，意料之外”——先将剧情的走势尽可能地展示出来，然后设计最意想不到的发展，以此达到让玩家印象深刻的目的。

除了亮点的设计，另一个需要注意的便是细节。俗话说得好：细节决定成败。恰到好处的细节设计不仅能丰满游戏角色、完善故事背景，还能让玩家感受到文案策划的用心，从而获得良好的游戏体验。

这里举一个《最后生还者》中的例子。乔尔和艾莉在最初相遇的时候，各自独特的末世经历让他们无法互相信任，乔尔在指挥艾莉帮助自己时，只会冷冰冰地说去这里、去那里。而当两人逐渐打开心扉之后，不仅交流的语言更加亲密，甚至还会有互相击掌这样的动作。这些细节的设计会让游戏角色和故事情节更加自然、可信，同时极大地增强了玩家的代入感。

5.3 文案策划如何成长

如今，游戏已经越来越侧重对文化的表达、对世界的构建，以及对角色的刻画。因此，对于设计并让这些内容以游戏的形式传达给玩家的重要岗位——文案策划来说，其学习和成长是必不可少的。那么，有哪些方法可以帮助文案策划成长呢？

5.3.1 阅读和写作

俗话说得好：巧妇难为无米之炊。如果没有足够的文字驾驭能力，没有足够的阅读量，又怎么可能运用文字构建出令人信服、流连忘返的游戏世界，刻画出让人难以忘怀的游戏角色呢？

所以，文案策划进行大量的阅读必不可少。阅读分为两个方向：进行有针对性的阅读和进行自主选择的阅读。

进行有针对性的阅读，即有目的地选择一些有完整的世界观架构、清晰的时间脉络、明确的角色关系，以及故事情节跌宕起伏的优秀文学作品来阅读，如《魔戒》《冰与火之歌》之类的小说，并且去尝试拆解其世界观和剧情结构，以此来学习构建整个世界、安排故事节奏、刻画游戏角色。

进行自主选择的阅读，即根据自己的喜好去选择图书进行阅读。

其实不管是不是文案策划，阅读都是提高认知水平、丰富知识积累的重要途径。阅读也是一名游戏策划在成长之路上需要长期坚持的。

在阅读的过程中可以同时练习写作——不要认为只有在有了一定阅读量之后才能动笔。其实，写作并没有想象中的那么复杂。以下这几种方法可以用来提高写作能力。

- 模仿。

模仿一直是学习一项技能的有效方法，可以先从模仿一部短篇小说的故事结构、角色塑造、文笔风格开始，练习如何讲好一个短小精悍的故事；然后尝试着从短篇小说过渡到中长篇小说，一步步慢慢提高自己的能力。

- 每日练笔。

当今很多人其实已经没有写日记的习惯了，但是写日记其实是一种非常好的写作练习方法。很多著名作家的灵感便来自日复一日地写作积累。例如，著名的文学大师卡夫卡，他能够写出像《变形记》那样影响了无数人的经典之作，就得益于他喜欢写日记的习惯。他生前书写了大量的日记，记录了自己的生活、思想和创作过程。他的日记也是后人了解他的思想、创作过程，以及对生命、人类存在等问题的思考的宝贵资料。

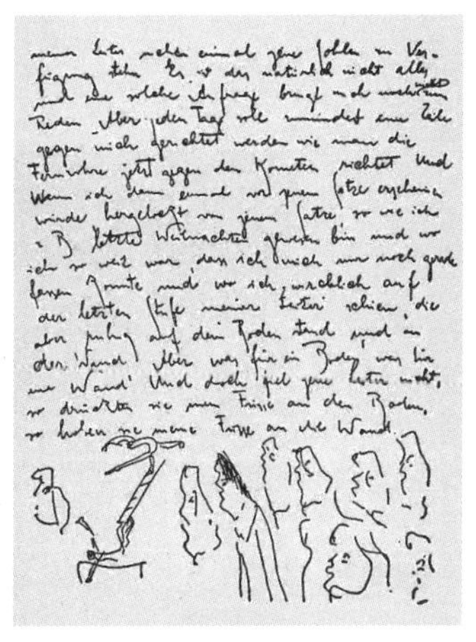

卡夫卡的日记

我们学习写作也可以把每天的经历、感想记录下来，既能为日后的工作积累素材，又能锻炼文笔，可谓一举两得。

- 分享和修改。

练习了很久，却不知自己到底写得如何。这时，将写作成果分享到各种网络平台上，获得读者的反馈，便是检验自己写作能力的有效方法。不要害怕自己写得不够成熟，因为就算被退稿，也会收到编辑的修改建议。而且，只有不断地发现自己的不足之处，并且持续改进，才能真正提高写作能力。如果投稿成功，还能挣一笔稿费呢。可见，不管如何，我们都赚到了。

5.3.2　分析游戏剧情

能把一个故事讲好的游戏，其剧情设计绝对是值得学习的。那么，除了多去玩这些优秀的游戏，文案策划还应如何学习、研究其剧情设计呢？可以试试“从大到小”。

大，便是从整体来进行分析。如之前提到系统策划可以通过拆解游戏系统来学习优秀游戏的架构一样，文案策划也可以通过拆解游戏剧情来学习它们的世界观框架、剧情设计及表现等内容。文案策划可以用思维导图的形式，从游戏主题、世界观、时间线、角色设定及关系网、势力设定、剧情主线等角度来对一个游戏进行拆解，以此学习该游戏在进行剧情设计时的一些设计思路。

什么是“小”呢？小，便是关注游戏中剧情表达的各种细节，包括其表现手法、文案内容、角色演出、任务设计，甚至道具描述、NPC 闲聊、场景布置这种不易被人注意的细节。为什么要关注这些呢？因为文案策划需要去思考这些细节的设计目的，以及所带来的体验感受。比如《黑暗之魂》系列，各种道具描述其实承载了很多的剧情信息，甚至人物命运，因为文案策划希望用碎片化的叙述手法来让玩家感受到是这个世界更为神秘、深邃的，从而刺激玩家的探索欲望。

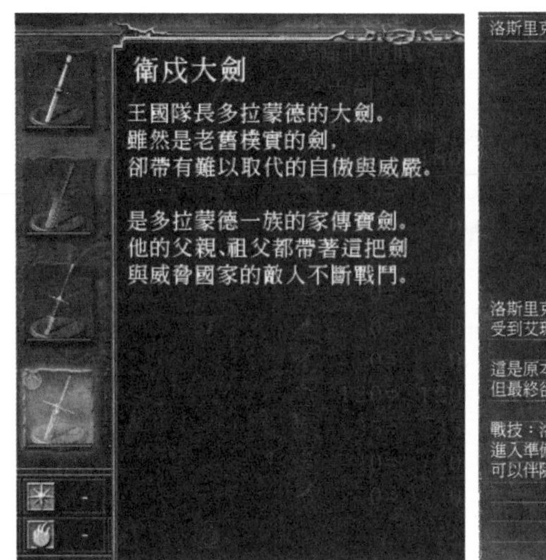

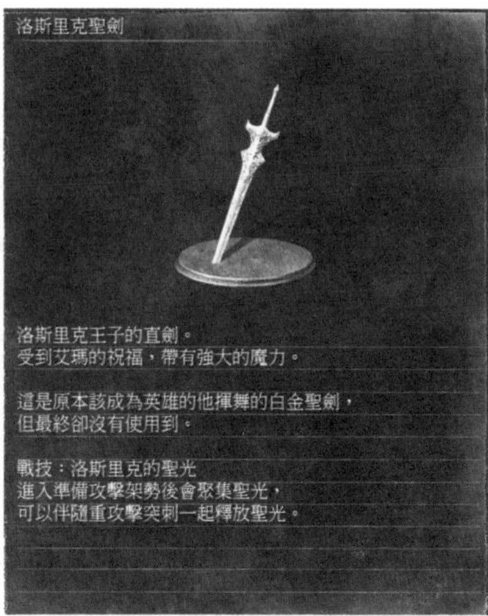

5.3.3　多多赏析电影

可能大家都已发现，现今的游戏越来越电影化了。这其实也正是因为现在的游戏越来越重视沉浸感和代入感，所以文案策划会运用很多电影化的表现手法来表达剧情、讲述故事。尤其是像《最后生还者》《底特律：变人》这样将电影和游戏完美结合的作品，将成为未来游戏发展的重要思路。所以，文案策划也需要去大量观看经典电影，去学习它们的叙事结构、分镜设计、角色演出，来为游戏的剧情表现设计做积累。

《底特律：变人》

5.3.4　相关图书推荐

除了前面讲到的一些有针对性的阅读，这里再分享一些很值得学习的工具类图书，它们也是文案策划成长过程中的良师益友。

《一个故事的 99 种讲法》，［美］马特・马登

这是知名漫画家马特・马登基于雷蒙・格诺的名作《风格练习》创作的漫画，以 99 种不同的漫画风格或形式讲述同一个简单的故事。它开发了讲故事的诸多可能性，每一种风格都是一个独特的设定：多视角，视觉与语言戏仿，格式变换，对故事内容的彻底重组等。

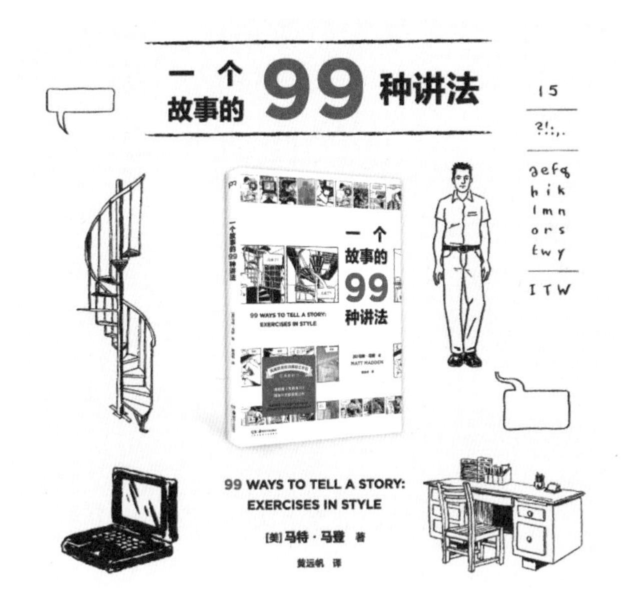

《扣人心弦：游戏叙事技巧与实践》，［美］Evan Skolnick

本书作者凭借多年一线游戏叙事开发经验，以及多年在游戏开发者大会上召开专题研讨会的经验，总结了一套完整自洽的理论与实践体系，以通俗易懂且诙谐幽默的方式讲解了游戏叙事的核心原则。

《游戏剧本怎么写》，［日］佐佐木智广

这是一本非常适合文案策划新手阅读的图书。本书从人物、世界体系、台词等角度入手，通过解析多部经典游戏、动漫作品的剧本细节，通俗而又系统地讲解了游戏剧本的构建之法，是游戏设计的入门佳作。本书结构清晰明了、语言风趣易懂，对小说、动漫、电影等艺术作品的构思与创作也有启示。

文案策划，作为游戏世界的重要架构者，既不是单纯写小说的，也不是埋头写剧情的。对于当今游戏行业“内容为王”的发展趋势来说，该岗位的重要性毋庸置疑。但是，由于游戏开发的复杂性，文案策划也并没有想象中的那么自由，可以说是“戴着镣铐跳舞”了。即便如此，还是有那么多的优秀游戏策划创造出了一个又一个让人神往的世界。而这些世界的缔造，也绝离不开各位文案策划的付出。所以，如果你决定成为一名文案策划，那么，请拿起你的笔，敲起你的键盘，为了心中那难以割舍的游戏之梦创造出属于自己的游戏世界吧！

第 6 章

战斗策划：核心玩法缔造者

“这不是老宋吗？最近忙啥呢？”电梯里，小宇偶遇一个浓眉大眼、有些微胖的男子，赶忙热情地打起了招呼。

“唉，别提了，最近做新职业的技能设计，头都大了……”被称为老宋的男子摇了摇头，叹了口气。

“我听说了，是那个刺客职业吧？”

“对，冬哥对这个新职业很重视，做了好几版方案都没过……你看，我白头发都愁出来了……”老宋扯了扯自己的头发，无奈地说。

“额……没关系，好事多磨嘛！上次我的聊天系统文档也来来回回改了 1 个月才过，哈哈哈……”想起那段苦涩时光，小宇苦笑了几声。

“确实。我先走了哈，有空找你吃饭。”老宋对小宇摆了摆手，从电梯里走了出去。

“拜拜！”看着老宋落寞的身影，小宇叹了口气，“战斗策划真是不好做啊……”

6.1 什么是核心玩法

战斗策划，其实是近几年才出现在国内游戏策划团队中的策划岗位。你可能会问：难道在此之前国内的游戏没有战斗设计吗？当然不是。以前的战斗设计都是由系统策划来负责的。只是近年来，由于游戏产业的逐渐成熟，以及人们对各个模块，尤其像战斗系统这样的核心系统的质量要求越来越高，因此需要专注于战斗设计的人才，战斗策划这一岗位应运而生。

战斗策划，顾名思义，就是主要负责设计战斗系统的策划岗位。而这个战斗系统，便是围绕着玩家的核心玩法构建的一整套游戏系统。

看到“核心玩法”这个词，大家是否觉得有些眼熟呢？没错，第 1 章曾经提到：在游戏机制中，像马里奥的跳跃一样，作为核心功能的机制，称为核心机制，在传统概念中也经常称为核心玩法。

既然是“核心”，就必然是一款游戏中最重要的游戏机制。那么，它有哪些特点呢？这里挑选几款具有代表性的游戏来总结一下。

《超级马里奥》系列

核心机制：跳跃、踩踏、冲顶。

在该系列游戏中，跳跃是最为基础的核心机制，可以说是该系列游戏的代表特点。马里奥可以通过跳跃躲避敌人和障碍，收集金币和道具等。踩踏则是马里奥进行战斗的主要手段，可以用来攻击敌人、打开通往关卡的道路等。冲顶是该系列游戏的一个重要机制，玩家可以通过冲顶撞破砖块或获得关键的道具，从而开辟新的道路、消灭敌人或让自己获得成长。

《糖果传奇》（*Candy Crush*）

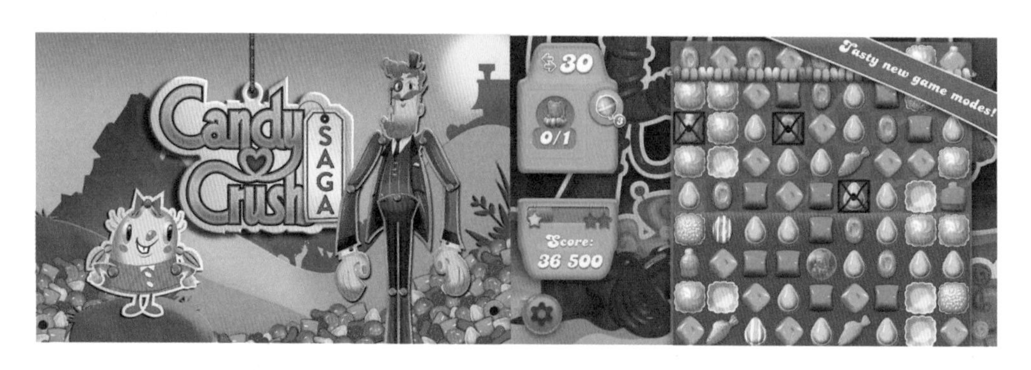

核心机制：消除、连击。

在《糖果传奇》这类三消游戏中，消除是最为基础的核心机制，玩家需要通过消除相同颜色的方块来获得分数和道具。连击则是三消游戏的另一个核心机制，玩家可以利用消除后造成的方块位置变动进行新的消除，从而获得更多的分数和更多的正向反馈。可以说，三消游戏的大部分乐趣就在于那接连不断的消除——Combo（打出连击）所带来的感官刺激。

《反恐精英》（*Counter-Strike，CS*）

核心机制：移动、瞄准、射击。

作为一款第一人称射击游戏，移动、瞄准和射击是游戏最基本的操作。玩家需要具备走位、准确瞄准和快速射击的技能，这样才能在游戏中存活并获胜。游戏中有多种类型的武器和装备，包括手枪、步枪、狙击枪、手榴弹、闪光弹等。不同的武器有不同的特点和使用方法，玩家需要在掌握了瞄准和射击的基础上，根据游戏场景和个人技能选择最适合自己的武器。

《鬼泣》（*Devil May Cry*）

核心机制：移动、跳跃、闪避、战斗。

这是一款动作游戏，玩家可以通过控制但丁等游戏角色进行各种移动和战斗等。其中，移动、跳跃和闪避作为玩家的位移手段，可以到达不同的关卡位置，也可以有效躲避敌人的攻击。以但丁为例介绍一下“战斗”，游戏中，但丁可以使用多种不同的武器和战斗技能，在战斗中通过不同的技能和组合来打败敌人。玩家可以通过不断练习和尝试，掌握更多的战斗技巧和组合，让战斗更加灵活多变。

综上所述，不论是马里奥的跳跃、三消游戏中的消除、CS 中的瞄准和射击，还是但丁的挥砍大剑，这些游戏核心机制都具有几个共性。

重要性：这些核心机制是游戏中最重要的部分，玩家会花费大量的游戏时间在核心机制上。如果没有这些核心机制，游戏将无法正常进行。

可玩性：这些核心机制必须具有足够的可玩性，使玩家感到有趣、有挑战性，能获得满足感。这就要求战斗策划必须考虑玩家的需求，以确保核心机制能够吸引玩家并持续激发他们的兴趣。同时，这些核心机制通常要求玩家具备特定的技能和能力，如马里奥的跳跃需要计算出准确的时间和跳跃力，CS 中的瞄准和射击需要快速的反应能力和精准的瞄准能力。这些技能和能力需要玩家进行训练和练习，以提高他们的技能水平和游戏水平。

关联性：正因为这些核心机制非常重要，所以游戏的其他机制和系统也需要围绕着核心机制进行设计，就像 CS 中的武器种类繁多，但都需要依托瞄准和射击才能表现出各自的特色一样。这样可以使玩家在游戏中用同样的交互方法体验不同的游戏场景，以保持游戏的趣味性和可持续性。

总的来说，核心机制在游戏设计中占有非常重要的地位。那么，如何区分什么是核心机制呢？

一个最简单的方法：去掉某个机制，看看游戏还能否让玩家正常玩下去。如果马里奥无法跳跃，三消游戏中无法消除，CS 中无法瞄准和射击，《鬼泣》中的但丁无法移动和挥砍大剑，那么此时这些游戏到底该如何让玩家玩下去呢？而事实上玩家在玩的过程中，几乎 60% 的时间都花在核心机制上。而且其他的游戏机制大部分都是为了验证核心机制或帮助玩家更好地体验核心机制。所以，既然核心机制如此重要，那么，设计出拥有良好体验的核心机制，以及对应的游戏系统，便是一个难题。

假如马里奥不会跳跃……

6.2　战斗策划工作内容

作为游戏中最核心的系统——战斗系统，其设计难度可想而知。设计一个让玩家体验良好的战斗系统的过程更是涉及各种纷繁复杂的设计及开发工作。接下来就介绍一下战斗策划的主要工作内容。

6.2.1　设计3C

什么是 3C？这是一个最早由育碧公司提出的游戏设计概念，其实就是角色（Character）、镜头 / 摄像机（Camera）及操控（Control）。这三个要素构成了游戏中常见的主角的各种基本交互行为及表现。当然，在实际设计过程中，设计这三个要素远比用三个词概括起来更复杂。下面对 3C 进行详细的分析。

1．角色

一个或多个游戏角色，一般是指操控的主角。对于角色的设计，最重要的是两项内容：形象和行为方式。

一个角色的形象，便是这个角色所有的外在及内在属性，包括他（她或它）的外形、性格、姓名、故事背景设定等。就像在玩《守望先锋》的时候，玩家可以毫不费力地记住憨厚、英勇的温斯顿和冷酷、帅气的源氏一样。可见，一个好的游戏角色形象会给玩家留下极其深刻的印象。

《守望先锋》中的源氏

行为方式，即从基础的走、跑、跳，到其他基础移动方式（如攀登、游泳）等。不要小看“走、跑、跳”这三个字，单一个“跳”字就可以折磨战斗策划很长时间。因为游戏角色不像动画角色，只要按照预想设计出动作就可以。游戏角色是由玩家来操控的，操控移动的过程涉及各种行为状态之间的切换：预设了游戏角色的各种行为状态（如走路、跑步、蹲下、跳跃等），当玩家进行操作（如按跳跃键）时，要判断角色是否满足行为状态切换的条件（如在空中不可跳跃），若满足，游戏角色便可切换到这种状态的系统，这种状态的系统被称为状态机。一个流畅自然的基础移动状态机会涉及少到几十个、多到数百个动作，更不要说配合战斗和其他动作之后的动作数量。所以说，看上去最简单的往往最复杂。

2. 镜头/摄像机

在玩游戏的时候，玩家并不是真的用游戏角色的眼睛观察这个世界，而是借用了“第三双眼睛”，那便是游戏中的镜头，也常被称作摄像机。就算是看上去像是自己在操控角色的第一人称游戏，其游戏摄像机也并非真的位于游戏角色的眼睛处。这也充分说明游戏角色的镜头设计是一门很深的学问。

一般来说，战斗策划会根据游戏的类型（如 FPS、TPS、ACT）、预期体验（如沉浸式、全局式、多角色）等来决定一个游戏角色的镜头设计，以满足玩家的期望和需求。例如，对于 FPS 游戏，玩家更加注重枪战体验，因此镜头捕捉的画面就需要更符合玩家的视觉角度，以便更好地观察和瞄准敌人，进而提升代入感。

在镜头设计中，战斗策划也会使用多镜头切换、FOV（Field of View，视场角）、镜头特效、后处理、震动等方式来丰富角色操控体验和战斗体验。例如，在游戏中使用模糊或景深效果可以让画面更加真实和立体化，从而提高玩家的沉浸感；使用镜头震动效果则可以增强游戏的打击感，让玩家更好地感受到游戏中的动态变化；在一些 FPS 游戏中，高 FOV 会使玩家感觉人物移动速度加快，看到的东西更广（屏幕显示更多东西），敌人也会变小，玩家感觉后坐力似乎也变小了（不是真正变小，但会给玩家这种感觉）。

《泰坦陨落 2》中的镜头画面

3. 操控

在游戏中，操控也是一个非常重要的元素，它直接影响着玩家的游戏体验。游戏角色都是先由玩家进行某些操作（如对着摄像头挥动手臂等），然后系统给出相应反馈（如行走、跑步等），从而让玩家感觉自己在操纵着这个角色。这种从输入到响应的整个过程便是操控。

战斗策划需要根据对应的游戏设备（如键盘、鼠标、手柄等），以及玩家的操作行为，配合角色的行为和镜头处理，设计出合理的交互布局（如按键分布、用户界面等）及体验自然流畅、符合预期的交互反馈。操控的设计直接影响着玩家对游戏的体验感，好的操控设计能够让玩家更加自然地掌控角色，让玩家沉浸在游戏的世界，而糟糕的操控设计则会让玩家感到不适应，影响玩家的体验。

一般来说，在操控设计中，战斗策划需要考虑以下要点。

操作行为：战斗策划要根据项目的实际发布平台设计出合理的操作行为。不同的平台有着不同的操作方式，战斗策划要以此为基础进行设计。同时，为了让玩家更好地控制角色，操作行为需要尽可能简单、清晰。

用户交互：用户交互是操控设计的一个重要部分。用户交互设计需要战斗策划考虑玩家的习惯和使用方式，让玩家可以方便地找到操控按钮。

反馈：反馈是操控设计的最后一个要点，也是最重要的一个要点。反馈能够让玩家感受到他们的操作所带来的变化，从而更好地掌控角色。反馈需要尽可能自然流畅和符合玩家的预期。

在游戏中，3C 是非常重要的组成部分。因为它决定了游戏类型，同时其操作体验也决定了玩家玩游戏过程中的大部分直观感受。所以，熟练掌握 3C 的设计方法，并且能够配合文案策划、美术设计师等将其落地实现，是考验一名战斗策划基础设计能力的重要标准。

6.2.2　设计战斗系统

设计战斗系统自然是战斗策划非常重要的工作内容。一款游戏是否有体验良好、容易上手且有一定深度的战斗系统，决定了这款游戏好不好玩。一般来说，战斗策划会从如下几个维度来设计战斗系统。

1. 战斗体验

如果让你用一两个词来概括《鬼泣》的战斗体验，你会用什么词呢？是酷炫还是帅气呢？不管怎么说，我们总可以用几个词或一句话来概括一些印象深刻的游戏战斗系统所带来的体验。而战斗系统所带来的体验也是战斗策划在设计整个战斗系统之初就应该确定下来的。战斗体验分为整体体验和角色体验。

整体体验更多指玩家在整个游戏战斗过程中的全局感受。例如，《战神 4》的战斗体验为富有力量感和爽快打击感的越肩视角第三人称双人配合战斗。这句话既表明了该战斗的直观感受（富有力量感和爽快打击感），也表明了战斗模式（越肩视角第三人称），以及其他重点（双人配合战斗）。这样，当战斗策划和其他游戏策划沟通时，他们就会有比较具体的画面感，对战斗策划的设计意图也会有更明确的认知。

角色体验指的是除了整体体验，在设计具体角色的时候，战斗策划还可以用通用的方法描述出某个角色的战斗体验。例如，《原神》中的魈是以下落攻击为核心体验的灵动快

速的长枪角色。同时最好配合一些参考的示意图或视频，这样就可以简单概括出设计意图及角色定位，从而为之后的开发锚定方向。

总的来说，战斗策划在设计战斗系统之初就需要想清楚整个游戏或某个角色的战斗体验应该是什么样的，以及应该带给玩家怎样的感受。在将这些体验整理出来之后，战斗策划就可以此为基础来着手进行战斗设计了。

2. 战斗策略

战斗的本质是什么？我认为，战斗的本质就是运用自己已有的能力和思维决策去完成一个个挑战。

举一个例子，在游戏《只狼》中，玩家的核心机制之一是格挡，在恰当的时机触发格挡可以有效防御敌人的攻击，同时增加其架势槽。如果敌人的架势槽已满，我们就可直接对其进行斩杀。但相应地，敌人也会格挡我们的进攻，同时增加我们的架势槽。那么这时的基础战斗策略就是尽量记住敌人的招式节奏，以便完美格挡敌人的攻击。但是我们会发现，有一些人型敌人（如蝴蝶夫人）的进攻节奏太快，而且攻击欲望极强，如果我们一味格挡，最终会落入下风。这时我们就需要观察敌人的行为，同时用不同的方式去进攻。此时，我们会发现，一旦进攻节奏加快，对方就会降低攻击频率，转而格挡防御。所以，快速进攻，而不是一味格挡，才是对战这类人型敌人最佳的战斗策略。这就是《只狼》的战斗策划在设计战斗系统之初就确定下来的设计思路。并且，我们可通过格挡系统、敌人的 AI 设计等机制发现这一战斗策略，从而战胜敌人，获得成就感。这里总结出了最基础的战斗体验循环。

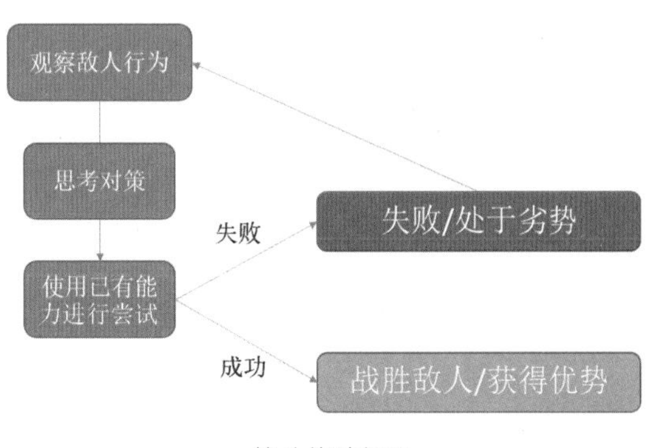

战斗体验循环

所以，战斗策划在设计战斗系统时，需要考虑给玩家提供哪些能力，这些能力能够解决哪些问题，这些能力需要玩家掌握怎样的技巧（如策略、反应等）及有哪些深度（如连招、数值成长等），玩家的能力获取节奏如何（如不同技能的放出时期），如何设计合适的挑战（如敌人、关卡机制等）从而让玩家能够检验能力掌握程度并获得成就感。这些整体的设计思路便是为战斗系统所构想的战斗策略。

《只狼》中的蝴蝶夫人

3. 系统架构

在确定了战斗体验和战斗策略之后，战斗策划就可以构建战斗系统的系统架构了。所谓系统架构，便是指这个战斗系统由哪些子系统组成，这些子系统又有怎样的逻辑串联关系。在前面的章节中提到过，在游戏开发中，系统架构是非常重要的一环。系统架构是指游戏系统的整体结构，包括其中所有的子系统及其关系。在系统设计过程中，系统架构的设计直接决定了游戏系统的可扩展性和可玩性。因此，在设计战斗系统初期，战斗策划就要想清楚游戏的系统架构，根据战斗体验、战斗策略，以及期望的战斗和成长深度来构建系统架构。

例如，在《艾尔登法环》中，游戏主角的战斗系统大致由如下子系统组成。

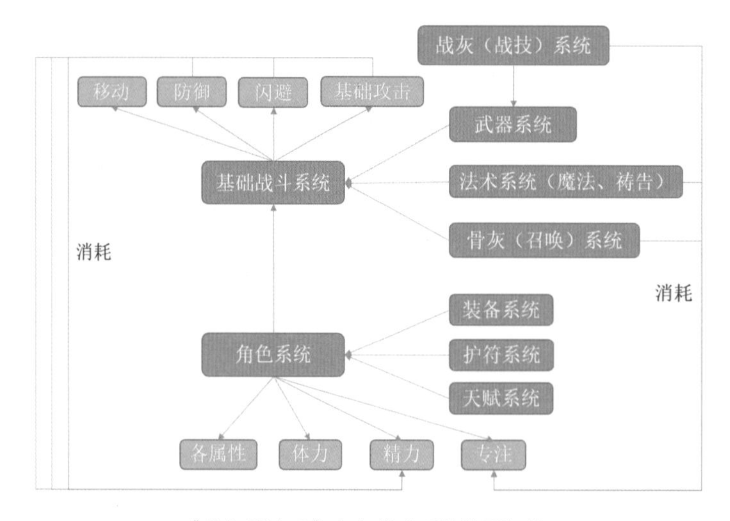

《艾尔登法环》主角战斗系统简要架构

这些就是各个子系统之间的关联关系、系统的流转逻辑及系统的构建结构。那么我们思考一下，为什么需要拆分出精力和专注两个角色属性，分别作为基础战斗系统和战灰（战技）系统、法术系统等特殊系统的消耗资源呢？这是因为这套战斗系统的预期战斗体验是以基础战斗为主、以特殊系统为辅的，所以用两套消耗资源，让玩家有所侧重。为什么战技和法术都需要消耗专注呢？因为战斗策划希望玩家在面对这两个归属不同却都拥有强力效果的系统时必须进行战略选择。否则，玩家就可以既使用战技又使用魔法，反而让战斗失去了更多的决策乐趣。

《艾尔登法环》中的战技

综上所述，战斗策划在设计系统框架的时候，要从战斗体验出发，以战斗策略为思路引导，以此来构建出合理的、可扩展的且有一定可玩性的战斗系统框架。

4. 战斗节奏

当你在玩《只狼》，帅气地闪避掉敌人的攻击，在那一声声叮叮当当清脆的“打铁”声中不断格挡敌人的猛烈进攻的时候，是否感受到了一种节奏感呢？当你在玩《怪物猎人：崛起》，使用太刀居合、开刃、登龙斩一气呵成地斩杀敌人的时候，是否有一种手里拿着的不是一把武器，而是一件乐器的感受呢？这些丰富的战斗体验、让战斗过程既爽快又富有变化性的战斗感受，便是战斗节奏，也可称为战斗循环。在战斗系统设计中，战斗节奏是非常重要的。好的战斗节奏可以让战斗更加有趣，也可以让玩家在战斗中更加投入。

《怪物猎人：崛起》中的太刀战斗

在许多游戏中，战斗节奏的设计都是非常精妙的，如大家熟知的动作游戏《鬼泣》系列的战斗节奏就以非常快速和流畅著称。玩家需要使用各种武器和技能来打击敌人，同时需要进行快速的躲避和反击。而这种快速和流畅的游戏节奏，正是用瞬时武器切换、连招动作取消、空中连击、敌人长时间硬直等机制所营造出来的。因此，在游戏中，战斗节奏的设计往往会基于多种因素。

一般来说，战斗策划会根据已有战斗系统和战斗能力来设计一场战斗中的节奏规划。例如，使用普通攻击积攒大招，在 10~15 秒时间内便可释放大招给敌人以大量伤害，从而让不同的战斗能力合理分布在整场战斗中，让玩家的战斗循环起来、体验丰富起来。同时，一个好的战斗节奏只有经过不断调整和优化才能呈现最好的效果。

5. 战斗手感

“这个游戏的手感不太行。”大家在玩过一些游戏之后可能会发出这样的感叹。对于重操作的即时战斗游戏而言，战斗手感是非常重要的评判标准。一般来说，战斗手感由以下两部分组成。

1）打击感

如果要给打击感下一个定义，我觉得就是“战斗过程中最直观、让人感受最为强烈的反馈表现”。既然是最直观的反馈表现，那么对于提升战斗手感——提升打击感就是一名战斗策划必须学习和掌握的技巧。一般来说，战斗策划会从以下几个方面来提升打击感。

攻击动作表现：指通过精细的动画设计和游戏角色动作演绎使玩家感受到攻击的力量和速度。例如，在《鬼泣》中，当游戏主角使用大剑进行攻击时，我们会看到完整的前摇、挥砍、后摇动作，以及通过这一整套动作所表现出的力量感。合理设计这三段动作会大大提升动作表现出的打击感。

受击动作表现：指通过游戏角色的受击反应和受击效果表现出其受到攻击的痛苦和弱点。例如，在《战神》中，敌人被攻击时会有明显的受击效果，如身体晃动或被击飞等动作表现，以此让玩家感受到攻击的效果。

卡帧：指在攻击命中时，让角色的动画暂停几帧，以此给玩家带来一种攻击确实命中了的战斗感觉。例如，在《街头霸王 5》中，当玩家的攻击命中时，游戏会自动卡帧，使玩家能够更好地看到攻击的瞬间，并且有一种拳头打到肉上被阻挡的真实效果。

《街头霸王 5》中的打击感

特效：指通过恰当或夸张的特效设计增强攻击的可视化效果。在《街头霸王 5》中，玩家的不同攻击会配以炫酷的特效，从而让玩家感受到攻击的力度。

镜头震动：指通过镜头的震动效果增强攻击的冲击感。在《罪恶装备》中，当玩家把对手打到墙上时，屏幕会有明显的震动效果，让玩家感受到这次攻击确实给对手造成了极大的伤害。

镜头切换：指在某些重攻击或使用大招时，切换镜头为特写或大幅度运镜，以此增强攻击所带来的感官刺激。在《罪恶装备》中，当玩家释放的绝招命中对方时，就会有配合华丽动作的各种特写镜头，这就极大地提升了玩家的爽快感。

《罪恶装备》中的大招画面

音效：指通过丰富的音效设计增强攻击的真实感和力量感。例如，在《猎天使魔女》中，当玩家进行不同的攻击时会有与之匹配的攻击及受击音效，从而使玩家感受到攻击的力量和速度，呈现命中后的真实感。

触觉反馈：指通过手柄震动等形式增强攻击的真实感和冲击感。例如，在《战神5》中，当玩家使用重击攻击时，PS5 手柄会有不同种类的明显的震动效果，从而使玩家更真实地感受到攻击的冲击力。

动作衔接：在游戏设计中，动作表现是战斗系统的重要组成部分。要看一个角色的战斗手感如何，动作衔接是否自然流畅是一个很重要的标准。如果动作表现不够自然流畅，玩家就会认为游戏体验不佳，从而影响对游戏的评价和游戏的销量。

在游戏开发中，状态机可以用来描述角色的不同状态，如待机、行走、攻击、防御等。战斗策划通过状态机的切换机制可以详细设计不同状态下的动作切换，从而给玩家以自然流畅的游戏体验。为此，战斗策划需要详细设计不同状态下的动作表现和切换逻辑，并通过不断调试和测试来优化角色的战斗手感。例如，为了突出角色的动作灵活性，在某些攻击动作后的连招释放时，直接打断前一个动作的后摇，从而形成快速连招。在进行战斗动作设计时，战斗策划会运用大量类似的设计手法去提升动作的流畅性，增强战斗手感。

《罪恶装备》中的动作连招

2）操作感

在玩一些游戏的时候，玩家感觉操作迟钝，角色慢半拍，也不知道哪里不对，但就是感觉很别扭。这便是操作感出问题后带给玩家最直观的感受。可见，操作感是战斗设计中不可忽视的一个方面。战斗策划在设计操作感时应主要关注战斗操作交互设计和操作反馈两个方面。只有这两个方面都得到合理的关注和设计，才能给玩家提供良好的战斗体验。

操作交互设计：一些战斗策划在设计游戏操作时并没有考虑到人体工学和操作习惯，从而导致操作感不佳。例如，将普通攻击设置为使用鼠标左键，重攻击设置为使用 T 键，跳跃设置为使用 Ctrl 键。这些操作虽然不算很难，但是很容易让一些新玩家或没有耐心的玩家失去兴趣。因此，设计操作应该更加符合人体工学和操作习惯，这样才能让操作更加自然和流畅。

此外，战斗策划在设计战斗操作时，还需要考虑前人总结的经验。对于之前游戏中已经被广泛接受的操作设计，战斗策划在设计时可以借鉴，并且可以对其加以改进和创新，通过不断测试和调试找到适合当前游戏的战斗操作，这样便能够提升操作感。例如，以往的主机动作游戏的攻击键一般是□或△，但在《黑暗之魂》系列游戏中，攻击键变为肩键 R1 和 R2。这样改动，一是为了让玩家能够留出拇指来控制右摇杆的镜头，二是借鉴了 FPS 游戏使用肩键射击的交互形式，利用其活动范围大的优势来突出挥砍的力量感。《战神 4》在后续也借鉴了这种方法。

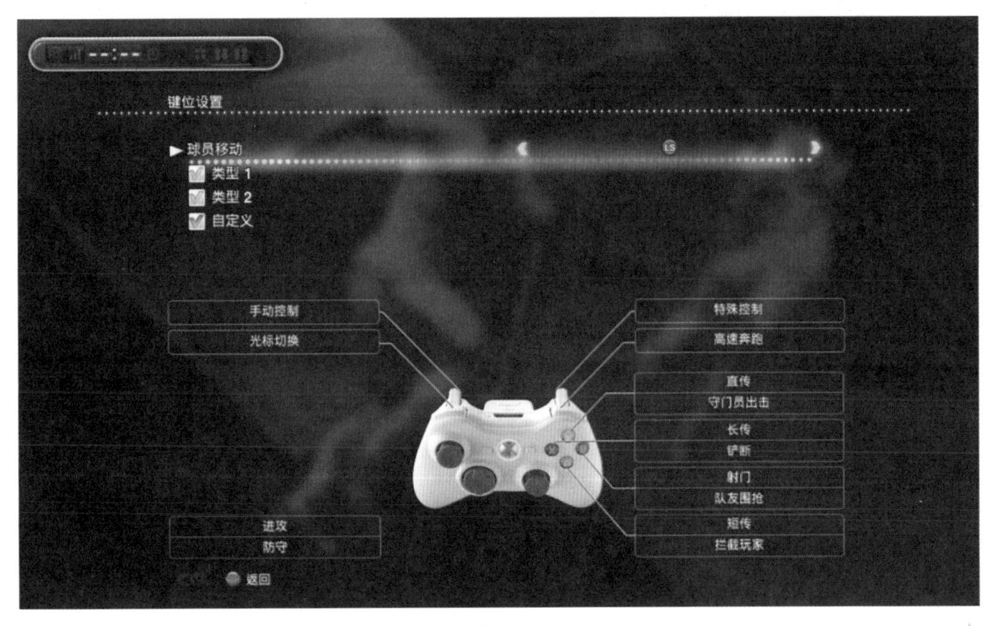

游戏按键设置

操作反馈：当玩家进行操作时，游戏应该能够立即做出反应。在游戏中，如果操作反馈不及时，就会导致玩家感觉游戏非常迟钝，从而影响玩家的游戏体验感。特别是在一些需要快速做出反应的游戏中，如动作游戏、射击游戏等，玩家需要立即得到反馈，以便做出更好的决策。

这种反应不仅应体现在游戏设计层面，如动作前摇、动作取消等参数，还应体现在技术层面。例如，资源加载过多、网络延迟导致操作反应迟钝等，这些都是战斗策划在提升操作感时需要关注的细节。为了优化操作反馈，战斗策划应在技术上进行优化，如优化资源加载、加快游戏运行速度、优化网络连接等，以减少操作延迟。

6.2.3 战斗系统开发及跟进

对于非常重视实际体验的战斗系统来说，其开发和跟进难度比较大，因此，对战斗策划的开发落地及跟进能力要求会更高。一般来说，在开发过程中，以下几点需要被重点关注。

1. 资源拆解及跟进

对于战斗系统来说，其需要的资源量是巨大的，如角色原画、模型、动作、特效、用户交互、音效等资源。战斗策划需要针对不同系统、不同功能对资源进行拆解，并整理成统一格式的资源需求文档，将其提供给相关职能人员，这样才能顺利进行开发。这里需要注意两点。

1）资源的成本把控及合理性把控

战斗策划不能因为自己天马行空的想法和认为"只有做到极致才完美"的盲目性，就提出大量根本无法按期完成的资源需求，或者当前技术水平无法实现的效果。一名战斗策划需要对自己所设计功能的可实现性有清晰的认知。怎样的资源需求是既能满足成本限制，又能实现预期效果的？这就需要战斗策划在工作中不断积累经验，提高自身能力。

2）资源制作周期把控

跟进的最重要目的便是保证开发的顺畅、有序、按期完成。战斗策划在资源制作初期需要先和对应职能人员沟通好资源的制作周期及内容，在制作过程中要定期沟通进度，防止出现如“剩最后一天才发现我要的劈砍动作被做成了突刺”这种风险；当资源制作完成后，战斗策划需要及时进行验收，即把资源配置进游戏中，看看是否符合其设计目的，不符合的应及时修改。

总之，资源的拆解和跟进不仅是战斗策划的一项基本功，也是其他游戏策划的一项基本功。游戏策划需要进行长期训练，才能让自己成为一名合格的游戏策划。

2. 功能开发及跟进

除了资源制作，功能开发也是战斗系统的制作重点。战斗策划除了要对自己负责的战斗系统模块列出清晰明确、逻辑缜密的设计文档，还要积极和软件开发工程师就功能开发的可行性，以及开发细节、重点和难点进行有效沟通。这里的设计文档格式可参考系统文档的格式，只不过需要将战斗系统的不同子系统拆分清楚，并分别进行详细设计。除此之外，和资源跟进一样，在开发过程中，战斗策划也要及时跟踪进度，并在功能开发完成后及时验收。这样才能保证功能开发的顺利进行。

3. 配置工作

在得到美术设计师给的资源和软件开发工程师开发完成相关功能后，剩下的主要任务便是通过配置工作将其在游戏中实现。对于战斗策划来说，涉及状态机等系统的，会有大量的配置工作。这里需要战斗策划重点关注两点。

1）工具的易用性

谁也不希望自己仅调试一个动作就花一小时，如果有几十个动作，何时才能调试完成呢？战斗策划应及时和软件开发工程师或技术策划沟通，表述清楚自己的配置痛点，以及希望哪些工具及哪些功能可以做对应优化，并给出优化方案。这样才能提高配置效率，降低开发成本。

2）及时验证

在配置过程中，战斗策划会发现很多资源问题或开发 Bug。只有及时验证，在发现问题后才能及时告知对应职能人员做出修改，从而保证配置工作顺利进行。

4. 测试调优

在配置工作完成后，将系统调试到符合预期体验——测试调优，便是战斗策划接下来所要做的更为重要的工作。一般来说，测试时需要关注以下几点。

1）是否符合设计目的：确定该战斗体验是否符合设计目的和预期体验

例如，一个劈砍，动作表现是否符合预期？伤害帧时间是否合适？伤害数值是否正常？动作的前摇、后摇时间是否恰当？

2）是否满足主观预期：从战斗系统的各个维度上去审视这个功能是否符合自己的预期

这里的感受可能更偏主观，也很考验战斗策划的游戏阅历和游戏敏感度。例如，这个劈砍的特效是否再弱一点会更好？这个动作的位移是否少 0.5m 会更自然？这些体验上的细节需要战斗策划根据自我感受将其调整到最佳。

3）多人体验建议：让团队的其他成员根据实际体验给出建议，战斗策划据此做出决断

组长、主策划等不同成员会从各自的专业角度给出意见。这里不是说他们的话一定是对的，而是说战斗策划作为该功能的负责人需要评估意见的可行性和正确性，并和他们一起讨论，得出结论，进一步优化。

4）整理玩家体验反馈

当一个功能真正完成的时候，便是玩家实际体验的时候。不管是内部测试，还是正式测试，都会暴露出很多最初忽略的、玩家体验欠佳的细节问题。这需要战斗策划根据实际情况来进一步调优。不要盲目认为自己的设计一定是对的，玩家一定是错的；也不要反过来，认为玩家说的都是对的。每个人的立场不同、经验不同，给出建议的角度就会不同。战斗策划需要先结合实际情况对这些建议进行专业评估，再去思考如何修改。

例如，玩家觉得某个角色的技能太弱了，希望加强数值。这时战斗策划要思考的是到底有多少个人提出了这样的问题。如果 100 个人中有 80 个人提出了这个问题，那么这的确是一个问题，但具体是不是因为数值的问题，还要从技能的使用环境、使用手感及角色定位来综合考量。也许是因为和它同时放出的其他技能太强了，以至于给玩家这种感受；也许是因为技能的动作设计、范围判定等不规范。所以，战斗策划不能单单靠玩家的一句话就急于修改功能，任何简单问题的背后往往有更深层次的原因。只有找到真正的原因，才能真正解决问题。

总而言之，游戏带给玩家的体验没有完美的，总会有可优化的空间。不断将自己负责的功能打磨到完美，是游戏策划应追求的目标。

5. 与其他游戏策划的配合

战斗策划作为一款游戏的核心系统设计者会和其他游戏策划存在工作交叉。例如，需要将关卡策划的关卡设计作为战斗玩法可行性验证的依据；需要将文案策划的角色设计和文案包装作为设计角色的依据；需要数值策划来为战斗数值把关等。在配合的过程中，战斗策划需要有主导意识，主动和其他游戏策划进行沟通，并且保证沟通效率。例如，这个关卡中需要有一个至少 50m×50m 的范围，以及 3 个战士、4 个弓箭手，作为主角基础战斗玩法可行性验证的依据。这就需要战斗策划主动将需求详细表述给关卡策划，经双方沟通，共同给出设计方案。而不是先等着关卡设计得差不多了，战斗策划才不急不慢地说："我这边要一块这么大的场地，你这里可能需要改一下。"这样必然会对开发进度造成一定的影响。游戏通常不是一个人可以设计出来的（除非小体量独立游戏），因此战斗策划一定要拥有合作的意识和能力。

6.3　战斗策划如何成长

作为对开发经验有很高要求的策划岗位，战斗策划要想成长就需要长期不断地学习。本节就介绍一些战斗策划成长的方法。

6.3.1　拆解优秀战斗系统

像前面提到过的系统策划拆解优秀游戏的系统架构一样，战斗策划也可以通过拆解优秀游戏的战斗系统来对其进行分析。在拆解思路上，战斗策划可以从设计战斗系统时所关注的几个维度来进行拆解。

战斗体验：尝试从整体体验到角色体验，有针对性地归纳这个战斗系统的战斗体验，并以此为基础去探寻其他几个维度是如何设计从而体现出战斗体验的。假如将《鬼泣》的战斗体验归纳为"帅气、耍酷的快节奏战斗"，那么战斗策划便围绕这个体验结论去思考它的武器系统为什么是这样设计的（如快速切换、造型炫酷等），为什么它的连击系统是那样设计的（如连击评价系统、动作取消机制等），它的战斗手感是如何形成的，等等。

战斗策划从整体层面对不同的系统围绕着战斗体验去进行初步的思考和归纳。

《鬼泣》的连击评价系统

战斗策略：对战斗策略的分析主要集中在归纳主角的战斗相关能力有哪些，这些能力的使用上限和下限是什么，需要玩家掌握怎样的技巧和策略，战斗和关卡中的各种要素是用来考验哪些能力的等方面。例如，在《只狼》中，游戏主角的战斗能力大体有普通攻击、基础移动、跳跃、闪避、弹刀等，而它们的设计目的各不相同。闪避是快速位移，用于拉开和敌人的距离或接近敌人，弹刀是通过判断触发时机从而积累敌人的架势槽等。在整理了这些内容后，战斗策划可以挑选有代表性的战斗（如某些 BOSS 战），经多次体验后录屏，之后根据体验感受和录屏把 BOSS 的行为和能力整理出来。这里以与苇名弦一郎的战斗为例，在多次战斗后我们会发现，它的横斩就是考验跳跃能力的，连续劈砍就是考验弹刀能力的。通过将这些能力考验用类似下图的方式列举出来，再结合敌人的 AI 行为、连招、弱点等去分析战斗策略，这有助于分析游戏主角面对这类敌人时采取的战斗策略，以及通过这种思维模式去快速理解战斗设计。

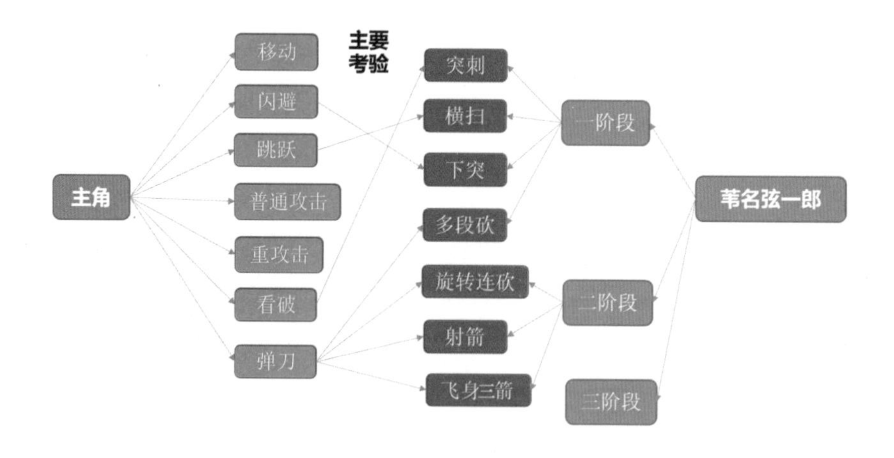

系统架构：梳理游戏战斗系统可以像前面提到的《艾尔登法环》主角战斗系统简要架构图一样，用线框图整理出它们的逻辑关系和串联关系。在系统架构中会涉及资源的流转、系统状态切换、循环等维持系统运转的概念，因此战斗策划在分析这些系统的同时，能增强对战斗系统底层逻辑的理解和认知，发现促使玩家战斗的驱动力。

战斗节奏：优秀游戏的战斗系统一般会有不错的战斗节奏。战斗策划在深度体验一款游戏的战斗之后，应从感性和理性两个层面去分析其战斗节奏。具体来讲，先从感性层面梳理，在战斗过程中，哪一个环节是感受最好的（如释放大招、构成连招等），哪些环节是让人感觉很放松的，哪些又是让人感觉很紧张的，并将其记录下来，然后便可以从理性层面将一场战斗的流程梳理下来了。例如，用“普通攻击三连击—重攻击—普通攻击三连击—重攻击”这样的方式，统计一下自己经常使用的战斗连招，以此推断出游戏策划最开始的设计意图，也就是期望的战斗节奏是怎样的。很多动作游戏的练习关卡都会有显示连招按键的功能。战斗策划通过这个功能来记录自己运用最多的连招，以及战斗资源（如精力、大招）的消耗和积累节奏。战斗策划可以通过上述两个层面来分析战斗节奏是如何构成的，同时，分析战斗节奏也有助于归纳好的战斗节奏设计方式。

《猎天使魔女 3》中的连招记录系统

战斗手感：战斗手感应该是大多数玩家最容易察觉的一个维度，但是一名战斗策划不能仅仅停留在感性层面，更要去分析这些优秀游戏的战斗手感是如何设计出来的。战斗策划可以先进行大量的操作和战斗尝试，然后对战斗画面进行录屏，逐帧研究动作是如何设计和衔接的、镜头是怎么运转的、伤害帧放在什么位置、用了多少帧、特效是怎么处理的……这样便可以仔细拆解游戏的战斗手感，以此总结出如打击感、操作感的构成要素和设计要点，从而提高自己的设计能力，积累经验。

一名战斗策划想要成为业界的顶级大师，必然少不了大量的游戏体验及战斗系统拆解。当然，拆解并不是只分析其优秀的地方，能够敏锐地发现体验的不足，尝试给出改进方案，也是拆解的重要目的。

6.3.2　战斗设计相关图书推荐

在市场上，对战斗设计有帮助的图书有不少，接下来我就为大家推荐一些个人认为非常不错的学习资料。

《游戏设计的 236 个技巧：游戏机制、关卡设计和镜头窍门》，［日］大野功二

本书从游戏设计者和玩家的角度出发，分别从角色设计、AI 设计、关卡设计、碰撞检测、镜头设计五个角度来分析 3D 游戏中战斗和关卡设计的技巧，其中不乏干货，非常适合战斗策划和关卡策划阅读。

《通关！游戏设计之道（第 2 版）》，［美］Scott Rogers

本书以诙谐的语言讲述了游戏设计的整个流程，包括剧情、设计文档、游戏策略、人物角色、玩法等内容，其中涉及了大量 3C 设计、剧情设计、关卡设计等内容，是一本既有趣又有用的图书。

战斗策划是核心玩法的缔造者。可以说，他们的工作决定了这个游戏的玩家 60% 以上的体验，其重要性毋庸置疑。因此，想要成为一名顶尖的战斗策划绝非易事。如果你希望自己能够设计出炫酷、耐玩、有趣的战斗系统，那么，请拿起手中的剑，勇敢地对接下来所要面对的各种张牙舞爪的阻碍宣战。希望不管“挂”了多少次、掉了多少血，你仍然能坚持自我，不断搏杀，最终战胜强大的 BOSS，赢得属于自己的战斗！

第 7 章

关卡策划：玩法检验者

“你说你想转去关卡组？”冬哥对眼前略显紧张的小宇笑着问道。

“对，冬哥！经过这几个月的学习和工作，我觉得我更喜欢关卡组的工作，关卡组的工作也更适合我。我玩主机游戏和单机游戏比较多，而且对游戏引擎比较感兴趣，我想试试去做关卡。”虽然紧张，但小宇还是鼓足了勇气，大声和冬哥说出了自己的心里话。

“好！其实我早有此意，而且关卡组那边也的确和我说过想把你调过去。这样，我一会儿和浩哥说一声，你下午就把工位搬去关卡组那边。”冬哥赞许地说道。

“真的吗！太好了！谢谢冬哥！我这就去收拾工位！”突然得知喜讯的小宇高兴得差点儿蹦起来。他赶忙给冬哥鞠了一躬，几乎是跳着离开了会议室，奔向了自己的下一个战场。

7.1　什么是关卡

对于玩家来说，“关卡”这个词并不陌生。大家经常会用“这个关卡做得真棒！”“这个关卡太难了，我打不过去……”等话语来形容一个游戏关卡。那么，到底什么是关卡呢？

关卡就是游戏发生的空间，是游戏玩法的“容器”。

听上去好像有些抽象，这里来举一个例子。

说起《超级马里奥》系列，想必大家都不会感到陌生，初代《超级马里奥》的第一个关卡作为游戏关卡设计的经典案例而被经常提及（尤其在本书中）。

在这个关卡中，玩家可以学习如何跳跃，以及利用跳跃踩踏敌人板栗仔和冲顶头上的砖块获得变大蘑菇等奖励。在关卡的后半段，游戏的难度逐渐增加，玩家需要操纵马里奥跨过重重的障碍，抓取高高的旗子，成功通过关卡。

初代《超级马里奥》

这个关卡由主角、敌人、场景、关卡机制等一系列要素组成。玩家需要通过操控角色，以到达关卡终点为目标，面对一个个阻碍和奖励，不断磨炼自己的操作技巧，最终通过关卡，获得胜利。

角色操控机制、敌人 AI、关卡机制、场景设计、倒计时机制、生命系统等游戏中的各个模块，都被装载在这个庞大的“容器”——关卡中，从而构成了玩家的体验。

玩家在这个“容器”中玩游戏，也在这个“容器”中通过体验它的玩法和机制给出对这个游戏最直观的评价。

所以说，游戏关卡设计如何对于一款游戏来说是特别重要的。因为再好玩的玩法、再智能的敌人、再精妙的数值系统、再华丽的游戏画面，如果无法在关卡内构成有机的整体，那便如一个插满了乱七八糟的花花草草的华丽花瓶，让人怎么看怎么别扭。

经典反例《圣歌》

7.2　关卡策划工作内容

既然关卡设计如此重要，那么关卡策划在当今国内游戏市场越来越重视内容和质量的大趋势下也越来越重要，随之而来的就是关卡策划需要面对更加细化和复杂的工作内容。接下来，本节以制作一个关卡的流程为例，为大家介绍一下关卡策划的主要工作内容。

7.2.1　书写关卡设计文档

关卡策划需要书写关卡设计文档。关卡设计文档主要由以下几个部分组成。

1. 设计目的

一个关卡一般都源于一个明确的设计目的，如新手关卡、剧情关卡、挑战关卡、刷资源关卡等。这个设计目的可以用几句精练的话概括出来。例如，设计初学者教学关卡，通过这个教学关卡让初次进入游戏的玩家熟悉基础操作、技能释放等机制。

后续的任何关卡设计都要围绕设计目的来进行，否则，就会出现类似“新手村关卡设计了既无聊又长的挑战阶段”这样的问题。

除此之外，关卡的设计目的还应该包含关卡给玩家带来的整体体验描述。这个整体体验主要是主观感受上的，如爽快的割草体验、紧张刺激的潜入体验等。整体体验描述会让参与开发的人员有比较明确的画面感，有助于统一大家对于设计的认知。

2. 关卡风格/背景设计

一个关卡的艺术表现及流程体验大多是以当前所制作游戏的世界观为背景来设计的，所以需要做出这个关卡在这个世界观下的氛围设计参考和剧情背景设计。当然，关卡策划不是美术设计师，只需要用语言和参考图告诉美术设计师，让他们明白要带给玩家什么样的氛围体验即可。这里的氛围体验是以设计目的中提到的整体体验描述为基准的。

举一个例子，如果希望玩家感觉自己身处一座中世纪的没落王城之中，就可以将《艾尔登法环》的图片作为参考。

《艾尔登法环》环境参考

3. 关卡示意图

一篇设计文档最重要的是能够向程序员、美术设计师或其他参与开发的职能人员直观地表达设计意图。那么，设计文档的可读性就必不可少，而示意图就是增强可读性的一种非常重要的方式。对于关卡设计来说，好的关卡示意图甚至可以直接代替一篇设计文档。

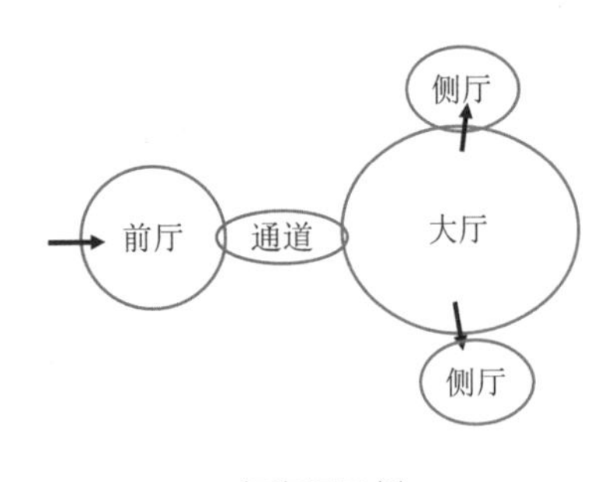

气泡图示例

在进行文档设计初期，关卡策划可以用气泡图：用不同的气泡代表不同的区域，用气泡的大小区分区域的大小，用简单的短语概括区域内容，并用箭头标明关系。设计气泡图的目的是在关卡中建立比例和关联。

在基本结构确定后，关卡策划便可以使用更为具体的关卡示意图，又称作布局（Layout）。关卡示意图的样式一般以俯视平面图为主，包括关卡的结构、比例、关键元素（敌人、场景机制等）布局、关卡流通走向等信息。如果有多层结构，则需要分层展示。一般关卡示意图可以比较直观地展示一个关卡的大体流程、布局、结构。

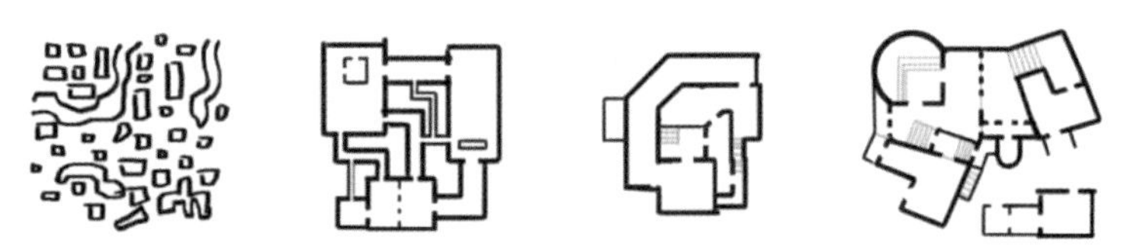

The Level Design Book 中的关卡设计示意图

有时候，关卡示意图会配以关卡白盒一同展现，对此，在后续的关卡白盒搭建中会有详细讲解。

4. 关卡流程图

大部分关卡都有一个线性流程，即从开始到完成这个过程中玩家所体验到的战斗、场景切换、关卡机制、BOSS 战等。关卡策划需要用一个流程图直观地展示关卡中的体验流程，以及对应流程预期的体验目标和关卡节奏。

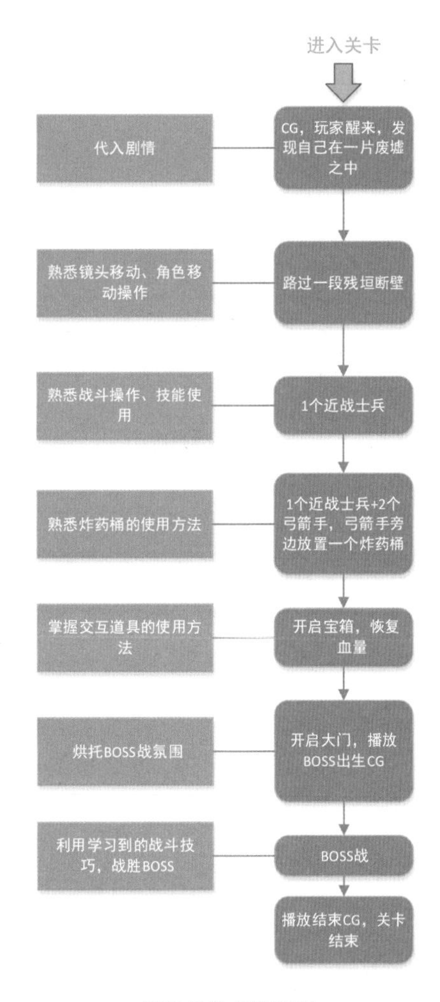

简单的关卡流程图

5. 关卡节奏设计

玩家在通过一个关卡的时候，就好像在欣赏一首歌曲，如果这首歌曲的旋律、节奏是一成不变的，那么就会让听者听起来感觉平平无奇，甚至枯燥无味。所以，关卡策划要为关卡设计出符合设计目的，并且让人沉醉其中的节奏。

这一部分可以和关卡示意图部分合并来看，也可以单独拿出来进行设计（因为它真的很重要）。具体来讲，关卡策划首先需要将不同的关卡节奏点的体验表述清楚，然后用折线图的方式直观地将节奏变化呈现出来。在关卡节奏设计中，关卡策划需要关注以下几点。

- 玩家在每个节奏点的主要行为是什么？
- 不同节奏点的重要程度如何？
- 不同节奏点是如何串联在一起的？
- 这些节奏点带给玩家的体验分别是什么？
- 玩家对于不同节奏点的注意力分配是怎样的？

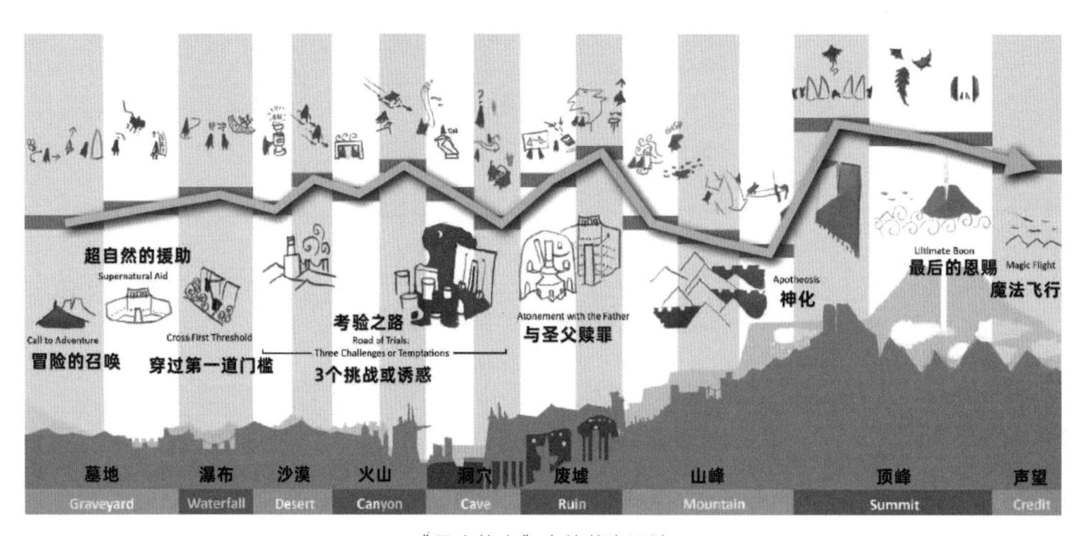

《风之旅人》中的节奏设计

关卡策划先以这几个维度将整个关卡的节奏确定下来，再对不同节奏点进行设计，对节奏变化进行具体描述。在设计过程中，关卡策划应考虑如何起承转合。例如，从前期分别熟悉近战和远程士兵的机制，到后期遭遇这两个兵种的组合时如何应对等。对于节奏，关卡策划不仅要考虑到玩家玩游戏的体验节奏，更应该关注情绪体验节奏。例如，经过BOSS 房间前的走廊时如何通过音乐、布景和 CG 进行铺垫来烘托玩家情绪等。只有将玩家的体验节奏在设计初期进行一定的规划，关卡策划才能在制作过程中围绕这些体验设计出让玩家欲罢不能的关卡。

《艾尔登法环》满月女王出场 CG

6. 普通敌人、BOSS设计

对于有战斗系统的关卡来说，普通敌人、BOSS 设计是非常关键的环节。在设计文档中，关卡策划需要做出普通敌人和 BOSS 的外形参考、核心体验机制，以及基础的 AI 行为树等内容。什么是 AI 行为树呢？行为树的英文是 Behavior Tree，简称 BT。AI 行为树是一棵用于控制 AI 决策行为的、包含了层级节点的树形结构。简单来说，就是用来判断角色在什么情况下该采取怎样的行动的行为逻辑集合。

接下来，以简单设计一个兽人士兵为范例。

敌人名称：兽人士兵。

种族：兽人。

属性值：生命 200，防御力 100，攻击力 200，韧性 50，护甲类型重甲，视野距离 20m，移动速度 4m/s。

体验概述：基础的兽人士兵，以斧子为武器，攻击频率低，移动速度慢，血量较厚。

外形参考如下。

《魔兽世界》兽人士兵

技能设计如下。

劈砍：双手挥舞斧子向前方劈砍；前摇时间 3s，后摇时间 4s；对前方 4m、120° 的范围内造成大量物理伤害。

基础 AI 行为树如下。

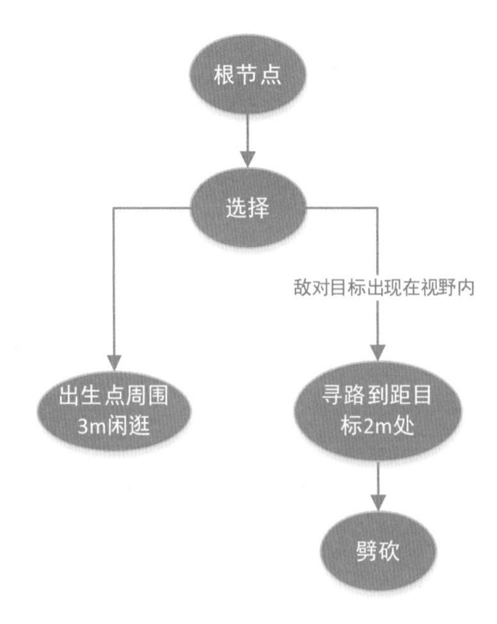

这样，一个兽人士兵的基础设计就完成了。当然这只是一个简单的范例，一个普通敌人，尤其是一个 BOSS，其外形设计、技能设计及 AI 设计都比这个复杂许多，但可以参考这个框架，在此基础上进行填充。

7. 场景机制设计

场景机制指关卡中除敌人外的目标、阻碍、机关、场景交互道具等。这些场景机制主要起到调节关卡的节奏，串联关卡的流程，阻碍关卡进程直到玩家发现解决方法等重要作用。例如，最常见的各种门需要玩家以不同的方式来开启。

《鬼泣 5》中需要在击杀敌人后开启结界

例如，提供给玩家资源或补给的宝箱，需要进行解密的机关，关系到关卡中一些连带关系的触发器等。关卡策划需要设计出它们的外形、体验描述、触发机制、交互机制、关联系统、UI 表现等内容，同时需要在关卡示意图中标明它们的布局。

《战神 4》中的敲钟宝箱

8. 美术需求

前面几个部分提出了很多的美术参考、设计，但最终给美术设计师的应该是一份更加明确、详细的美术需求列表。所以，关卡策划需要将关卡中需要的美术资源分类整理成美术需求文档，提供给美术设计师。

一般关卡的美术需求可分为下面几个大类。

- 场景美术需求：场景原画需求，以及场景编辑需求。
- 角色美术需求：普通敌人、BOSS 及 NPC 的角色原画设计及 3D 建模。
- 动作需求：普通敌人、BOSS、NPC、一些场景元素的动作设计。
- 特效需求：技能特效、场景特效等。

不同的美术需求文档的格式也不相同。这里以动作需求为例。

动作名称	角色	动作时长	动作描述	动作前衔接	动作后衔接	是否循环	前摇	后摇	参考视频
劈砍	兽人士兵	7s	双手举起斧子向前方狠狠劈下，然后慢慢地恢复待机动作	休闲动作	休闲动作	否	3s	3s	（链接）

把动作的详细描述及关键参数一一列出，如果有参考视频最好附上链接，这样便于美术设计师明白设计意图。

以上就是一篇关卡设计文档的基础框架结构。我们可以看出，就算一个很简单的关卡，也会涉及许多模块和细节。文档主要是为了方便和其他开发人员沟通，具体的格式不用拘泥于以上这些。如果用一张图或几张 PPT 就可以将自己的设计意图表述清楚，也是可以的。但无论如何，考虑好关卡设计的方方面面，对细节及实现原理有比较清晰的概念，并且可以将其呈现在文档上，让程序员和美术设计师无障碍地理解设计意图，是关卡策划需要掌握的一门基本功。

7.2.2 关卡白盒搭建

关卡白盒，英文是 Blockout、Blockmesh 或 Graybox，有时也称为关卡白模，主要指利用简单的模型搭出的 3D 草图关卡。搭建关卡白盒主要是为了测试关卡设计、玩法、节奏等。对于 3D 关卡来说，这一步一般会和书写关卡设计文档同步进行，甚至早于书写关卡设计文档。因为让角色在搭建好的白盒中测试有助于关卡策划实际感受关卡的规格、布局、体验。一般来说，关卡白盒搭建包含以下几个步骤。

《使命召唤：现代战争》中的关卡白盒及最终效果

1. 熟悉引擎

对于关卡策划来说，游戏引擎内的场景编辑工具将会陪伴其度过很长一段时间，所以，熟悉自己项目所使用的引擎场景编辑工具也是一门基本功。

现在的主流开发游戏引擎（Unity、UE）都有非常便捷、成熟的编辑工具，大家可以通过自学掌握它们的使用方法，并且进行持续的学习和练习，直到熟练掌握。

UE4 中快速搭建的关卡白盒

2. 确定比例尺

关卡策划在搭建关卡白盒的初始阶段，应先确定关卡的“比例尺”。这个比例尺指的是当玩家操控角色在关卡中行动时，关卡本身带来的规格感、距离感和测量感。

典型的地图结构	单位宽度
走廊（很窄）、板条箱、传送台	64
走廊（窄）、大门、墙壁纹理	128
小房间	256~512
中型房间	512~1024
大房间	1024~1536

Doom 的一部分比例尺参数（1 单位 = 0.6m）

那么，如何确定关卡的比例尺呢？可以依据角色的行动能力而定——并没有固定的数值，也可以参考其他同类型游戏的参数。最重要的是，关卡策划需要根据自己的体验来确定这些参数，并且反复在关卡白盒中测试，直到最终确定。

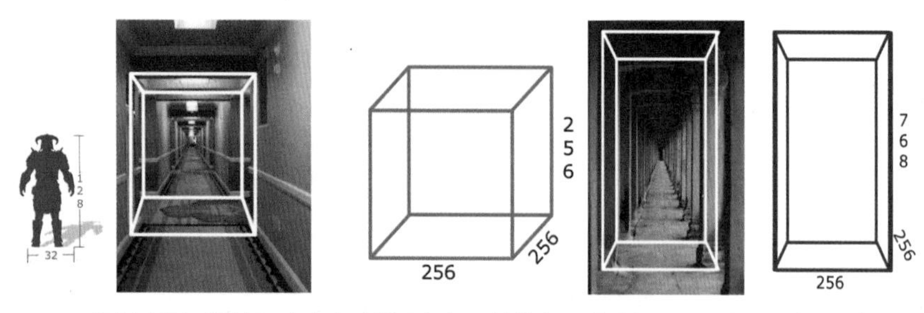

资料来源：比较玩家大小（物理）与环境指标，来自 Joel Burgess 和 Nate Purkeypile 的《GDC 2013：天际的模块化关卡设计方法》

当然，对于一些常规的参数（如门、走廊等），关卡策划也可以参照现实世界中建筑学的一些通用标准。

- 最小走廊宽度应至少是玩家宽度的两倍。
- 门应该比走廊窄，以便为门框留出位置。
- 楼梯每 12~16 阶就有一个平台。
- 楼梯坡度应为 30° ~35° 。

一旦确定了这些参数，就需要在一个测试场景中搭建比例尺模组。一般来说，根据不同项目的类型要求，比例尺模组的基本模块也会有一些区别。例如，在 FPS 或 TPS 游戏中，需要确定各种掩体的标准；而在动作游戏中，对不同高度的跳跃平台标准会有更高的要求等。但不管如何，关卡策划都需要整理出常用的关卡比例尺模块场景，这样有助于以统一的标准搭建关卡白盒。

《战神 4》中的比例尺场景

3. 搭建初版关卡白盒

在确定了比例尺之后，关卡策划便可以根据关卡设计文档来搭建初版的关卡白盒了。初版的关卡白盒主要是为了确定关卡的基础结构、比例、区域大小、动线（玩家行动路线）等，可以用简单的几何体（如立方体、圆柱体、球体等）搭建出符合设想的关卡白盒。注意关卡白盒搭建不是要完美还原预期设计。例如，希望这里有一座教堂，就真的用白盒搭一个教堂。关卡策划只需用几何模型搭出它的整体尺寸、不同结构的大体比例、不同楼层的高度、楼梯的角度和宽窄、门窗的位置和大小等关系到关卡体验的关键指标即可。在搭建过程中，关卡策划也可以用一些区分度比较明显的颜色来对关卡的不同组件进行标注，如地板是白色的、墙体是灰色的、掩体是绿色的等，这样在观察关卡白盒的时候能够对关卡结构进行有效区分。

在初版关卡白盒中，关卡策划可以用一些简单的模型来代替关卡的敌人和机制（虽然它们现在都不会动），通过布置它们的密度和位置来模拟关卡体验。最重要的是，在布置关卡白盒的过程中，关卡策划需要经常使用游戏角色进行跑测。很多关卡策划认为，只要在引擎里看到的关卡比例差不多，游戏里就没问题。其实，引擎摄像机的 FOV（视场角）和角色的 FOV 并不相同，而且上帝视角也会有一种“看上去场景很小，跑起来却很大”的错觉。因此，验证初版关卡白盒一定要以“游戏角色跑测过没问题了，才能算是真正完成了”为标准。

《神秘海域 4》的关卡白盒

需要说明的是，在搭建关卡白盒的时候，关卡策划需要找到所搭建场景的有效结构参考依据。对于参考依据，关卡策划首先需要考虑在设计初期确定的场景原画；其次需要考虑实际参照物，不管是真实的建筑结构场景布局，还是其他游戏、影视作品中的场景都可以。比如，我想搭建一个停车场，那么我就可以找一些停车场的参考图去进行设计，而不是纯靠自己想象。这样做有如下两个好处。

一是有了被实际验证过的结构参考依据，关卡策划在搭建关卡白盒时也会有所启发和参照。因为这些被验证过的结构，不管是对玩家还是对设计者来说，都是最好的设计规范。这样的设计是有“根”的（不是虚无缥缈的），也是更加可信和稳固的。

二是在进行关卡设计时，当关卡策划拿着关卡白模场景同场景编辑人员沟通时，如果没有对应的参考，那么他们会感到难以下手。如果设计没有“根”，就很容易被撼动、被否定，同时会浪费更多宝贵的时间。

7.2.3　关卡流程制作

当初版的关卡白盒搭建完成后，关卡策划会在基础结构、比例、区域大小、动线，以及模拟关卡体验确定的情况下开始制作关卡流程，也就是逐步替换其中的敌人和关卡机制，同时添加一些关卡的重要引导要素，如光照、镜头等。这个阶段的目的是要在关卡白盒的基础上构建完整的关卡流程体验。注意，这时还没到替换正式场景资源的时候（除非有一些以前做过的替代资源），关卡策划可能会制作一些临时资源（如重要地标的简单模型等）。因为这时的关卡布置还没有完成，在没有将关卡中重要的敌人布置、机制布置及体验节奏等调节完成的情况下，替换场景资源很有可能带来后期不断修改的风险。所以，如果作为关卡策划的你不想被美术设计师拉入黑名单，那就乖乖地在这个看上去有些“简陋”的场景中开工吧。

在关卡流程制作的过程中，关卡策划要重点关注以下两点。

第一是根据最初的关卡设计去还原预想的关卡流程、体验节奏。不要害怕当前“简朴”的关卡会影响关卡的体验，因为这个阶段的重点还是要集中在策划层面，以保证战斗体验、关卡机制符合预期，流程和节奏流畅且变化丰富。

第二是在布置流程的过程中也免不了对关卡白盒进行修改。这并不是说初版关卡白盒有很严重的问题，而是说在跑测的过程中总会出现一些具体的体验问题。例如，最初预想的场景规模在实际战斗中显得小了很多，那么，同步进行关卡白盒的修改便是最佳的解决方案。这也正好证明了为何要坚持在白盒上进行流程布置，因为这样的修改成本是最小的，也是最容易实现快速验证的。

在经过“布置—测试—修改”循环开发后，如果能保证关卡流程体验在资源并不是正式资源的前提下基本能够实现关卡设计的体验目标，那么，关卡流程制作便算是取得了阶段性成果。

7.2.4　AI制作、关卡机制开发

关卡流程制作会涉及不少普通敌人、BOSS 的 AI 制作及一些关卡机制的开发工作。这里先说 AI 制作，在不同的项目中，AI 制作可能由专门的游戏策划负责（如战斗策划、敌人策划），也有可能直接由关卡策划负责。不管如何，因为普通敌人和 BOSS 是关卡体验中非常重要的部分，作为关卡的设计者和负责人，关卡策划需要了解该关卡中普通敌人和 BOSS 的设计定位及 AI 行为模型。这样，不管是自己制作还是交由其他游戏策划制作，都可以清晰地提出开发需求或资源需求，并保证其体验感。在布置流程及跑测的过程中，对与 AI 相关的问题，关卡策划也需要及时地进行反馈或修改，以防影响开发进度。

如果需要关卡策划自己进行 AI 制作，一般来说，关卡策划会使用项目所用引擎自带的 AI 编辑器，或者自主开发 AI 编辑器。AI 编辑器，简单来说，就是编辑 AI 行为树的工具。关卡策划需要通过这个工具及其他辅助工具（如技能编辑器等）为一个普通敌人或一个 BOSS 配置出预想的行为模式。当然，由于普通敌人或 BOSS 的 AI 行为一般都是比较复杂的，所以 AI 制作的工作量在关卡流程制作中也占了不小的比例，这在初期的开发进度规划中也是需要考虑的。

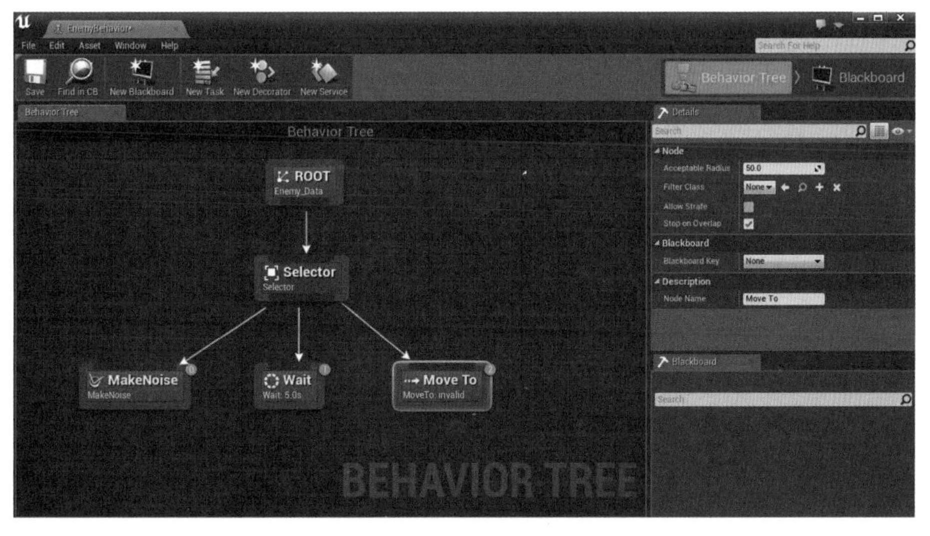

虚幻引擎中的 AI 行为树编辑器

除了 AI 制作，关卡机制也是关卡流程中必不可少的部分。一般来说，关卡机制分为通用机制和特殊机制两种。通用机制是在大多数关卡中都能用到的，是具有常规性、通用性的游戏机制，如门、复活点、传送点、开关等。特殊机制是根据关卡设计，在某特定关卡所使用的特有机制，如弹射器、解密机制等。不管是通用机制还是特殊机制，在关卡开发初期都会有如下两种制作方法。

- 关卡策划直接通过游戏引擎的功能进行制作（如虚幻的蓝图）。这种方法可以快速进行机制玩法验证，适合早期开发。
- 程序员进行开发。这种机制的稳定性比较好，但是开发周期比较长。

到底使用哪种方法，要具体情况具体分析。对于不太确定的关卡机制，关卡策划可以使用第一种方法进行快速验证。当然，这对于关卡策划的引擎使用能力有一定的要求。在通过设计层面的不断迭代，对关卡机制的玩法有了比较确定的方案后，关卡策划可以使用第二种方法，进入正式的开发流程。但关卡策划需要对关卡机制的开发需求及细节有比较明确的设计文档，这样程序员才能进行有效开发。

在项目初期，关卡策划就需要对关卡机制的设计规则及标准有一定的规划，如它们的分类、可扩展性、某些机制的关联性等。以门来举例，关卡策划需要考虑推拉门和自动门有什么区别，交互方式分别是怎样的，有哪些共同属性，是否可以和其他机制构成关联（如钥匙、密码锁）等。经过一段时间的开发，关卡策划可以将这些已经制作完成的机制整理成一个可供其他游戏策划使用的文档，这样有助于提高关卡流程制作的效率、丰富玩法体验。

7.2.5 关卡资源制作及跟进

关卡开发会涉及数不胜数的资源制作需求，从关卡场景原画到关卡场景制作，从普通敌人和 BOSS 原画设计到模型、动作、特效和音效制作等，作为一个关卡的负责人，关卡策划需要具备在不同时期提出资源需求、把控资源制作进度、跟进资源质量的能力。

关卡开发初期，在关卡设计文档确定后，关卡策划便可以将关卡场景原画需求及部分普通敌人和 BOSS 的原画需求提供给美术设计师了。这里需要关注的主要是场景的整体氛围、重要视觉要素、普通敌人和 BOSS 的视觉及概念设计是否符合关卡设计的要求。如果需要一座废弃的城市，那么在原画中就要将这种荒凉感体现出来；如果需要一个残破的机器 BOSS 有发射飞弹和飞行等技能，那么在 BOSS 原画中就要体现出它的这些特点。在关卡流程制作的过程中，相关敌人的模型、动作和特效制作也会开启。在关卡流程基本确定后，场景的编辑工作便会开始。关卡策划需要对这些资源进行明确的需求整理、制作标准制定、质量把控，同时对已完成的资源进行及时的配置和反馈。一般来说，一个关卡的开发需要少则几个月，多则一两年的制作周期。其中任何资源的制作工期风险都会对整个项目的开发造成不小的影响。所以，关卡策划的跟进能力是非常、非常、非常重要的。

7.2.6　关卡测试、迭代

从最初的关卡白盒搭建到关卡流程确定后不断替换正式资源，关卡策划会对这个关卡进行无数次的跑测、修改。这样，关卡的质量会慢慢提升。需要注意的是，测试关卡的角色要有更多维度的变化。因为作为关卡的设计者，关卡策划对其中的机制、技巧都了如指掌，跑测体验也只能验证关卡流程是正确、顺畅的，极有可能无法发现其中的细节问题。而让其他的游戏策划或职能人员进行跑测有助于在开发过程中及时发现问题，并做出修改。就算关卡设计工作已经正式完成，它在经不同玩家测试后，仍然会暴露新的问题。关卡策划不要害怕和厌烦去一遍一遍地修改自己辛辛苦苦制作的关卡。老舍先生曾经说过："文章不厌百回改。"好的关卡，好的游戏，也是一遍一遍改出来的。只有精雕细琢，精益求精，才能将心中完美的关卡呈现给玩家。这也是设计关卡、设计游戏的重要目标。

7.3　关卡设计思路整理

很多玩家在玩过各种各样的游戏之后会有一个感觉：好的关卡和不好的关卡的体验感可谓天差地别。这也充分说明关卡设计是一门很深的学问。那么在这一节中，我就为大家整理出一些关卡设计思路，以供大家设计时参考。

7.3.1　从体验出发

很多新手在设计关卡时经常无从下手。其主要原因就是缺少思路指引，而这个思路指引是在设计系统和战斗等模块时屡试不爽的方法，也是本书经常提到的一个概念：从体验出发。

那么，什么是从体验出发呢？在讲关卡设计文档时曾提到要设计关卡的整体体验、氛围体验等，那么，到底该从哪个体验出发呢？

其实，如果将这些体验整理一下，你就会发现它们有着密切的关联。如果从全局角度设计关卡，就需要确定关卡的整体体验。而关卡的整体体验又是由氛围体验、玩法体验等组成的。再继续拆分，关卡流程中的每个节奏点都需要有各自的节奏体验，每个关卡区域都应该有各自的区域体验，等等。总体来说，设计一个关卡其实就是给玩家设计各个维度的体验。

关卡策划描述一种体验通常会使用“感性 + 理性”的方法。例如，“紧张刺激的追逐战”，从感性角度表明玩家的直观情绪 / 感受，从理性角度表明这种体验的定义、概括或类比。在国产游戏开发中，关卡策划很容易忽视给玩家营造的感性体验，所以经常会用冷冰冰的“设计目的”这几个字来掩盖玩家的感受。而玩家都是有喜怒哀乐的大活人，关卡策划只有在设计之初就预想好带给玩家的体验，才能让玩家全身心地投入游戏关卡之中。

在确定了各个维度的体验目标后，接下来关卡策划就要围绕这些体验目标进行设计了。这时很多新手会遇到这样一个问题：确定了体验目标，却不知道如何设计才能让玩家感受到这种体验。那么，这里就会涉及另一个概念：体验的本质。

什么是体验的本质？这里还是以“紧张刺激的追逐战”这个对体验的描述为例，我们要先去拆分这种体验到底由哪些关键元素组成。紧张、刺激、追逐战，很明显“追逐战”是重点。那么，什么样的追逐战能带来紧张刺激的感受呢？我们可以设想一下，一只兔子追你和一头老虎追你，哪种情况更紧张刺激呢？答案不言而喻。那么，为何老虎追你会让你感到紧张刺激呢？答案就是，因为实力悬殊，所以老虎给你带来了极强的压迫感和生存压力。这便是这种体验的本质。那么，在进行具体设计的时候，关卡策划需要考虑怎样的关卡流程和敌人难度会给玩家带来极强的压迫感和生存压力，从而让其有“紧张刺激”的体验。当面对预想的体验目标时，一层层剖析它的构成元素和假想场景，深挖这些元素的体验重心，以及这些重心的更深层的体验维度，这样就可以探寻到体验的本质，进而基于体验的本质进行设计。

游戏策划是设计游戏的，但本质上游戏策划是在设计游戏体验。学习如何从体验出发是游戏策划从小白进阶到更高层次的重要思维路径。因为只有这样才能设计出像《风之旅人》《最后生还者》那样能带给玩家情感冲击的佳作。

7.3.2 关卡节奏设计

前面的章节曾经提到过关卡的节奏设计，那么，如何设计出让玩家体验丰富、感受良好的关卡节奏呢？这里给大家提供一些基本的设计思路，以供参考。

1. 起承转合

起承转合是由任天堂发扬光大的一种关卡节奏设计手法，在其各看家大作如《马里奥兄弟》《塞尔达传说》等系列中广泛使用，且屡试不爽，可以说是一种非常有效的节奏设计规则。这里就拿《马里奥 3D 世界》中的一个关卡为例来讲解什么是起承转合。

开始，玩家可以看到长脖子的鸵鸟、进入会减速的流沙，以及会追人的蜜蜂。这里的鸵鸟、流沙和蜜蜂都没有太大的威胁：对于鸵鸟，玩家可以通过上分的平台轻松解决；对于流沙，玩家不管是跳过去还是绕过去都可以轻松通过；对于蜜蜂，玩家只要站在台子上就不会被攻击到。在这里设置它们只是为了教学，玩家以此熟悉这个关卡中的重要机制。像这种在关卡开始对玩家进行关卡核心机制教学的阶段便是“起”。

“起”阶段

继续前进，玩家能看到鸵鸟、流沙和蜜蜂综合在一起的关卡设置。这里也是为了让玩家学习之前的机制——通过更高难度的关卡来进行检验。这种对于关卡核心机制更进一步的检验阶段便是“承”。

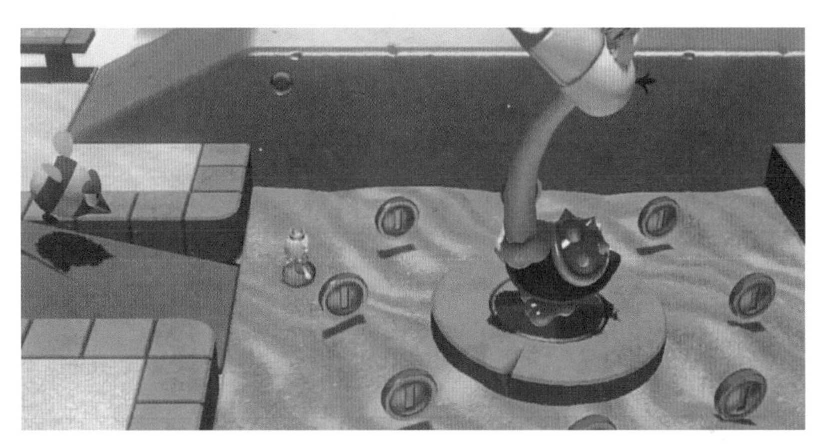

“承”阶段

通过了“承”阶段，关卡中就出现了一个新的机制：连续移动平台。这是关卡策划希望用新的机制来改变玩家玩的节奏，调节玩的体验。这种在关卡后半段引入新机制的阶段便是“转”。

“转”阶段

在关卡的最后阶段，几乎前面的所有机制都在这里得到了完全综合，给玩家带来更高难度的体验。狭窄的道路、密布的鸵鸟和蜜蜂，都在考验玩家对于操作时机的把握；双线移动平台则考验了玩家对移动速度的掌控。像这样在关卡的最后阶段，考验对前面经历过的核心机制的综合运用的阶段便是“合”。

“合”阶段

起承转合这种关卡节奏的设计模式，在设计线性关卡的时候，或者在设计某个关卡中间的某一段时，都是非常好的设计手法，可运用于各种游戏中。当然，游戏策划可以灵活变通，并不一定要拘泥于这种固定的流程。俗话说得好：“规则就是用来打破的。”

2. 压力安排与释放

一个关卡一般会给玩家提供一项或多项挑战，玩家需要通过自己的思考、操作等来完成这些挑战。既然是挑战，就会给玩家带来或大或小的压力。那么，如何安排压力的分布、压力的等级，以及何时释放压力，便是关卡策划在设计关卡节奏时需要考虑的问题。

一般来说，关卡策划在压力安排与释放方面应遵循以下原则。

1）压力的强度分布应该是参差的、有序的

试想：如果你在关卡一开始就碰到了一场极其复杂的 BOSS 战，或者高强度的多波

战斗，好不容易通过了，结果接下来面对的是一场更复杂的战斗，那么你在玩这个关卡的过程中肯定会感到非常的困惑。对一个常规的关卡而言，玩家的压力体验应该是有一定的逻辑关系的。

首先，相同强度的压力不应该是连续的。因为这样会给玩家一种“似曾相识”的感觉。几乎所有游戏的节奏曲线，如果是一条直线，就会给玩家带来“死气沉沉”的体验。

其次，压力的分布应该是有序的。这里的有序可以有多种规则，或循序渐进，或波澜起伏，这要完全依照关卡叙事结构、期望的玩家体验等因素而定，虽然没有严格意义上的规范，但一定是有逻辑可以将其串联起来的。例如，在《黑暗之魂 3》的开门 BOSS 古达的设计上，之所以玩家在关卡初始阶段就会碰到一个如此强大的 BOSS，实际上是因为魂系游戏的高难度，需要在关卡初始阶段就给玩家定一个体验的基调，同时使操作能力一般的玩家“望而却步”。游戏策划不能凭空地、随意地一拍脑门就定下一个压力分布的曲线，应该以玩家的体验为准。

《黑暗之魂 3》中的古达

2）压力的等级和压力释放应该是成正比的

玩家在通过各种优秀的关卡时可能会有这样的感受：在经历了一场酣畅淋漓的 BOSS 战之后，总会有不错的奖励或精美的过场动画；在消灭了一波小怪后，可能接下来走过一小段无人的小路，就会碰到下一波敌人。这是因为，在游戏中，付出和回报应该是成正比的（现实世界中或许并不是这样的，这也是人们喜欢玩游戏的原因之一）。如果玩家把压力释放当作一种努力后的回报，那么压力释放也应该和压力是成正比的。这样就会让玩家在面对不同强度的压力时，对回报（也就是压力释放）有不一样的预期，从而获得不一样的成就感。没人希望在辛辛苦苦打死 BOSS 之后只获得一枚金币，或者在轻轻松松消灭了一波小怪之后，莫名其妙地获得了一大波经验。这样的压力设置会让玩家对游戏中的规则感到不解，进而对继续挑战失去兴趣。

3）情绪节奏也是一种压力节奏

在关卡体验中，玩家会感受到各种各样的情绪，既有紧张、恐惧这样的负面情绪，也有轻松、快乐这样的正面情绪。如果把负面情绪当作压力来源，把正面情绪当作压力释放途径，情绪节奏的设计同样满足上面提到的这两种设计原则。在紧张刺激地潜入之后，必然有轻松的时刻；快乐之后的悲伤，会让人感到更加痛苦。关卡策划需要用参差有序和正负面交替的方法来引导玩家感受情绪节奏的变化，从而更好地带领玩家体会游戏中的喜怒哀乐。

3. 叙事节奏设计

大部分关卡都有叙事的功能，那么，如何安排关卡的叙事节奏也是关卡策划在设计关卡时需要考虑的问题。这里有一个比较好用的设计范例：好莱坞式叙事结构。

很多好莱坞大片有这样的叙事结构：在电影开头，主角会通过一段高潮迭起的剧情（如追逐、枪战、战斗等），告诉观众人物关系、冲突的来源，同时用快节奏将观众代入其中。随着剧情发展，主角发现了解决冲突的方法，并一步步向前迈进。但就在快要解决冲突的时候，各种意外频发，主角顿时陷入困境。在故事最后，主角想尽办法（或获得了其他的帮助）走出困境，迎来结局。这样的叙事结构可以用以下这张趋势图来概括。

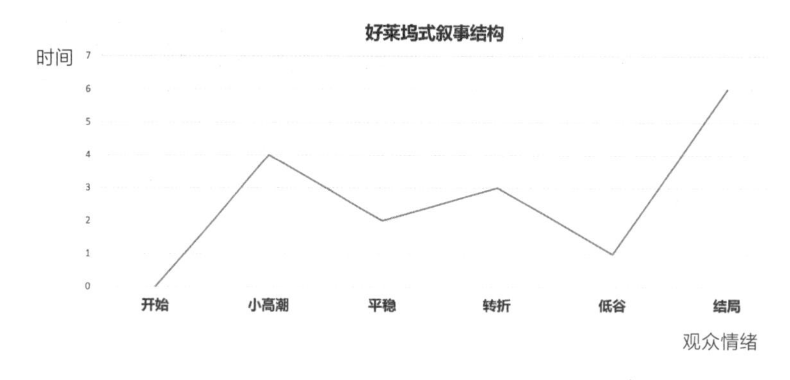

关卡策划可以借鉴这种叙事结构，在关卡初始阶段用小高潮的形式将玩家代入，同时交代人物关系和冲突的来源。在关卡中段，游戏主角看似一步步在解决冲突，但会在意想不到的地方陷入困境。最后，出现转折（如获得了强大的力量），游戏主角走出困境，成功解决冲突（如战胜 BOSS、达成剧情目标等）。这样的设置会是一种让玩家感受到跌宕起伏的故事发展的节奏设计。

当然，叙事结构并不拘泥于这一种，关卡策划也可以学习各种电影、小说中的叙事节奏设计，将其应用到关卡叙事节奏设计中，从而丰富关卡的叙事体验。

4. 空间节奏设计

不同的空间节奏带给玩家的感受是不一样的。例如，广阔的场景会让玩家心旷神怡，狭窄的通道会让玩家压抑、紧张。在设计关卡场景的时候，一定要保证区域体验也是参差的、有序的。例如，一个宽阔的场景，之前最好衔接一条通道。这样的安排既能保证玩家在玩游戏时对空间的变化有明确的感知，也能通过对比突显想要重点表现的场景。例如，在《艾尔登法环》中，玩家走出黑暗幽闭的神殿后看到广阔无垠的狭间之地时那种震撼的感觉，就是通过空间的转变实现的。

其实从这个例子中我们也可以看到，如果想要突出某个节奏点，那么相比竭力地把气氛烘托到极致，不如在这个节奏点之前用烘托相反的气氛的方法进行处理，对比更容易让设计目的达到预期。

假如你按照下图箭头指示的顺序从一个场景去往 BOSS 场景，那么，哪一个带给你的震撼感更强呢？

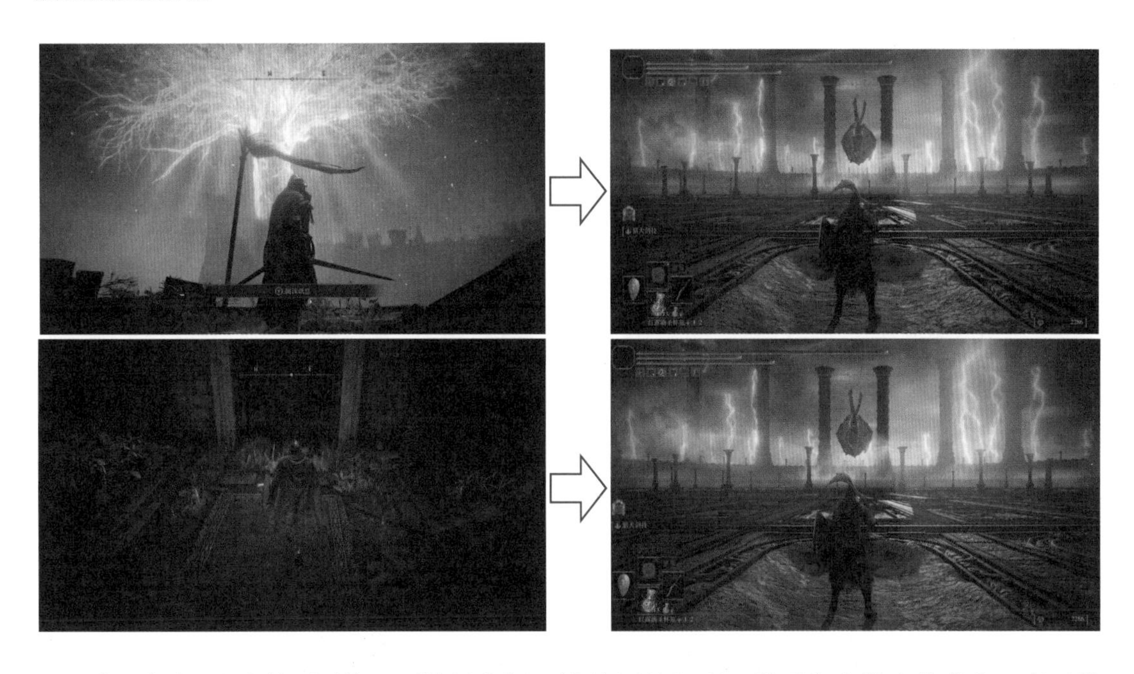

毫无疑问是后者。因此，不管是空间、情绪还是叙事，想要突出某个节奏点，真正的发力点其实是它前面的铺垫。好的铺垫会让游戏的节奏点更加令玩家印象深刻。

5. 峰终定律

峰终定律是由 2002 年诺贝尔经济学奖获得者、心理学家丹尼尔·卡尼曼（Daniel Kahneman）提出的一条心理学定理。该定律基于人类的潜意识，总结出了体验的特点：

用户在对一个事物进行体验之后，所能记住的就只是在峰（高潮）与终（结束）时的体验，而体验过程中的好与不好体验的比重、体验时间的长短，对记忆的影响不大。

打个比方，你和朋友一起去逛游乐园，你们在逛完之后仔细回味，可能只记得刺激的过山车和晚上华丽的烟花表演，而过程中排队的疲劳、昂贵的饭菜等和这些相比，都显得微不足道，甚至想都想不起来了。这就是峰终定律的魔力，它会让人忽略掉不愉快，只把美好留在心间。

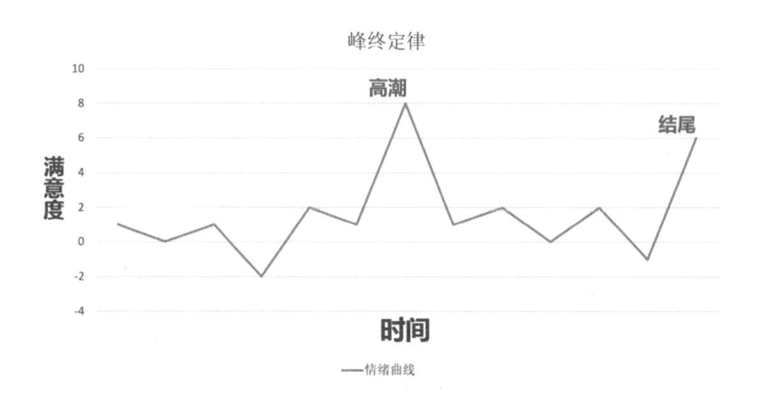

在游戏开发中，峰终定律也是一个非常有效的节奏设计原则。游戏策划可以利用它，在保证其他阶段有稳定的体验质量之后，集中资源来创造跌宕起伏的游戏高潮及令人难忘的游戏结局，以此带给玩家极其深刻的游戏体验。

不少知名游戏的设计者都使用了这种设计方法。比如《泰坦陨落 2》，在游戏中段，玩家会经历一段利用时光穿梭来闯关的关卡。这一段落用非常精妙的节奏设计和体验设计给玩家带来了极其震撼的体验。而在游戏的结尾处，主角和 BT 的感人结局又带给玩家强烈的情感体验。该游戏虽然整体流程并不长，但其对于这两个关键点的着重刻画使玩家们对该游戏给出了极高的评价。时至今日，只要一提起《泰坦陨落 2》，玩家们就会想起这两个让人印象深刻的桥段。由此可见，峰终定律在游戏节奏设计方面可以起到非常有效的促进作用。

令人难忘的时空穿梭关卡

7.3.3 关卡引导设计

你有没有在玩某款游戏时，发现自己经常迷路，找不到要去的地方呢？之所以出现这种情况，通常是因为关卡引导做得不到位。

这张图是《塞尔达传说：旷野之息》中的一个场景。假设现在你操控着林克，那么你会想要去哪里呢？或者，你想要做什么呢？

画面中既有近处的敌人，也有附近的神庙，还有远处的驿站。那么，如果你是一位喜欢战斗的玩家，可能就直奔敌人而去了。但如果你想赶快去神庙或驿站，就有可能无视敌人，扬长而去。实际上，玩家会根据当前视野中不同元素的吸引程度来判断自己到底该去哪儿、该干什么。这个“吸引程度”便是关卡中各种元素的吸引力。

吸引力这个概念其实就来自《塞尔达传说：旷野之息》的设计理念。该游戏的设计师们赋予了玩家可以感知到的不同元素不同等级和维度的吸引力，这样可以通过设置这些元素的位置来引导玩家去往自己认为有更大吸引力的位置，从而实现引导玩家探索的设计目的。例如，从尺寸吸引力上来说，更高大或更奇异的元素更有吸引力，山峰和高塔就比神庙和宝箱更有吸引力。如果在夜晚，那么篝火和发亮的建筑会更有吸引力。除了这些，玩家的当前目标也决定了不同元素的吸引力的大小，比如一个还没有开启的神庙传送点可能比一座山更有吸引力。

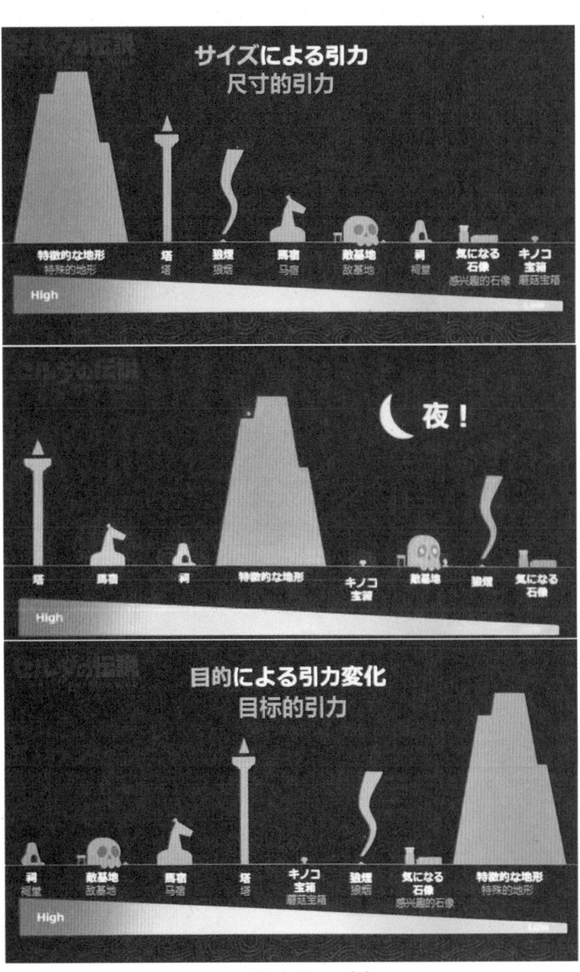

不同维度的吸引力

虽然这套吸引力法则是建立在开放世界关卡设计基础上的，但我们可以拓展一下思路：玩家在关卡中所看到的所有元素，如场景、敌人、机制等，是不是也都有各自的吸引力呢？关卡策划所做的引导，其实就是提高元素的吸引力等级，从而带领玩家按照设计去行动。所以，关卡引导设计，其实就是设计吸引力。

那么知道了这个原则，关卡策划该如何规划和设计吸引力呢？接下来要讲解的这些方法是各种关卡设计中比较常见的提高吸引力的方法。

1. 光照

生物是有趋光性的，就好像人们天生会对光有着莫名的好奇心。那么，巧妙地利用光照便可以引导玩家前往目标点。一般来说，门口的光线、宝箱上闪动的亮光、燃烧的火炬、发光的建筑，都会成为对玩家具有高吸引力的目标。

《战神：诸神黄昏》中的光照设计

当然，既然玩家眼中的所有元素都有吸引力，那么高吸引力其实是在低吸引力的衬托下显现出来的。假设想用光照来指引玩家，如果玩家可以同时看到多个光源，就要确保光照在视野中有亮度或颜色差异，否则玩家无法区分哪里是目标点。

2. 动态

人类的眼睛对动态的物体天然地会比对静态的物体更容易感知到，所以增加动态元素是提高吸引力比较常用的方法。活蹦乱跳的敌人，突然开启的石门，墙壁上裂缝中闪动的特效，都是玩家愿意去一探究竟的目标。除此之外，关卡策划还可以利用动态元素的移动轨迹去指引玩家的视线移动。比如让一个敌人穿过一扇门，那么玩家可能顺着敌人的移动轨迹前进。利用好动态可以在很大程度上提升关卡的引导作用。

3. 引导线

不知道你有没有发现，你一旦踏上一条道路，就会不由自主地顺着这条路一直前进。这便是引导线的作用。玩家会对线的趋势和线的末端感到好奇，并被其吸引着前进，因此，不少游戏会使用大量的引导线来指引玩家。这种技巧和摄影中的引导线的作用相同，都是为了引导。除了最常见的道路，像《双人成行》中的电线、《最后生还者》中的集装箱等，都是利用引导线来指引玩家的。

《双人成行》中的引导线

4. 面包屑

如果你在地上看到一条用钱铺成的小路，你会不会一边捡钱一边顺着小路前进呢？当然这是一个玩笑，但是在游戏中，玩家经常会被一串连续的金币或灯光牵着鼻子走，就好像一只被接连不断的面包屑吸引的鸽子一样。这种引导方式称作面包屑引导，可用于各种游戏。

《星之卡比：探索发现》中的面包屑引导

5. 地标

《艾尔登法环》中高耸入云的黄金树，以及《塞尔达传说：旷野之息》中那一座座高塔，总会让玩家有一种一探究竟的欲望。这些高大的建筑或景观便称为地标。地标一般都是尺寸吸引力非常大的关卡元素，也会作为一个区域的代表视觉要素，用来给玩家指引方向及作为构建某个场景的记忆点。善于利用地标可以有效地引导玩家和构建场景结构。

《艾尔登法环》中的小黄金树

6. 路标

如果你是一名司机，当你驾驶着汽车行驶在高速公路上时，你大概会依靠各个岔路口的路标来确定自己接下来的前进方向。

现实中的路标

在游戏中，玩家也可以依靠各种路标确定前进的方向。这类路标可以做得非常明显，也可以和场景融为一体，但箭头、方向标都是不可或缺的元素。只要玩家看到了路标，并顺着路标指引的方向迈进了，设计师的目的也就达到了。

《迷失》中的路标设计

7. 可供性原则

这个概念最早出现在心理学中，大意是这是物体的一种属性，我们可以根据一件物体的外形和功能来判断如何使用它。例如，一个带把的水杯，我们可以用手抓住杯把将它拿起，同时它中空的造型告诉我们可以往里面灌入其他物体。在游戏中，关卡策划也需要通过这种物体的特性给玩家定义一套明确的使用方法。例如，玩家看到梯子，会设想自己是不是可以利用它向上爬；看到有裂痕的墙壁，会设想是不是可以用什么工具破坏它等。关卡策划既可以利用物体本身的认知属性（如梯子这样的大家有统一明确概念的物体），也可以定义一些不常用，但是在游戏中构成统一规则的属性。例如，在《战神：诸神黄昏》中，可以爬上或爬下的平台上都标有特殊的符文，这就是关卡策划在游戏中定义的统一规则。只要玩家认可了，那么看到标有符文的平台就知道这是可以爬上或爬下的。

《战神：诸神黄昏》中的平台符文

这种规则既可以促使玩家互动，也可以阻止玩家互动。就像长满尖刺的藤蔓预示着危险，深不见底的悬崖预示着跳下去就一命呜呼一样，关卡策划可以基于可供性原则构建关卡的阻碍及负面区域。

同样，在这个规则的基础上，关卡策划也可以将颜色的运用融入其中。例如，红色代表着危险、绿色代表着安全、黄色代表着可交互等，通过定义颜色的属性（这种属性只在你的游戏中是统一的就可以），从而让玩家在看到这种颜色的时候就能明确自己接下来的行为。

8. 其他感官引导

你骑着马奔驰在广阔的大地上，突然远处传来一声巨响，此时，你会不会下意识地向着声音传来的方向望去呢？其实，除了视觉，像听觉、触觉等也可以作为引导的方式。例如，利用手柄震动的强弱变化引导玩家往震动更强烈的源头处前进。我们假想一下，如果以后游戏硬件带有气味装置，是否也可以利用不同的气味来引导玩家呢？实际上，现今有不少游戏如《最后生还者》都有类似这样的无障碍模式，方便残障人士玩游戏。而关卡策划在设计关卡引导的时候也可以从这个思路出发，去构建出更丰富的游戏体验。

关卡引导是关卡设计中非常重要的一个环节，这里介绍的只是几种基础的设计方法。对于更多的关卡引导设计，大家可以通过各种游戏和其他学习过程逐渐掌握。总而言之，学会如何引导玩家，是检验一个关卡策划设计能力的重要标准。

7.3.4 普通敌人和BOSS的设计

关卡策划在设计关卡的过程中，免不了面对普通敌人和 BOSS 的设计。那么，有哪些设计思路可以作为参考呢？

1. 是敌人，也是老师

游戏中都有许多强大的普通敌人和 BOSS，有时玩家会感觉手足无措，但只要耐心去一遍遍尝试，就会发现敌人其实有很多的弱点和破绽，抓住这些弱点和破绽便有了击败敌人的机会。这些所谓的弱点和破绽，其实就是游戏策划专门留给玩家，希望玩家发现的“暗门”。而能够开启这些“暗门”的钥匙，其实就是玩家所掌握的各种能力。所以，设计敌人，其实就是在给玩家设计教会他们各种能力的老师。

例如，游戏策划想要用某个 BOSS 考验玩家的跳跃和破防的能力，便可以为这个 BOSS 设计地面的大范围的 AOE（Area of Effect，一种魔兽游戏术语，指范围性作用技能），以及各种防御的技能；游戏策划想要用某个敌人考验玩家的防御能力，便可以为这个敌人设计连续快速攻击而对方无法轻易躲开的技能。游戏策划根据想要检验的玩家能力来设计对应敌人的核心攻击手段，以此引导和检验玩家对于这些能力的掌握程度，从而让玩家获得成就感。

但有一点需要注意，对于敌人尤其是 BOSS 来说，需要考验的核心能力数量不宜太多，否则会给玩家一种这个敌人没有什么特色和主题的感觉。一般来说，要考验的核心能力控制在 3 个左右是比较合适的。例如，《只狼》中的苇名弦一郎考验玩家的主要核心能力便是弹刀和雷反。

《只狼》中的苇名弦一郎

2. 是敌人，也要有特色

现在，请你闭上眼睛想一想：在你玩过的游戏中，哪些普通敌人和 BOSS 给你留下了深刻的印象？可能是其霸气的外形，也可能是其凌厉的招式，甚至是某一句口头禅。其实，这些令人印象深刻的点就是这个敌人的特色，或者叫亮点。一个敌人的特色往往来自某几个关键词。例如，冷酷的牛头人、帅气的机甲战士、猥琐的独角兽等。游戏策划可以通过对敌人的外形和性格的描述来确立一些有特色的发力点。例如，冷酷的牛头人，因为冷酷，所以会雷厉风行，从不拖泥带水，台词也都是简单明了的；因为冷酷，所以会使用比较灵敏的武器，如短剑、双刀；因为冷酷，所以更适合用来考验玩家的闪避、防御等能力。这样，游戏策划就可以从一个点去发掘敌人的角色特色和角色定位，并且围绕着这个特色进行角色的外形设计、剧情设计、技能设计。

如果希望这个角色更加有特色，游戏策划也可以使用一些反差的设计手法——把两种几乎无法关联的东西联系在一起就构成了足够让人印象深刻的特点。例如，冷酷的牛头人拿着一把水枪，帅气的机甲战士的攻击方式却是跳街舞。当然，这种设计不能跳脱出当前项目的世界观限定。反差的设计思路是一种使角色更具特色的好方法。

3. 是敌人，也要考虑关卡体验

敌人作为关卡中不可或缺的重要组成部分，只有和关卡构成有机的整体，才能让玩家真正体验到闯关的乐趣。那么，如何让敌人设计和关卡有机结合呢？

首先，在考虑敌人设计的时候，游戏策划就要结合当前关卡区域的背景设定、预期战斗体验来综合考量。如果当前的关卡是牛头人的基地，那么放蜥蜴兵可能就不太合适。如果预期战斗体验是潜入战斗，那么在这里设计跑得飞快的盗贼就不太合适。游戏策划要在关卡设计的基础上去设计敌人的类型、定位和布局，这样才能将敌人和关卡紧密结合，让玩家有一定的代入感。

《超级马里奥 3D 世界》中关卡机制和敌人的结合

其次，要考虑关卡机制和敌人的结合。在之前讲起承转合的章节中提到过一个敌人——长脖子的鸵鸟，在关卡进行到其中一个阶段时，玩家会遇到一个弹跳板，当玩家站上去的时候会被自动弹起，然后很轻松地跳到高高的鸵鸟头上将其击败。这就是一个非常巧妙的关卡机制和敌人结合的设计。关卡策划在设计关卡和敌人的时候，要多考虑哪些设计可以达到让玩家既掌握了关卡机制，又可以利用关卡机制克制敌人弱点的目的。

《超级马里奥：奥德赛》中喷毒液的 BOSS

最后，关卡的核心机制可以作为 BOSS 战的重要机制出现。其实结合起承转合的关卡节奏设计，这个“合”在很多关卡中就是 BOSS 战的环节。这个环节会考验玩家对关卡核心机制的综合运用，因此游戏策划应有针对性地设计 BOSS 技能。这样设计会让玩家有一种“有始有终”的感觉，也会增加关卡的统一性、提升玩家的代入感。例如，在《超级马里奥：奥德赛》的森之国中，有一个关卡的核心机制是毒液。而在 BOSS 战中，BOSS 就是通过释放毒液来限制玩家行动区域，考验玩家对于帽子的使用能力的。这样设计既检验了玩家对于关卡机制的熟悉程度，又构建了完整的关卡叙事体验。

7.3.5　关卡叙事设计

如何在关卡中讲好一个或一段故事呢？可能大家瞬间想到的便是使用各种对话、过场动画来穿插表现剧情。这类手段可能太过于传统和常见，更为巧妙的叙事手法往往是用更“游戏”的方法来表现的。那么，什么是更“游戏”的方法呢？那便是利用游戏的特性：交互性。接下来就介绍一些游戏化的叙事设计手法，供大家参考。

1. 环境叙事

假如你身处一座巨大的城堡之中，在看到眼前破碎的墙壁和断壁之上躺着的巨龙尸体时，你可能会猜想：这里不久前发生过一场激烈的战斗，很明显，巨龙落败了。顺着地面上的血迹，好奇的你一路向前，在血迹的终点发现了一名倒在地上的穿着黑色盔甲的骑士已经没有了呼吸。而在他周围的地面上，有几个用血写下的文字分外明显：龙之将至，国之将亡。

如果将以上这些放在一个游戏的某个关卡之中，那么即使没有任何的对话和过场动画，玩家也能大概通过场景的布置了解这里发生了什么。这种利用场景布置来叙述剧情的形式，便是环境叙事。

实际上，场景作为关卡的重要组成部分，本身就会承载不少剧情和与世界观相关的要素。所以，关卡策划在设计场景的时候要从如下几个维度去思考场景表现及布局。

1）底层逻辑

如果设计的是一间地下室，就要参考真实的地下室的布局和结构，同时结合叙事的背景。例如，这间地下室是用来做爆炸实验的，那么按照底层逻辑进行推断：应该有一个比较宽敞的空间作为实验现场，可能有一个仓库存放实验材料，甚至需要考虑是否需要隐蔽的逃生通道等。根据当前的叙事背景，从剧情和玩法两个角度去考虑场景设计的合理性和逻辑关联，这样设计出的关卡才具有说服力，能够将玩家代入其中。

2）细节表现

如果说底层逻辑搭建起了故事的框架，那么细节表现便是故事中那一行行文字。关卡策划可以将故事中的重要情节或旁支情节用场景静物的方式布置在关卡中。例如，在《生化奇兵》中，遍布血迹的酒吧、破碎歪斜的海报、闪动着亮光的庆祝新年灯牌，都生动地再现了曾经在 1959 年元旦发生的那一场动乱。当然，因为这些细节有些具有很高的视觉吸引力，所以最好将其放置在探索区域，以便玩家更容易集中注意力来研究这些细节，而不是被它们干扰了战斗的体验。

《生化奇兵》中的环境叙事

2. 剧情与玩法的结合

除了环境叙事，利用游戏的交互性让玩家切身感受剧情，是游戏叙事的最佳表现手法。比较常用的方法就是让剧情和玩法构成关联。例如，《艾迪芬奇的记忆》就运用了大量类似的叙事手法。为了表现角色妄想症的症状，玩家需要一边操作切鱼，一边操作脑中的小人移动闯关。这种巧妙的设计手法让玩家对这段体验印象深刻，属于极其优秀的叙事表现。

除此之外，打破预期的玩法表现也会带来不错的叙事体验。例如，很多游戏中会使用剧情杀（玩家必定会败在某些敌人手下），看上去平平无奇的道路突然塌陷，一直帮助你前进的 NPC 突然倒戈等。这种意料之外的玩法体验会带给玩家极大的心理冲击，从而突出叙事的表现。一个比较经典的例子便是《最终幻想 7：核心危机》的最终一战，玩家需要操作扎克斯面对无尽的士兵，直至战死。那种面对无尽的压力而产生的无力感，深刻表现出扎克斯为了保护伙伴殊死一搏的决心，也给玩家留下了极其深刻的印象。

叙事作为不少关卡重要的设计目的，是需要关卡策划重点关注的。要始终牢记，关卡策划要为玩家创造体验，体验是多个维度的，而玩家是最容易从故事中去体验的。所以，学习更多的关卡叙事技巧是关卡策划成长必不可少的途径之一。

7.4　关卡策划如何成长

说了这么多，相信大家也能感受到，想要成为一名优秀的关卡策划需要进行大量的学习和锻炼。那么接下来我分享一些关卡策划提升专业能力的方法，帮助大家少走一些弯路。

7.4.1　拆解优秀关卡

和其他游戏策划的学习方式一样，去拆解优秀游戏的关卡是提高自身设计能力的一个很好的方法。那么，关卡策划该如何进行关卡的拆解学习呢？

1. 白盒复刻

关卡策划要挑选自己认为值得分析的或给自己留有深刻印象的关卡去多次玩。开始，关卡策划可以以玩家的心态去享受关卡带来的直观感受。在重复玩后，便可以录制游戏视频，利用 3D 游戏引擎（如 Unity、虚幻等）的白盒来复刻关卡的场景。在复刻过程中，需要保证白盒的尺度和游戏中的是大致相同的。初学者可能初期会比较困难，但可以利用步距的方法来丈量，并且通过对比角色视角来确认尺寸。

对关卡策划来说，进行白盒复刻练习有两个好处：第一，在复刻的过程中直观地感受场景的结构和布局，有助于理解所拆解游戏的关卡策划的关卡设计思路；第二，利用肌肉记忆将各种常见的、经典的关卡结构熟记于心，为之后自己设计关卡提供更多的参考。因此，坚持进行这个练习对提升关卡设计能力有很大的帮助。

2. 关卡分析

除了白盒复刻，详尽地分析一个关卡也是很不错的学习方法。一般来说，关卡策划应从如下几个维度来进行分析。

- 体验及设计目的分析：分析关卡给玩家带来的整体体验及不同区域、节奏点带来的体验分别是什么，以及关卡的整体设计目的和不同区域、节奏点的设计目的是什么，并尝试用简短的话语将其概括出来。这里的体验和设计目的概述会成为关卡策划分析其他维度的重要参考依据。
- 关卡示意图分析：结合白盒绘制出关卡的俯视示意图，搞清楚关卡的大体布局及线路规划。这样有助于从整体视角去考虑关卡设计思路，同时可以将示意图作为后续分析的直观参考依据。

- 关卡节奏分析：分析关卡的战斗节奏、体验节奏、情绪节奏、叙事节奏、探索节奏等，可以通过折线图的形式整理出不同的节奏曲线，标注出不同节奏点的体验差异，并分析这种节奏设计的优点和缺点，以及有没有可以优化的空间。
- 战斗分析：分析不同作战区域敌人的种类、角色设计、数量、布局、AI、战斗流程；从战斗体验出发，结合战斗节奏及关卡结构分析这些区域的战斗设计。重点在于思考这场战斗是如何去实现预期的战斗体验的，实现情况如何；哪些层面的设计是主要的，哪些又是次要的；有哪些亮点和不足，以及该如何改进等。
- 叙事分析：分析该关卡的剧情梗概、叙事流程、关卡叙事手法、叙事节奏等要素，围绕叙事体验去分析关卡中运用了哪些表现手法和交互手法来表述剧情，达成的效果如何等。
- BOSS 分析：分析 BOSS 的角色设计、AI、战斗流程、战斗节奏及 BOSS 战关卡布置；分析 BOSS 的设计目的及核心体验是什么，是如何实现这些体验的；分析有哪些亮点和不足，并尝试给出优化方案。
- 引导分析：分析关卡中运用了哪些引导手法，又是如何表现的，实际效果如何；如果交由自己来设计，是否有更好的方案等。

以上这些就是拆解关卡比较常用的方法。关卡策划应尽量多分析不同的关卡（尤其推荐任天堂系列游戏的关卡，可以说是关卡设计的天花板），让这些优秀的设计从关卡策划的手、眼传递到大脑中，变成自己进行设计时取之不尽用之不竭的思路源泉。

7.4.2 学习游戏引擎

对于关卡策划来说，游戏引擎是非常好的伙伴。因为无论是搭建关卡白盒，还是制作关卡机制和敌人 AI，都需要对游戏引擎有一定程度的掌握。因此，持续不断地学习游戏引擎技术，并且将其运用在实践之中，是关卡策划提升自我能力的重要途径。

那么，关卡策划学习游戏引擎的第一步是选择合适的游戏引擎。这里建议选择比较成熟的 3D 引擎，如 Unity、虚幻引擎等。一是因为学习这些成熟的引擎可以找到很多的学习资料，可以很快上手。二是因为像虚幻引擎这样的引擎有比较方便的可视化蓝图编程，以及方便的资源商店供大家选择，所以能够比较快捷地实现关卡策划想要的功能。

在选择好要学习的引擎之后，关卡策划可以通过如下两种方式进行快速学习。

1. 学习基础操作

关卡策划需要通过各种视频教程来熟悉所选游戏引擎的基本操作。一般来说，视频教程会以做一个游戏 Demo（示范）的形式来进行教学。关卡策划便可以跟着视频教程一步一步完成一个基础 Demo，从而掌握引擎的基本使用方法。当然，这时关卡策划也只是大体了解了游戏引擎的功能而已。

2. 尝试制作Demo

在熟悉了游戏引擎的使用方法后，关卡策划就可以自己动手制作想要开发的游戏 Demo 了。说是 Demo，其实关卡策划可以从实现一个简单的游戏机制开始。这个机制可以是某个游戏的经典机制（如马里奥的跳跃、扔火球），也可以是自己天马行空设想出的某个游戏玩法。关卡策划可以先以系统设计的思路设计好这个机制的实现逻辑，然后尝试用引擎来实现。在此过程中免不了碰到很多阻碍，这时关卡策划就可以通过记忆或搜索去寻找之前看过的教程中关于这些问题的解决方法；或者可以寻找熟悉游戏引擎的人（如项目的程序大咖）来排忧解惑。这一步对于掌握引擎来说是非常重要的，因为被动的学习远不如主动的实践有效。实现了这些机制，再配合搭建关卡白盒，一个简单的 Demo 也就完成了。

通过不断学习引擎技术及制作 Demo 来进行实践，不仅锻炼了关卡策划的动手能力和引擎使用能力，也会对其在今后开发中解决各种实际问题有一定的帮助。

7.4.3　其他学习资料

对于关卡设计来说，海外的各种大厂有着丰富的制作经验。除此之外，很多游戏设计图书中也有不少的关卡设计教学内容。接下来我就为大家分享一些学习资料，为各位关卡策划新手提供学习途径。

GDC 视频系列

GDC 是海外举办的年度游戏开发者大会，是一个专为游戏相关行业的专业人员分享游戏开发相关经验和知识的平台。每年都会有数不胜数的如《战神 4》《最后生还者》等优秀游戏的开发团队，在该会议上分享游戏开发的相关内容。平台上也有不少的相关视频，除了关卡设计，还涵盖了战斗、系统等其他游戏设计方向的学习内容，可以说是游戏策划的学习宝库。

游戏制作工具箱（Game Maker's Toolkit）视频系列

这是由视频博主马克·布朗制作的游戏设计系列视频，主要通过分析不同经典游戏中的各种设计来分析游戏设计思路。其中有大量的关于关卡设计和其他游戏设计的内容，是制作非常精良、干货满满的游戏设计视频系列。

关卡设计之书（The Level Design Book）

这是一个专门讲述关卡设计相关内容的电子书网站，网站上介绍了关卡设计的各种思路及设计技巧，并且在持续更新中，是一个非常全面的关卡设计学习网站。

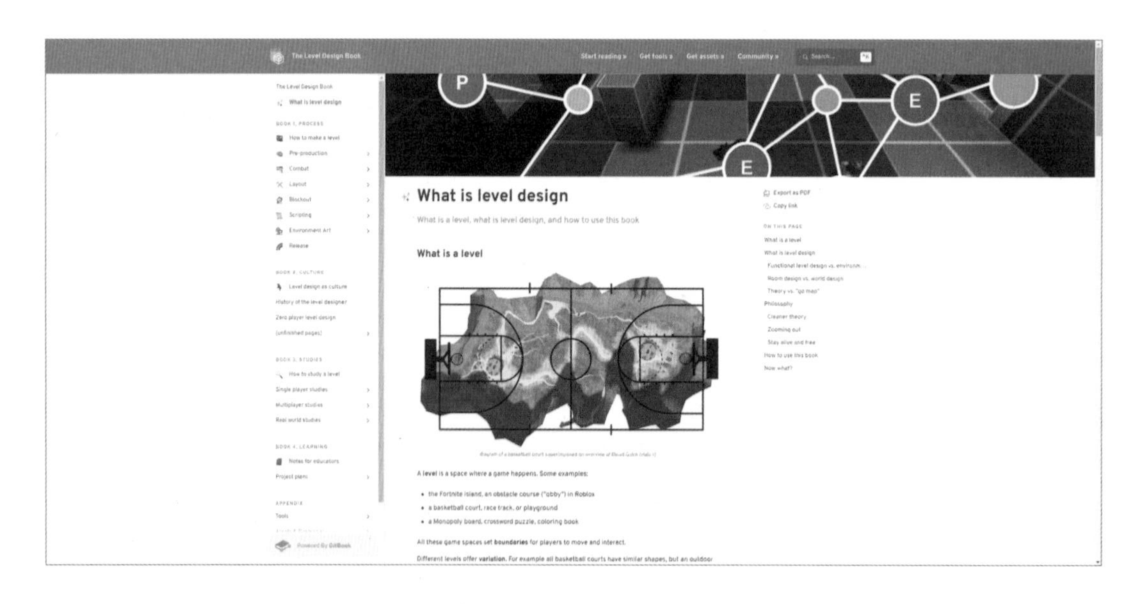

《游戏设计艺术（第 3 版）》，［美］Jesse Schell

这本书可以说是游戏设计的经典著作之一，从游戏设计的根源出发，用“透镜”的方式，帮助读者从各种角度观察游戏设计，可以说是游戏策划必读的图书之一。

《游戏设计快乐之道》，［美］Raph Koster

本书由资深游戏设计师，现任索尼在线娱乐公司首席创意官的科斯特所著，主要从游戏设计的核心理念出发，从感性的角度去分析如何让游戏变得更有趣。这本书也是我非常喜欢的游戏设计书之一。

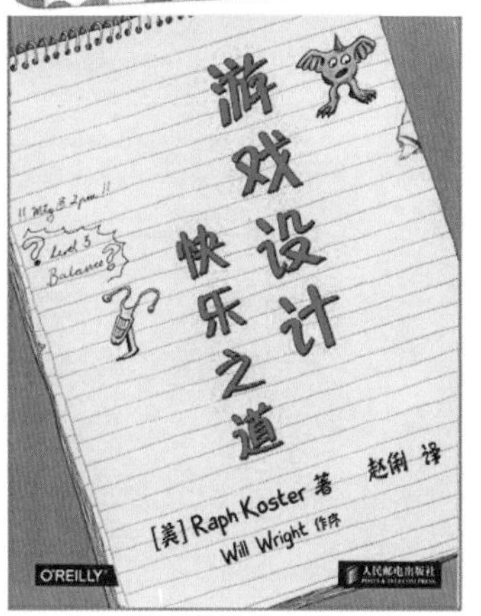

《任天堂的体验设计：创造不知不觉打动人心的体验》，［日］玉树真一郎

本书由任天堂前员工所著，主要介绍了任天堂游戏的体验设计，讲述了为何任天堂游戏的设计如此令人着迷。任天堂以游戏性著称，学习其设计理念对于提升游戏设计能力有不小的帮助。

《建筑师成长记录：学习建筑的 101 点体会》，［美］马修·弗莱德里克

本书采用一图一文的形式形象地解答了 101 个建筑设计中的关键问题。对于关卡策划来说，建筑学的相关知识能够帮助其了解基础建筑结构和原理、合理设计关卡布局。

《场所优势：室内设计中的应用心理学》，［美］Sally Auguslin

这本书介绍了环境心理学家 Sally Auguslin 的研究成果，她通过环境心理学的视角分析了物理环境中的各种因素对人们的态度和行为产生的影响。她提出了场所科学的通用原则，并且通过实例展示了颜色、气味、材质、空间布局，以及个性特点和文化背景等因素是如何影响人们在不同场所的体验的。通过阅读此书，我们可以学习到如何利用空间布局、颜色、材质等要素去影响玩家的心理，从而起到丰富关卡体验的作用。

关卡策划，这个曾经在国产游戏开发团队中几乎难得一见的岗位，到现在任何大型团队都不可或缺的岗位，既体现了国产游戏越来越重视内容体验的发展趋势，也说明了该岗位的重要性。当然，想要成为一名优秀的关卡策划也并非易事。希望每一位有志于成为世界顶尖关卡策划的同学都能踏踏实实，一步一个脚印地学习、成长，争取有朝一日做出足以让任何玩家都交口称赞的游戏关卡。

第 8 章

技术策划：连接程序员和策划的桥梁

“挂哥，编辑器又崩了！”无奈敲出这么几行字之后，小宇无力地瘫倒在椅子上。

“怎么回事？你怎么操作的？”没过一会儿，一个戴着眼镜、穿着 POLO 衫的男子走到他旁边，看都没看他一眼，盯着屏幕上的报错信息问道。

“我刚准备生成一下寻路信息，就崩了……”小宇赶忙从座位上起身，给他让出位置。

“我看看。”只见挂哥麻利地操作着编辑器，试图重现刚才崩溃的场景。果然，编辑器又一次崩溃了。

“我知道是什么原因了。你先回退一下版本，我去修复一下。”留下这么一句话，挂哥起身离去，甚是潇洒。

“还得是技术策划！太靠谱了！”小宇心中默默竖起了大拇指。

8.1 什么是技术策划

如果你关注过近几年游戏策划的求职情况，就会发现在众多求职岗位中多出了一个“技术策划（Technical Designer，TD）”的岗位需求。那么，技术策划到底是做什么的呢？

直观上，技术策划是会技术的策划。那么理所应当，技术策划也就是会写代码、开发程序的策划。这么说，当然没有错。但，这么说，也的确不能精确地描述技术策划的工作内容。如果用比较准确的语言来定义技术策划，我们可以说，技术策划是负责协同策划、美术及程序等不同部门，帮助这些部门快速解决实际的开发问题，提升开发效率的策划岗位。

这样看上去，技术策划好像是一个非常关键的岗位。因为在开发游戏的过程中，免不了出现大大小小的影响开发效率的问题。例如，一个关卡策划编辑一个关卡白盒需要通过配置三张表，从而让关卡成功运行，那么，完成一个关卡白盒可能就需要花费一个月。这时如果有技术策划的帮助，就能够让这个流程简化到只需要在编辑器中点击一个按钮即可让关卡成功运行。这就极大地提升了关卡策划的开发效率。而且因为技术策划相对于程序员来说会对游戏设计有着更为全面和深入的认知，而相对于其他策划来说，技术策划对技术架构和实现有着更丰富的知识和更高的能力。所以，在开发过程中，技术策划可以快速地了解开发中的痛点，并且找出合适的解决方案。提高一个游戏团队的开发效率，对于一款游戏的顺利完成有莫大的帮助。

实际上，对于我们来说比较新颖的技术策划岗位，在像顽皮狗、育碧这样的欧美游戏大厂中已经存在了十数年之久。尤其是在以游戏工业化为主导开发思想的3A游戏开发中，与技术美术设计师一样，技术策划也是必不可少的开发岗位。如果要继续细分，不同的技术策划也会有不同的工作重点。例如，有专精动画表现的，有专精关卡制作的，有专精AI开发的。而作为想要成为游戏策划或已经进入游戏领域的新手来说，了解技术策划的工作内容及发展前景有助于其将来和技术策划合作或未来朝这个方向发展。

8.2 技术策划工作内容

通过上一节的内容，相信大家对技术策划已经有了一定的认知了。那么，技术策划在游戏开发过程中会参与哪些工作呢？

8.2.1 工具开发及维护

相信大家都知道什么是游戏引擎。作为当今几乎所有游戏都会使用的游戏开发工具，游戏引擎可以帮助游戏开发者便捷、快速地进行游戏开发。一些轻量级的游戏引擎如 RPG Maker，甚至可以允许一个人制作一款可以上市的独立游戏。可以说，对于游戏开发来说，好用的开发工具是至关重要的。而对于技术策划来说，开发能够提升研发效率的工具，并持续进行维护和迭代，是其重要的工作内容之一。

有人可能会问：不是已经有游戏引擎了吗，为什么还需要其他的工具呢？

实际上，游戏引擎只承载了游戏开发的基础功能。在开发的过程中，针对不同游戏项目的不同特点和需求，有不少游戏工具需要基于当前使用的引擎平台进行开发。例如，利用《刺客信条：奥德赛》的剧情编辑器，开发人员可以快速通过图形可视化编辑界面生成一个完整的任务流程。

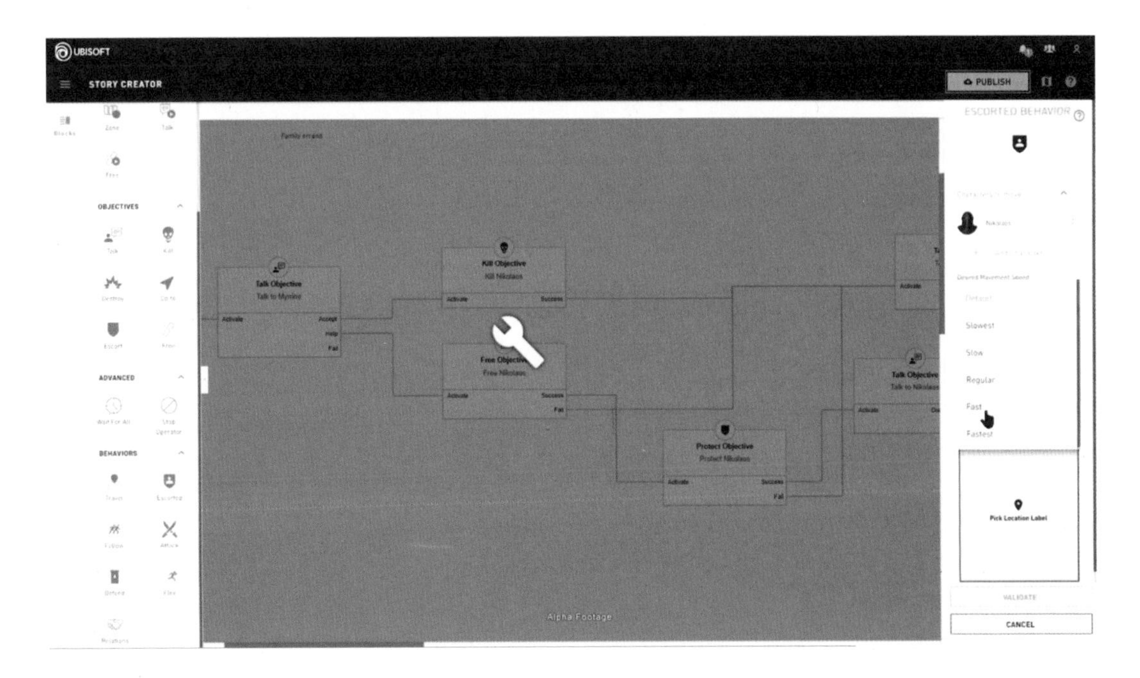

像可以快速编辑人物对话的角色、文字、镜头的对话编辑器，快速制作 AI 行为树的 AI 编辑器，快速制作角色技能的技能编辑器等，这些都是游戏开发中会经常使用的工具。如果没有这些工具，制作一段对话、配置一个技能就需要程序员去写各种代码，需要美术设计师去制作各种不可复用的资源，这样修改和迭代起来会非常麻烦。

因此，技术策划就需要根据的实际工作需求去评估、设计和开发各种便捷的开发工具，给予详尽的 Wiki（维基）文档并持续跟进维护和优化，以此帮助游戏策划、程序员及美术设计师减轻工作的负担。

8.2.2　开发管线制定及维护

技术策划还有一个重要的工作，那便是开发管线的制定及维护。什么是开发管线呢？简单来说，开发管线就是开发某个功能或系统的完整流程。

例如，现在要制作一个关卡，那么关卡白盒搭建、关卡机制开发、敌人 AI 制作、场景制作、剧情模块配置等工作，都是需要进行的。这里不仅关系到关卡策划，也关联着程序员、美术设计师及其他游戏策划的工作内容。如果这时没有一个完整、稳定的开发流程，就会出现关卡白盒还没测试完成，场景制作却已经开始动工的情况，这样很容易造成开发流程中断甚至回退。这就需要技术策划来制定一套比较完整且可落地的开发流程，也就是开发管线。越是大型的项目，越需要完整、稳定、高效、成熟的开发管线。在制定开发管线的过程中，技术策划既要考虑功能需求，设计实现方法、制定设计思路，以系统化的思维推动功能开发，也要保证各职能人员在功能的开发及使用过程中能够井然有序地制订和实施工作计划，并且在对接时能够实现稳定和通畅的合作；当管线建立完成后，随着项目开发的进程，建立可以快速学习的 Wiki 平台，及时根据新需求维护和迭代开发管线，保证开发管线的稳定性和易用性。这样，在各种成熟开发管线建立的情况下，一个项目才可以稳定、高效地进行开发。而以上这些工作都是需要技术策划作为核心成员的。

8.2.3　原型开发

假如你是一名战斗策划，想实现一个空中冲刺的技能，你会怎么做呢？

按照常规的开发流程，你首先需要设计这个技能的实现逻辑，提出对应的功能开发及资源需求，然后与程序员、美术设计师共同商议该如何开发这个技能。等到他们开发得差不多了，你需要进行配置、验收，提出修改意见，并交给程序员和美术设计师去修改。一直循环这个流程，直到功能开发完成。

看上去，这很正常，但是，也的确很麻烦。

如果有技术策划，那么他会如何开发这个技能呢？

你可以根据对这个技能的预期体验来给技术策划提一个需求。技术策划可以通过调整替代动画、制作技能逻辑并将其配置到测试角色中，同时从技术策划的角度调优体验，然后交由你验收，看看是否满足了你的需求。因为只需要技术策划和少数其他职能人员参与快速的原型验证，这样效率自然会比你拉着程序员和美术设计师做几周要高得多。这个玩法原型在得到验证后，再由其他职能人员进行设计和开发，这样就会省掉不少修改的环节。

像上述这样，帮助其他游戏策划进行快速的玩法原型开发及验证，降低程序员和美术设计师的工作消耗，提升开发效率，也是技术策划的重要工作内容之一。

8.2.4　技术顾问

除了前面提到的工作内容，技术策划还会作为项目的技术顾问，及时为其他职能人员（主要是其他游戏策划）解决开发中遇到的各种实际问题，以及积极学习业界前沿技术，并尝试结合项目情况将技术运用到项目开发中。

假如你所做的项目是一个开放世界游戏，当你对于如何制作开放世界没有什么头绪时，就可以咨询技术策划，共同去研究知名大厂所使用的程序化生成大世界技术，并且在进行初步调研和原型测试之后建立一条完整的开放世界生成管线，并将该技术运用到项目中。你在使用这套技术的过程中，一旦碰到问题，如地形的生成规则不太符合预期，就可以及时和技术策划沟通，由技术策划来牵头解决这类问题。一位合格的技术策划会出现在最需要他的地方，为开发者提供便利，搭建起连接不同职能的桥梁。

8.3　技术策划能力要求

通过上一节的介绍，相信大家对于技术策划已经有了一定的了解。那么，如果想要成为一名技术策划，需要掌握怎样的技术或具备什么能力呢？

8.3.1　技术和策划能力

虽然是“会技术的策划”，但说起技术策划，其核心还是策划。所以，对游戏的设计能力、对功能体验的感知能力，以及对功能实现的跟进及落地能力，都是对技术策划最基本的要求。假如技术策划去设计一个状态机系统，那么怎样的状态切换表现是符合玩家预期的，怎样的操作感是体验顺畅的，这些都是技术策划所需的能力。换而言之，如果你只会技术，不会策划，那么你大概当不好技术策划。

从技术层面来讲，技术策划并不一定是那个对编程特别在行的人，但他一定是非常了解游戏引擎的人。因为技术策划的大部分工作是基于项目所使用的游戏引擎制定开发管线、开发工具，帮助项目提升开发效率。如果技术策划对当前的游戏引擎并不十分了解，那么假如现在需要技术策划协助开发一套基于服务器的关卡寻路网格生成器，可能技术策划自己都不知道去哪里查资料。技术策划只有对引擎技术有比较全面且深入的了解，在开发过程中才可以明确开发管线该如何制定，哪些模块应该交由哪些职能人员去开发和设计，以及这些模块的限制和边界在哪里，如何进一步优化等。

8.3.2 原型制作能力

上一节提到了技术策划需要帮助其他游戏策划为不同模块制作玩法原型，以及验证玩法的可行性。所以，对于技术策划来说，原型制作能力是必不可少的。这个能力主要考验的是能否依靠引擎工具和现有的系统快速、高效地制作出满足需求的玩法原型，并且建立明确的制作规范。既要保证原型的可玩性、可拓展性、可落地性，又要尽量使用较小的成本来快速完成，这也算是对技术策划能力的综合考验。

8.3.3 强大的沟通和团队合作能力

由于技术策划的大部分工作都是帮助各个职能人员解决实际问题，因此需要强大的沟通和团队合作能力，这样才能在合作的过程中比较顺畅地了解需求细节、整理开发难点、及时反馈问题。而且，由于针对同一个需求可能有多种不同的解决方案，因此作为开发主导的技术策划需要权衡利弊、结合项目的实际情况来做出决断，并且能够通过详细阐述各个方案的可行性说服其他职能人员统一意见，从而保证开发的顺利进行。

8.3.4 技术敏感度

作为项目的技术顾问，随时关注游戏业界先进的开发技术，进行预估和验证，并及时分享给项目成员，甚至在合适的时机将先进的开发技术引入项目开发之中，这也是技术策划必不可少的能力。

GDC 技术策划相关演讲

8.4 技术策划职业前景

对于不少想要成为技术策划的人员来说，他们可能比较关心这个国内新兴的策划岗位未来的职业前景如何。我个人觉得，技术策划会是未来国内游戏产业中炙手可热的策划岗位之一。理由有以下几点。

8.4.1 游戏工业化需求

3A 游戏，一直是玩家心目中顶级游戏的代名词。因为像这样高投入、高成本，需要大量人力、物力及长时间开发才能生产出的（如《神秘海域》《战神》）大型游戏，能够给玩家带来顶级的视觉享受和极致的沉浸感体验。所以，“国内何时才能做出自己的 3A 游戏”这样的询问一直不绝于耳。事实上，国内一直没有大家公认的特别优秀的 3A 游戏的重要原因之一，就是国内的游戏厂商在游戏工业化开发领域还处于起步阶段。

什么是游戏工业化呢？

说通俗点，游戏工业化就是用工厂流水线式的开发形式取代只靠人头的老旧方法，就如同用一台巨大但可靠的机器，让数百人的团队稳定、高效、快速地开发游戏。

举一个例子，我现在想设计一只猩猩作为敌人，我给美术设计师提了需求，美术设计师花了两周时间画了一张原画。我一看，这只猩猩不够强壮，我希望猩猩再强壮一点，然后美术设计师又得花大概两周时间修改。这样一来二去，时间就浪费了。而且这只是一个角色的原画，还有其他几十个角色、动作、场景等，如果都这样做，中小型的游戏还好，假如是开放世界的 3A 游戏，你想得需要多少人力，多少时间呢。

那么，国外大厂是怎么开发游戏的呢？就拿育碧举例，育碧内部有一个开发手册，名字就叫 *Bible*（圣经）。*Bible* 就是对艺术风格、叙事风格和游戏风格的统一定义。所有工作室都要根据它定义的风格和标准来制作内容，包括对开发内容的质量要求、质量等级的划分。例如，我还是想做一只猩猩，我和美术设计师说，我想做一个 L0 级别的，美术设计师就知道先设计一个基础的版本，然后和我沟通，再进行优化，这样就省去了很多沟通成本和开发成本。这种方法让几个工作室的成百上千人都在统一的标准下有序地进行开发。除此之外，工业化还包括了这几十年来沉淀而成的各种高效的开发工具。就以《孤岛惊魂 5》为例，利用程序化地图开发工具，游戏策划和美术设计师可以快速生成一个像模像样的开放世界地图，而且不管是修改还是继续细化都非常方便。这下你知道为什么育碧的开放世界游戏可以生产得如此之快了吧？虽然依靠这种程序化的开发方式可能会造成一定的游戏体验套路化，但是高效的开发也意味着有保障的基础品质，以及能把更多的时间用在创新和细节打磨上，而这也是一款游戏成功的重要保证。

育碧《孤岛惊魂 5》程序化生成大世界工具

这时你可能就明白了，不管是成熟、稳定的开发管线制定，还是便捷、好用的工具开发，都少不了技术策划的参与。实际上，当今的国内游戏市场已经逐渐从“换皮骗氪”的野蛮生长，逐渐走上以内容和体验为主的道路。国内游戏厂商在见识到了《原神》恐怖的 6 周一个版本、1 ~ 2 个大版本更新一张全新地图的工业化生产能力，并取得了全世界范围内的成功之后，也终于认识到国产游戏工业化发展的必要性。在这种发展趋势下，国内游戏行业必将对技术策划产生大量的需求。

8.4.2　市场稀缺

虽然现在及未来对于技术策划需求量很大，但是技术策划的数量并没有那么多。一个原因是作为一个比较新的游戏策划岗位，很多人甚至都不知道还有“技术策划”这个岗位，而有成为技术策划意向的人就更少了。另一个原因则是由于岗位的特殊性，技术策划一般来说都是由有一定经验的游戏策划或程序员转岗而来的，其对技术及策划能力的要求也不是大部分人都满足的。这两点就导致了现在技术策划供不应求的局面。

8.4.3　大项目标配

前面已经提到，国产游戏工业化的趋势导致未来的商业游戏必将朝着精品化的方向发展。众所周知，3A 级别的游戏开发团队少则几百个，多则上千个。这样的团队中的各项职能分工也是非常明确的。

那么，如果让这样庞大的开发团队高效运作，必须有成熟的开发管线，所以，更加需要像技术策划这样的岗位支持。未来的大型游戏开发团队中绝对少不了技术策划的身影。

8.5　技术策划如何成长

现在，相信不少人在看完上面的介绍之后会对技术策划产生浓厚的兴趣。但是，我们又该如何通过学习成长为技术策划，以及作为技术策划不断提高自己呢？接下来我就为大家介绍一些方法，以供参考。

8.5.1　熟练掌握游戏引擎技术

对于技术策划来说，游戏引擎就像空气一样不可或缺。它既是技术策划吃饭的饭碗，又是陪伴着技术策划一同成长的伙伴。可以说，对游戏引擎的掌握程度决定了一名技术策划是否能够胜任这份工作。那么，熟练掌握游戏引擎的各项技术便是技术策划成长的必经之路。

如何去学习和掌握游戏引擎技术呢？这里有两种方法。一是通过各种平台和途径去学习引擎的各项技术（如引擎的官方 API 文档等），了解引擎的前沿发展技术等。由于技术策划对引擎的基础知识要掌握得比较扎实，所以在这一块应投入大量的精力。二是通过制作原型 Demo 的方式验证所掌握的引擎技术。对于技术策划来说，制作原型 Demo 不仅要考虑玩法体验，而且要考虑其实现原理，总结规律，以便将制作经验运用到实际工作中。

8.5.2 参加Game Jam

Game Jam，一项比较特殊的游戏开发赛事，要求开发者在规定时间内（一般为 48 小时），根据现场给出的主题，完成一款包含核心玩法的游戏 Demo。每年，Game Jam 的比赛活动都会在全球范围内举办。例如，国内的 CiGA Game Jam，就是华语游戏圈最大的线下 Game Jam 活动。

CiGA Game Jam

CiGA Game Jam (简称CGJ)是华人游戏圈最大的线下48小时游戏极限开发活动，专注于游戏领域的创意开发，鼓励对游戏热爱和有开发热情的人群聚集在一起，通过游戏创作这一形式和过程进行头脑风暴、经验分享及自我表达。

Game Jam 既考验开发者的创意，又考验在有限时间内的多人协作能力和功能落地能力。很多知名游戏，如《模拟山羊》《进化之地》，其雏形都源自 Game Jam。可以说，Game Jam 是游戏创意的摇篮之一，也是游戏开发者检验自身开发和创新实力的绝佳舞台之一。

《模拟山羊》

在 Game Jam 的比赛中，由于开发时间的限制，技术策划不得不逼迫自己和团队成员尽快地确定开发引擎、设计核心玩法、开发原型、制作资源、配置调优。对于技术策划来说，这正好是一个绝佳的锻炼自身策划能力及技术能力的机会。技术策划可以在经历如何从游戏创意出发直到完成一个相对完整的原型 Demo 这个过程中，加深对引擎的理解，锻炼团队协作能力、功能开发及落地能力。而且，如果技术策划能够在比赛中拿到不错的名次，那么这段经历也会是其求职简历中的加分项。所以，积极地参加 Game Jam，不管是对技术策划，还是对其他策划，都是非常难得的锻炼机会。

8.5.3 研究其他UGC编辑器

UGC，全称为 User Generated Content，即用户生成内容。很多游戏为了扩展游戏内容，以及让玩家参与到游戏内容的创造中，会内置 UGC 编辑器，允许玩家自己创建关卡、设计玩法，并提供给其他玩家玩。例如，比较有名的《魔兽争霸 3》编辑器，像 *DotA: Allstars* 这样引领了 MOBA 类游戏的经典之作，便是玩家 IceFrog 等人使用《魔兽争霸 3》编辑器开发的。

DotA: Allstars

除此之外，像《我的世界》《超级马里奥制造》等游戏依靠着强大的游戏 UGC 编辑器也吸引了大量的内容创作者加入其中，创作出不少经典的游戏关卡。

《我的世界》

技术策划研究这些不同类型的UGC编辑器可以跳出熟知的游戏引擎的基本框架，去看看面对同样的问题，其他开发者是如何通过工具来解决的。这个过程可以为技术策划今后在开发工具、制定管线及开发原型等方面提供更宽的思路。而且，由于这些UGC平台有比较完善的用户反馈机制，技术策划可以比较快速地看到自己创作的关卡，以及在玩法体验层面的不足。这有助于培养策划思维，也有助于体验落地。

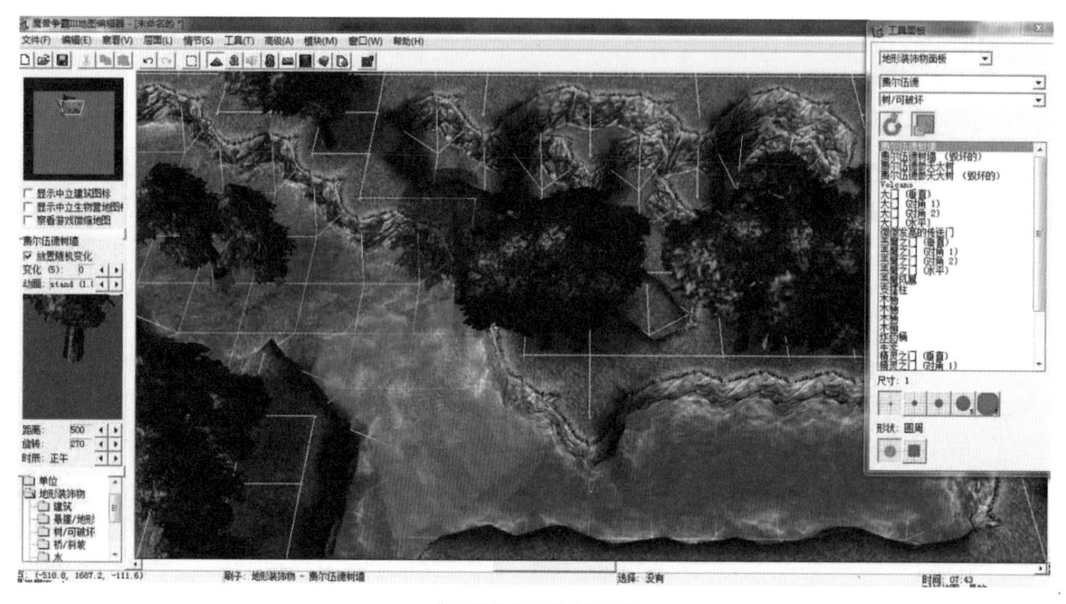

《魔兽争霸3》编辑器

面对国内游戏市场的不断发展，像技术策划这样的细分游戏策划岗位会越来越多地出现在大众视野。游戏策划需要积极地去了解、去学习。而对于想要成为或已经成为技术策划的人员来说，技术策划在未来必将是游戏开发团队中的“香饽饽”。从现在开始学习，锻炼自己的能力，相信有一天，你必将找到那片适合自己翱翔的天空。

第 9 章

主策划：策划主心骨

"今天的策划周会，首先要通知一件事情。咱们下次的付费测试定在了 8 月 20 日，也就是说咱们只剩半年左右的时间了。大家现在看到的，是我和几个组长确认过的工作内容和计划表，大家看看有没有什么问题。"冬哥用非常浑厚的声音公布了这个消息，然后看向了会议室里的其他策划团队成员。

"冬哥，挑战副本这块我上午和美术组核实了一下，场景可能要延期，现在人手不够……"小宇怯怯地说。

"但是挑战副本是这次测试的重点内容，是不能不测试的。浩哥会后和小宇一起去找美术组对一下吧，看看有没有什么解决方案。"

"没问题。"

"好，如果还有什么问题，可以会后私信我。下面大家汇报一下工作进度。"

9.1　为什么要有主策划

之前的章节介绍了策划团队的各种岗位。这些岗位对于一款游戏来说不一定都是必需的。如果是小型的团队，或者做一款休闲游戏，可能就不会有类似关卡策划、技术策划、战斗策划这样的岗位。接下来要提到的这个策划岗位却是任何策划团队中都必不可少的，那就是主策划。

有的读者会感到疑惑：有了系统策划、数值策划、文案策划、关卡策划等策划岗位，难道还做不出一个游戏吗？为什么必须有一个主策划岗位呢？

举一个现实的例子：假如现在要做一个新的关卡，关卡设计已经完成，但文案策划觉得这个关卡的剧情叙述有一点问题，希望将某几个节点修改一下，但关卡策划认为自己这样设计才是最好的，所以坚决不改。而文案策划觉得如果不改，这个故事是讲不明白的。那么，工作该如何开展呢？

在有主策划的情况下，这个问题会如何解决呢？主策划会根据自己的经验来权衡这个关卡中叙事节奏的安排和制作方式，并给出自己的方案，经共同商议，敲定最终的解决方案。之后，当事双方按照这个方案继续将工作进行下去。

可见，主策划便是那个为各种设计最终拍板的人。如果没有这样一个人去管理策划团队、统筹开发计划、制定开发方向、保证开发质量，那么策划团队成员越多就会越混乱，工作也会越难以开展。如果说游戏策划团队是一条船，那么主策划就是船长，是协调船员、水手、掌舵手，甚至厨师等人的那个人，是能够带领他们共同向前、扬帆起航的那个人。一个优秀的主策划可以让一款游戏“起死回生”。相对地，一个不称职的主策划可能会让一款好游戏“石沉大海”。正因为如此，好的主策划万里挑一，永远都是各大游戏厂商争夺的“香饽饽”。而成为优秀的主策划，去带领团队成员做出自己心目中的好游戏，也是每一位游戏策划所追逐的目标。

9.2　主策划工作内容

前面介绍了主策划的重要性，那么，主策划的主要工作内容有哪些呢？

9.2.1 确定并把控项目开发方向

一款游戏在立项之初，一定是有一个明确的开发方向的。从确定游戏的类型、用户群体，到确定游戏的核心玩法、创新点、游戏规模、付费模式等，这些关系着游戏开发方向的重要决策主要由制作人和主策划一起负责。制作人是一款游戏真正的“老大”。如果说主策划是管理着策划团队这一船人的船长，那么制作人便是管理所有游戏开发团队的船队的大船长。一般来说，制作人会确定游戏的大方向，比如说二次元开放世界游戏，而主策划则需要在坚持这个大方向的基础上，根据市场需求、用户特征、游戏类型等要素确定游戏各模块和系统的开发方向，以及开发比重。其中比较重要的有核心玩法方向、叙事主题方向、核心系统架构、经济系统及付费模式等比较核心的模块，这些都关系着一款游戏能否给玩家带来足够的乐趣，能否长期稳定运营，以及能否创造经济价值及其他价值。

除了在项目初期确定这些开发方向，在开发过程中，如何在不同的阶段根据项目实际情况，以及用户、运营及市场情况，去引导开发团队朝着这个方向前进，是主策划重要的工作内容之一。例如，如果确定了古风的画面风格，那么当文案策划设计了过于现代的剧情时，主策划就要适时将其拉回正确的开发方向。当然，开发方向一般不应该总是变来变去的。如果一名主策划没有足够的经验和决断力，总是看市面上这个好就做这个，那个好就做那个，开发方向变来变去，那么不管是对于项目的开发进度，还是对于团队成员的开发信心来说，都是不小的打击。就好像一条船，如果没有确定的方向，就只能原地打转，无法前进。

9.2.2 制订并跟进开发计划

对于一个由多人组成的游戏项目团队来说，清晰明确且可落地执行的开发计划是非常重要的。因为有了开发计划，相关人员就可以对游戏开发进度和开发成本进行比较准确的预估。而开发进度和开发成本直接决定了项目何时能够完成，以及项目开发需要多少资金及人力等问题。所以，在项目的不同阶段，不管是项目整体的开发进度（如大版本的开发规划），还是某一个功能、系统、玩法的开发进度，都需要有比较明确的开发计划。而这些开发计划，通常都是由主策划及 PM 共同确定的。

一般来说，首先，主策划会确定各个版本的整体计划，以及之后要做的版本的整体开发计划。例如，由哪些系统和模块组成，不同功能的大概开发时间、负责人、设计要求等。然后，PM 和各个模块负责人去商议具体的开发计划细节。例如，写文档需要多久、资源设计需要多久、配置验收需要多久等。当然，如果小型项目没有 PM，那么主策划会直接和负责人沟通开发计划细节。当这些内容确定了以后，主策划来进行统一确认。在这个过程中可能会有一些细节确认，比如这个系统的文档可能并不需要写两周，这就需要和具体的游戏策划沟通，最终确定一个比较准确的时间。

序号	模块	工作内容	负责人	工作天数/天	开始时间	完成时间	状态
1	**系统**	**装备系统制作**	张三	20	5月10日	6月4日	未开始
2	**数值**	**战斗数值框架设计**	王五	10	5月20日	5月31日	未开始

简单的开发计划模板

在制订开发计划的过程中，主策划不仅需要对游戏的整体开发进度有一个预估，而且需要对自己团队成员的工作能力有明确的认知，这样才能制订出切实可行、风险较小的开发计划。当然，预留出足够的工期也是应对各种开发风险的重要方法。

在制订好开发计划之后，接下来主策划就需要根据开发计划把控开发进度，并及时对延期等存在开发风险的问题给出解决方案。比较有经验的主策划会在计划中设立不同的验收节点，去检验到达这些节点时各职能人员的工作质量，以此来防止开发延期。及时发现问题，保证开发计划顺利执行，是考验一名主策划对项目整体开发进度把控能力的重要标准。

9.2.3　把控设计和落地质量

在设计和开发的过程中，并不是所有的游戏策划都对自己的设计和开发质量有比较明确的认知，尤其是刚刚入职的新手。作为策划团队的负责人，主策划就需要对这些设计及功能实际落地的质量进行把控，以保证项目的整体开发品质。

比较大的项目可能还会有系统组组长、关卡组组长这样的团队负责人来对自己团队成员的工作质量进行初步把控。但最终，大部分工作的关键节点都会由主策划进行统一审核。一般来说，主策划需要验证的有以下几点。

- 设计文档质量。

设计文档是否满足设计目的，是否符合设计规范，表达是否明确直观，逻辑是否清晰，是否考虑全面，是否具备一定可行性，资源需求等是否合理等。

- 功能完成质量。

对于功能、玩法、系统、关卡等模块来说，不同阶段的验收标准会有所不同。例如，对于一个关卡来说，初版体验可能就不会要求资源全部都是正式资源。但是整体来说，主要的验收标准会以系统、玩法、关卡等是否满足设计目的，体验是否自然流畅，数值体验是否恰当，交互设计是否合理，是否有严重影响体验的 Bug 等为主。

9.2.4　管理策划团队

作为策划团队的主心骨，主策划应负责的一项非常重要的工作便是管理策划团队。其管理工作主要体现在以下几个方面。

- 人事管理。

人事管理即主策划会配合人事团队，对策划团队成员开展招聘面试、吸收录用、工作岗位调配、培训、交流、考核、奖惩、任免、工资福利等相关工作。

- 工作内容分配。

主策划需要根据不同策划团队成员的岗位、工作能力等特点，适当地为其分配合适的工作内容。知人善任的主策划会知道什么样的人适合什么样的工作，把好钢用在刀刃上。

- 工作沟通及调节。

在工作过程中，主策划免不了面对各个职能人员合作出现阻碍的情况。例如，战斗策划设计的一个技能，由于对工期的错误预估，导致美术资源的产出出现了修改和延期的情况。这样当两方出现矛盾的时候，主策划需要出面进行沟通、调节。主策划需要根据工作中遇到的实际情况，就事论事，解决和调节团队成员合作中遇到的各种问题，保证合作的顺利进行。除此之外，当团队成员对自己的工作内容产生了疑问的时候，例如，认为工期安排不合理、希望自己能够承接其他工作内容等，主策划也有义务与团队成员进行沟通，解决工作中遇到的一些实际问题，帮助团队成员排忧解惑。另外，主策划也会适时组织团队活动、进行团队分享，加强团队合作关系，提高团队凝聚力。

策划团队规模越大对主策划管理水平的要求也就越高。如果主策划没有聚沙成塔的能力，就只能接受团队像一盘散沙的现实。而知人善任、善于调兵遣将的主策划会让整个策划团队拥有 1+1>2 的神奇力量。

9.3　如何成为主策划

相信不管是刚刚接触游戏策划的新手，还是已经成为游戏策划的老手，都有想要成为主策划甚至制作人，去主导一个游戏项目的梦想。那么，除了具备游戏策划应该具备的基本能力，到底还应该具备哪些能力才有机会成为主策划呢？

9.3.1　一专多精

一名主策划，不一定是一个对系统、数值、关卡、文案、战斗都样样精通的人，但他一定在其中某一个或某几个领域有一定的建树和研究。一般来说，主策划都是由普通策划中的佼佼者不断晋升而来的。所以，如果你不是一名在本岗位上十分优秀的游戏策划，那么可能很难获得继续晋升的机会。

除此之外，主策划也是对其他策划岗位的工作内容十分了解的那个人。主策划可以不亲自去写文案，但是要知道以怎样的标准去审核文案策划的工作产出；可以不设计关卡，但是要知道关卡的设计流程，以及验收标准大致是怎样的。一个对于其他策划岗位工作不了解的主策划，自然也无法合理地安排下属的工作，以及验收设计内容和制作内容。

实际上，这些要求可以简单概括为“一专多精”，也可以说主策划需要有比较强的游戏认知。游戏认知，是指对游戏整体的认识和了解，包括对游戏设计、市场、用户、发行、运营等相关领域的整体认知。这样，主策划在思考游戏设计时就会明白对于不同的模块应该以怎样的思路去指导设计，也会对自己并不是专精的领域做出合理的判断。其实，国内的大部分手游和网游的主策划会更偏重从系统策划和数值策划中提拔，一是因为项目主要以养成系统为核心，二是因为系统策划和数值策划更习惯从整体出发去思考游戏的系统框架和数值体系。当然，随着近些年国内游戏项目类型越来越多，其他游戏策划成为主策划的也越来越多。不管如何，游戏策划首先要提升自己本职岗位的专业能力，其次要去积极学习其他岗位的工作内容和设计方法，并培养整体的游戏认知能力，以全局的、系统的思想去指导自己进行设计。这样才有可能快速成长，为成为主策划奠定基础。

9.3.2　完成完整项目的经历

如果你参与的项目新来的主策划没有任何完成过完整项目的经历，你会不会觉得他可能没那么靠谱呢？而事实上也的确如此，市面上对于主策划的职能要求的其中一条便是“有完成过完整项目的经历”。

完成过完整项目的经历，指的是参与过项目从初期到上线运营的整个过程。因为游戏策划其实并不像美术设计师和程序员那样，设计作品就可以代表自己的水平。游戏策划的实力更多体现在一些不太好量化的“软实力”上。而如果一名游戏策划参与过完整的项目，尤其项目上线后有不错的成绩，那么至少可以从一个侧面去印证其个人实力。主策划更是如此。很多大厂的项目主策划，除了要求有完成过完整项目的经历，还会要求项目上线后的流水要超过千万量级。因为一名主策划只有参与过完整的开发流程，且项目上线后获得了不错的表现，才能熟知在不同开发阶段应该做哪些事情，应该怎么做，做到什么程度。

所以，如果一名普通策划想要成为主策划，那么去参与至少一个完整项目的开发工作，会有助于自己的快速成长，同时为简历增添亮点。

9.3.3 项目管理能力

从之前提到的主策划的各种工作内容中可以看出，主策划需要有很强的项目管理能力，主要体现在主策划需要制订合理的开发计划，以及对项目的开发进度进行把控。如果主策划没有这些能力，就会发生不少开发风险——小到功能系统延期，大到项目无法按时上线。所以，项目管理十分考验主策划的团队管理能力，以及对团队开发实力、开发成本等的预估能力。因此，不少主策划会去选择考取 PMP（Project Management Professional，项目管理专业人士资格认证），以提高自身的项目管理能力。

新手策划应加强自身的开发进度意识，同时学习一些项目管理的知识，为今后成为组长乃至主策划、制作人打好基础。

9.3.4 团队管理能力

除了项目管理能力，团队管理能力也是主策划必不可少的。好的主策划不一定是各项能力最强的，但一定是最会用人的。明白自己团队的优势和短板，适时地吸纳优秀人才，懂得让适当的人去做适当的事，建立明确有效的奖惩机制，懂得如何调节团队矛盾、增进团队默契，能够激发团队成员的创新精神，这些都是一名主策划应该具备的。

9.3.5 抗压能力

作为策划团队的负责人，主策划身上负载的压力其实是很大的。一方面要面对上层对于项目进度、开发成本、完成质量及开发方向的约束，另一方面要面对部分下属对工作安排的质疑和不满，同时要面对项目开发过程中遇到的各种实际问题。而且，这些压力几乎没有人可以与其分担。所以，没有强大的抗压能力的人是无法成为一名合格的主策划的。

不管是生活中，还是工作中，学会调节情绪，为压力寻找出口，同时积极地寻找解决方案，不管你是一名主策划还是一名普通的职场人，这些都是需要掌握的求生技能。

9.3.6 市场敏感度

主策划也需要随时关注游戏市场的变化及风向，了解最新的游戏资讯及先进的开发技术，从而为自己项目的开发提供参考和帮助。

主策划，作为游戏策划团队的主心骨，其重要性不言而喻。想要成为一名优秀的主策划也并不是一件易事，除了自己的实力要达到一定水平，还需要一些运气。但不管如何，游戏策划都应不断地精进自己的专业技能，培养自己成为主策划的相关能力。总有一天，这样的机会会摆在你面前。到那时，不要犹豫，迎难而上吧！

第 10 章

了解其他策划岗位

“小宇，我看了你刚才发给我的关卡选择系统 UI 需求，有几点我要和你确认一下。”一位帅气的男生走到小宇旁边，轻声说道。

“没问题，你说。”小宇赶忙打开需求文档，回答道。

“这里，你希望有一个简洁明了的关卡选择界面，能够显示玩家已解锁和未解锁的关卡，最好有一个进度条标识玩家当前所处的关卡位置，是吗？”小刚指了指文档中的一处细节。

“对，并且每个关卡都需要有一个缩略图，关卡的难度信息和星级评价也要有清晰的展示。”

“好的，我会考虑在设计中充分展示这些信息。”小刚点了点头，继续问道，“这里，你还需要一个过关界面，显示玩家通关的成绩，包括用时、获得的奖励等信息，对吧？”

“没错！成绩和奖励是最需要重点显示的，用时可以是一个次要信息。”

“明白了。我会将这些需求纳入设计方案，并和你再次确认细节。”

“没问题，辛苦了。”

10.1 执行策划

除了前面介绍的这些主要的策划岗位，其实在不同的公司，根据项目实际情况，会有不少其他的策划岗位。本章就来介绍其中几个比较常见的策划岗位。

这是一个新手策划大概会接触到的策划岗位——执行策划。下面简单介绍一下这个最适合新手入行的策划岗位。

10.1.1 工作内容

简单来说，执行策划的主要任务就是帮助其他策划去执行一些具体的、基础的、简单的工作。至于这些工作内容具体是什么，要看职位要求及上级对该岗位的定位，同时会根据项目的具体情况灵活调配。例如，你应聘的是系统执行策划，那么相关工作就会是帮助其他系统策划设计简单的功能、提出具体的功能开发及资源需求、配置系统功能、验收功能开发质量等。如果主策划希望执行策划去做与关卡相关的执行工作，执行策划就会接手一些简单的场景配置、关卡验收、填写脚本、资源需求整理、敌人和机制布置等基础工作。除此之外，执行策划还会接手一些配合其他策划，以及测试游戏体验等与测试相关的工作。

10.1.2 能力要求

一般来说，执行策划的工作内容都不会特别复杂，基本上都能通过简单学习就可以掌握，所以对于执行策划的能力要求并没有特别高。具体要求有以下几点。

- 基础策划工具的使用能力。

这里主要需要掌握的是如 Word、Excel 这样的策划日常工具。不管是写文档、配置表格数据，还是写体验和测试报告，都会经常使用这些工具。所以，这些工具用得越熟练，工作起来就会越顺手。当然，对其他工具的掌握也是多多益善的。如果对 Photoshop、Visio，甚至游戏引擎也有一定的掌握，那自然更好。

- “三心”。

这里的“三心”不是三心二意的“三心”，而是“责任心、耐心、细心”。责任心，指执行策划需要对自己的工作认真负责，有按时、保质地完成工作的自觉性；耐心，指对于执行策划来说，大部分工作虽然简单，但是比较烦琐冗杂，所以要能耐得住性子；细心，是指面对大量的体力工作，尤其是像填写表格数据这样的，需要集中注意力及反复检查，保证不出错。“三心”与其说是对执行策划的能力要求，不如说是职场人应具备的基本职业素养，是需要时刻培养的基本能力。

- 学习能力。

虽然执行策划的工作内容比较简单，但也需要具有一定的学习能力才能比较快地掌握。如果想要继续提升自己，少不了强大的学习能力，比如学习工具的使用、游戏设计知识的掌握等。除此之外，积极地去向其他有经验的游戏策划讨教也是具备学习能力的体现。

- 沟通和团队合作能力。

执行策划工作中会有很多与其他职能人员打交道的机会，所以沟通和团队合作能力是必不可少的。对工作内容有疑问却无法向上级表述清楚，对于功能测试中遇到的问题无法简明扼要地传达给相关职能人员，这些都会影响工作效率。

10.1.3　职业前景

很多新手一开始可能对执行策划这个岗位有所抵触，认为这不过就是“打下手的工具人”。但其实，很多资深策划最初都是从执行策划做起的。做执行工作的过程，就是熟悉策划日常工作的过程。做不好这些小事，又怎么能做成大事。所以，不要认为执行策划不值得做。认真对待每一份工作，在工作中不断提高自己的能力，积极争取成为正式策划的机会，这对于新手来说是值得推荐的游戏策划入行方法之一。

10.2　玩法策划

一些长期运营的项目会有招聘玩法策划的需求。那么，玩法策划是做什么的呢？下面便对玩法策划做一个简单的介绍。

10.2.1　工作内容

在网游、手游这些需要长期运营的游戏项目中，为了保证玩家的活跃性和新鲜感，开发团队需要不断迭代开放游戏内容。所以定期开放新的围绕游戏核心机制、系统而生的活动、玩法，对于这种长期运营的项目来说是非常重要的。像《原神》中定期开放的“捉迷藏”便算是这种活动。简单来说，玩法策划便是负责设计、制作这些系统玩法、活动玩法的游戏策划。

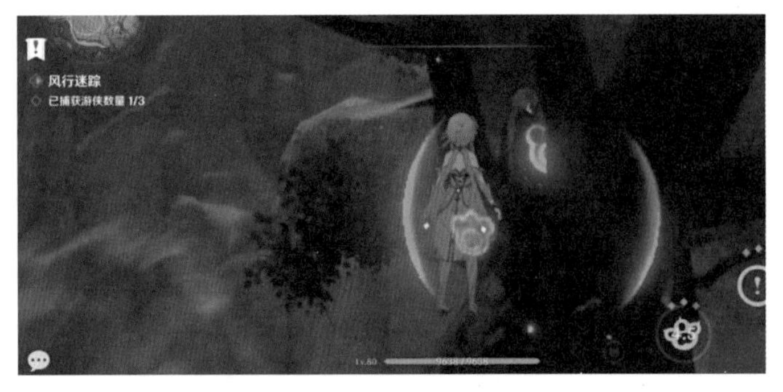

《原神》中的“捉迷藏”活动

其实从这个角度来看，玩法策划更像是专攻玩法系统的系统策划。因此，玩法策划的主要工作内容和系统策划比较像，主要有以下几项。

- 设计符合项目系统架构的，创新的、有趣的系统玩法和活动玩法，从系统层面及运营层面出发，以策划文档的方式阐明设计目的、系统架构、功能逻辑、设计细节、文案包装、资源需求等内容。
- 持续跟进系统、玩法的开发工作，保证功能、玩法落地，并通过配置、测试和调优来完善玩法体验。
- 根据活动、玩法上线后的实际数据，做持续优化和迭代。

10.2.2　能力要求

相比系统策划，玩法策划会更偏重玩法和运营层面，所以能力要求也会有些许不同。

- 玩法策划需要对不同类型的游戏都有所了解，且对各种玩法机制有一定的了解和研究。因为需要持续地去设计创新的、有趣的活动玩法，所以玩法策划需要对市面上的各种玩法机制都有一定的了解，这样在设计时才会有一个参考。
- 玩法策划需要对系统架构和玩法机制的结合有一定的认知。一个新的玩法，如何设计才能在当前项目的核心机制的基础上做出拓展，不仅要使二者有机结合，还要做到有趣且有深度，这是非常考验玩法策划的系统思维的。
- 玩法策划需要有一定的工业化能力。因为玩法策划需要考虑开发成本和开发效率，所以针对一个新的玩法设计，玩法策划需要考虑：如何拆分资源需求？如何分配制作流程？如何规划玩法开发不同阶段的质量评估？这些工业化的设计思维也是一个玩法策划需要具备的。
- 玩法策划需要对运营数据有一定的敏感度。由于很多活动设计都是针对运营中的项目的，所以一个活动的设计目的中就会有对应的运营数据要求，而且在活动上线后会要求对活动质量及活动数据进行整理分析。那么，活动策划就需要对运营的相关数据有一定的了解——可以根据这些数据对活动做出相应的调整。

相对来说，玩法策划并不是一个特别常见的策划岗位。但是对于大型运营项目来说，好的玩法策划是非常稀缺的。所以，如果你对各种玩法机制比较感兴趣，那么可以尝试去了解一下玩法策划这个岗位。

10.3 交互策划

在大部分项目中，游戏的交互设计一般都是先由系统策划提出需求，然后由交互设计师负责具体设计的。但是，在一些大型项目中，在项目职责逐渐细分的背景下，也会产生交互策划这个岗位。接下来就介绍一下这个专注于交互设计的策划岗位。

10.3.1 工作内容

交互策划，一般也称作 UE 策划，其工作内容主要有以下几项。

- 根据设计文档中的系统玩法设计，深入理解设计目的及交互需求，并进行 UE 交互方案的设计。由于交互策划属于需求的接收方，所以在设计交互方案的过程中需要和需求的发起者，也就是其他游戏策划进行深入的交流，了解设计文档中的各种细节及设计要点，从用户体验的角度出发，设计出符合设计目的，包含完整交互界面及交互逻辑的交互方案。
- 负责游戏内整体的界面布局、交互设计及用户体验设计。交互策划不仅需要负责单个系统的交互设计，而且需要从整体出发，和 UE 策划一起，根据项目特色、世界观背景、游戏画风等要素去设计游戏内大大小小的界面及交互体验，统一界面风格和交互规范，以此来保证玩家在玩游戏时有统一且良好的交互体验。
- 负责跟进相关交互设计的开发制作，保证相关交互功能的开发质量和开发进度。在开发过程中，交互策划需要和程序员及测试员一起，及时提出需求、沟通方案、安排制作排期、跟进制作和设计过程、验收成果、修改和迭代、配置测试，最终将交互设计体现在游戏中。
- 优化已有的交互设计，努力提升其美观程度及表现力。由于玩家对游戏画面的要求越来越苛刻，对用户交互的要求也越来越高，因此游戏开发者会想方设法地去增强自己交互界面的风格化、动态化、美观化程度，从而给玩家以更直观的交互体验。最具代表性的是《女神异闻录5》中那酷炫的界面风格及动态效果，一度出圈成为UE风格化设计的“教科书”。

交互策划努力去提升项目中交互界面的美感、风格化及表现力，使其给玩家带来良好的交互体验，同时给玩家留下极其深刻的印象，这也是交互策划的重要工作内容。

10.3.2 能力要求

看了上面对交互策划工作内容的介绍，相信大家会感受到，交互策划对于用户交互设计应该是比较擅长的。除此之外，还有哪些能力要求呢？

- 拥有一定的交互设计经验。

如果一个项目的职责细分已经到了需要交互策划的程度，那么自然是希望他能够用丰富的经验来负责游戏的交互设计。所以，拥有相关交互设计经验的人会更适合这样的岗位。

- 对于用户体验及交互设计有一定的认知。

这应该是对交互策划最低的能力要求了。如果不知道怎样的界面布局是符合用户习惯的，不知道怎样的按钮触发逻辑是符合设计规范的，那么必定无法胜任这样的工作。

- 具备良好的审美能力，最好有一定的美术功底。

交互策划常年与各种界面打交道，势必经常绘制各种交互原型图。而且，对于交互设计师给出的设计稿件，交互策划也需要基于自身的审美能力做出判断。这些都对交互策划的审美能力和美术功底提出了一定的要求。

- 熟悉使用相关工具。

因为要绘制各种交互界面、设计交互逻辑、制作交互原型，所以交互策划需要对一些常用的设计工具，如Photoshop、Axure、Figma、Visio、Sketch、Adobe Illustrator等有一定的使用能力。这样在进行设计时才能比较方便、快捷地产出交互文档及交互原型。

- 良好的沟通及团队合作能力。

这一点对于任何游戏策划来说都是必备能力，对于交互策划来说尤其是。因为交互策划需要经常和其他策划、程序员等沟通，所以只有具备这种能力，才能保证需求的确切传达，以及开发的顺利进行。

交互策划作为主要负责游戏中交互设计的游戏策划，在很多非常注重系统设计的项目中是比较常见的。当然，交互设计能力也应该是一名策划尤其是交互策划所必需的。所以，学习一定的交互设计知识，对于一名游戏策划的长期发展是非常必要的。

10.4　资源策划

我们都知道，在游戏开发过程中会涉及各种美术、音频等资源需求。那么，如何处理好这些资源的需求整理、进度跟进、质量验收呢？这对于不少项目来说都是一个不小的问题，所以在一些项目中就会设立“资源策划”这个岗位。接下来就介绍一下这个与各种资源打交道的策划岗位。

10.4.1　工作内容

简单来说，资源策划的主要工作便是负责处理资源对接的各种相关问题。其工作内容主要有以下几项。

- 接收其他游戏策划提出的各种资源需求，按照统一规范整理后传达给对应的职能人员。

在传统的开发模式中，游戏策划一般都先自己列出资源需求，然后去跟美术设计师或音频设计师沟通，并跟进制作，最后自己验收。但这种模式会有一个问题，那就是不同的游戏策划可能会有不同的资源验收标准、不同的资源需求表格及不规范且统一的资源命名方式。例如，作为一名动作美术设计师，我在为战斗策划和关卡策划设计不同动作的时候，就可能不得不看两张表、用两套名称，最后验收也得按两套标准。而且，如果两个人的需求都很紧急，美术设计师就会陷入到底该先做哪个的困境。这样对游戏项目开发的效率和质量统一会有一定的影响。为了解决这个问题，资源策划就会作为策划资源需求的统一对接人，将不同的资源需求按照一套制定好的规范和标准进行整理，如制定明确的命名规范、制作质量等级，并根据制作优先级进行排期，然后一起整理给美术设计师、音频设计师等职能人员。这样就做到了统一资源标准，让制作有序进行。

- 制定资源验收标准，跟踪制作进度，验收资源并统一整合。

资源策划需要制定一套比较完整的资源验收标准。例如，确定不同阶段所需要的质量等级，怎样的资源算是替代资源等。在开始制作之后，资源策划便会根据进度表来跟踪制作进度，及时和制作职能人员及对应游戏策划沟通，防止延期的风险。等到资源制作完成后，资源策划需要根据制定好的验收标准来进行资源验收，并根据验收情况做出相应处理。有时，资源策划也需要利用整合工具对资源进行统一处理。例如，将图标调整为统一分辨率，将音频修改为统一码率等。

- 负责游戏内所有的资源表现，及时发现资源问题，给出解决方案并跟进。

当资源正式落地进入游戏之后，资源策划就需要去对资源的实际表现进行再次评估。如果发现质量问题或其他问题，要及时去寻找对应职能人员协商解决方案。

- 负责解决资源对接过程中的各种问题。

在资源对接过程中会出现不少实际问题。例如，美术设计师对游戏策划的需求有异议、需求参考不明确、制作排期需要调整等。这就需要资源策划出面进行解决，以保证资源制作的顺利进行。

10.4.2 能力要求

资源策划面对的其实是一些比较烦琐却又很重要的工作，因此，资源策划的工作能力也应符合一定的要求，主要体现在以下几点。

- 有一定的项目管理能力。

资源策划需要长期跟进资源制作，这是非常考验其项目管理能力的。合理的制作排期，持续的制作跟进，以及及时的验收反馈，都是检验一名资源策划是否称职的标准。

- 有一定的美术、音乐审美能力，对资源质量有着较高的要求。

资源策划作为资源验收的第一道关，如果没有一定的审美能力，就无法制定合适的标准，也无法对完成的资源质量做出正确的评估。

- 良好的沟通和团队合作能力。

作为资源对接人，这项能力不强的人是无法胜任资源策划工作的，而且这也是所有游戏策划应掌握的基本功。

其实，现在由于PM的项目管理能力更具有普遍性，资源策划的岗位已经越来越少了。但是，对于游戏策划来说，具有资源管理的能力仍然是非常必要的。

第 11 章

一款游戏的诞生

“来来来，大家安静一下。”冬哥敲了敲手中的香槟酒杯，大声说道：“今天，咱们的游戏终于上线了！三年了，从 Demo 到立项，再到各种大大小小的测试，我们经历过痛苦，也经历过低潮，但我们挺过来了！感谢大家的辛苦付出，这杯酒我敬大家！”说完，冬哥拿起酒杯一饮而尽。

“干杯！干杯！”欢乐的人们也都一一端起了酒杯，互相致意、欢呼、微笑。整个庆功宴上，洋溢着欢乐的气氛。

“小宇，这一年多你进步非常大，为咱们关卡组完成了不少重要工作，我敬你一杯！”喝得有点醉醺醺的浩哥举着酒杯，冲着小宇大笑着说道。

“没有没有，多亏浩哥的指点！干杯！”也喝了不少的小宇红着脸颊，痛快地干了手中的香槟。

“不容易啊，终于熬到游戏上线了……”浩哥感慨地说道。

“是啊，做一款游戏，真的好难啊……”小宇看着窗外的星空，若有所思地低声说道。

11.1　前期准备阶段

很多玩家都有这样的疑问：这些我们如此喜欢的游戏，到底是怎么做出来的呢？我相信只要你是一个心智成熟的成年人，应该不会认为一个游戏尤其是我们熟知的各种 3A 大作、独立游戏等，是几个人随随便便就可以做出来的。实际上，一款游戏只有经过一系列复杂的工序和流程，才能最终和玩家见面。下面就来介绍一下大部分商业游戏是如何诞生的。

要开发一款商业游戏，并不是一拍脑门就能开始制作了，而是需要通过一系列的前期准备工作来确定开发方向和目标。

11.1.1　游戏概念确定

大部分游戏，都源于一个创意、想法或某种体验。例如，《精灵宝可梦》就源于其制作人田尻智想制作一款可以捕捉虫子的游戏。

在这个阶段，制作人会和主策划等人共同确定要做的游戏的整体概念。这里就包括其核心机制、创新点、系统架构、游戏类型、大体故事情节、游戏画风等一些关系到游戏整体概念的设定。海外各大厂商在这一阶段会建立一个游戏设计文档，并将游戏中比较重要的概念放在文档开头。这样做主要是在项目立项之时给开发成员、老板及对外发行成员阅览，以便大家对最后能做出怎样的效果有一个大致的了解。在游戏开发过程中，这个文档不断更新，游戏设计中的一切细节会被列入其中，成为指导游戏开发的必读之物。

11.1.2　市场分析

商业游戏要在市场上销售，相关人员需要了解市场的相关信息，并根据以下维度去进行市场分析。

- 市场分析：市场部门首先要重点分析当前游戏市场的主要流行品类，以及所要制作的游戏品类的市场情况，同时对其中的头部产品做竞品分析；其次要根据市场的走向预估未来几年的风向，为游戏正式上线后面对的市场情况做预测——这有助于确定当前立项方向。
- 确立目标用户：根据市场数据、用户分类比重及项目类型来确定项目的目标用户群体。这样有助于在开发过程中针对目标用户进行设计。
- 选择平台及开发引擎：根据市场分析和目标用户来选择合适的游戏平台；同时根据项目特性、技术储备及平台适应性来选择合适的游戏引擎。
- 付费模式和营销策略：确定游戏付费模式，以及大体的营销策略。付费模式会依据游戏的类型、平台及目标用户的付费习惯而定，而营销策略则需要根据平台的营销特点及游戏的类型进行有针对性的分析后来制定。

11.1.3　成本预估

现在的游戏开发成本是越来越高了。就算独立游戏，最低也得几十万到上百万美元，更不要提 3A 游戏，动辄几千万到上亿美元了。例如，《荒野大镖客：救赎 2》的总成本高达 6.5 亿美元。所以，在游戏立项初期，对开发成本的预估是非常重要的，这不仅关系到你是否有可能将其做完，更关系到开发过程中的种种决策，以及最终是否能够回本和赚钱。一款游戏开发成本的计算公式如下。

开发成本 = 团队成员的平均费用 × 开发时间 × 团队规模 + 其他开支 + 营销成本

所以，我们主要需要考虑以下几项关键因素。

- 团队成员的平均费用：做游戏，最重要的就是人才，而能付出工资的多少则决定了可以招到人才的质量。所以，我们需要根据当前市场的游戏从业者的平均工资，去预估团队成员的平均费用是多少。当然，这也由项目所需要的人才类型、团队规模及品质等因素而定。比如你开发一款休闲游戏，却非要招月薪三四万元的人来做，显然是不靠谱的。

- 开发时间：预估大约需要多久可以开发完成，这个时间取决于对市场分析、项目体量、开发能力及不同开发周期的整体预估。
- 团队规模：根据项目的预期质量、开发时间及对开发模式的选择，预估项目人员组成及团队规模。例如，决定大部分美术设计师使用外包，那就需要考虑外包的成本及美术设计师的团队规模。
- 其他开支：一些更为现实的开支，如房租水电、计算机硬件、服务器、其他公司运转成本等。这些开支，尤其对于小型团队来说，是要被考虑在内的。
- 营销成本：根据制定的营销策略，预估营销成本。一般来说，游戏的营销成本可能比开发成本更重要。毕竟，“酒香也怕巷子深”，在现在这个刀光剑影的游戏市场，优秀的营销策略及充足的营销成本对游戏的成功会有极大的帮助。例如，2016 年风靡一时的《守望先锋》，其营销费用高达 2000 万美元。其扎实的游戏质量固然是重要的原因，但暴雪为此投入的巨额营销成本也是帮助其成功的重要因素之一。

11.1.4 原型制作

在前面的章节中提到，一款游戏的核心玩法是非常重要的。核心玩法就像一棵大树的根一样，如果根扎得不够牢固，那么也不要指望这棵树能够枝繁叶茂。因此，在准备阶段就需要通过开发游戏原型的形式来验证核心玩法，并验证围绕着它运转的核心系统能否达到体验预期，以及是否具有可玩性和可实现性。

在这个阶段，不同的项目会有不同的原型验证方式。例如，有些会使用纸上原型，有些会使用一些实体模型去搭建原型（就好像小时候用玩具打仗一样），但最为常见的还是使用软件开发，产出一个可玩的游戏原型。

对于使用软件开发原型而言，游戏策划会设计出核心玩法及核心系统的对应设计方案；程序员会搭建基本的客户端和服务器框架，开发适配游戏引擎等相关工具，并且配合游戏策划实现核心玩法；美术设计师会产出或寻找一些替代资源，主要以快速帮助游戏策划验证核心玩法为主。通过不断测试和迭代，最终将核心玩法打磨到一个基本符合原型阶段设计预期体验的程度，便算是达成了该阶段的任务目标，通常也称为完成了这一阶段的里程碑目标。

《战神 4》的玩法原型

在以上这些都准备完毕之后，游戏开发的前期准备工作就算完成了，接下来就会进入开发阶段。

11.2　开发阶段

当进入了开发阶段，开发团队便会在原型制作的基础上，一步一步地将脑海中的创意、概念或体验通过代码、图画等变为看得着、摸得到的，并且能够完美呈现给玩家的正式游戏。这个过程是比较漫长的，整体来说会细分为以下几个阶段。

11.2.1　Demo阶段

如果说通过原型制作获得了一个能够检验核心玩法的基础版本，那么在进入开发阶段以后，就需要在这个基础上继续完善核心玩法、搭建核心系统、开发重要功能、创作关卡白盒、构建基础循环数值体系，使其成为一个真正可玩的版本。

在这个阶段，由于主要工作还是要检验这个游戏是否好玩，以及是否可以重复体验，所以还是会使用大量的替代资源。虽然这个版本看上去还是有些粗糙，但是这个阶段依然非常重要。因为不管是个人、团队、公司领导层还是投资商、发行商，都会首先根据这个版本产出的 Demo 版本来评估这款游戏的潜力和商业价值，并确定继续为后续的量产投入成本的多少。而且，在这个阶段，对核心玩法及基础循环的检验也会让开发团队更加明确未来的开发方向。

11.2.2 垂直切片阶段

经过了 Demo 阶段后，接下来便会进入下一个比较重要的阶段：垂直切片（Vertical Slice）阶段。

什么是垂直切片呢？垂直切片指一段代表发布版本质量标杆的可体验 Demo。

之所以这样命名，是因为如果把游戏看作一块蛋糕，将游戏中的玩法、剧情、关卡、美术等要素看作蛋糕的不同层次，那么切下其中一块便可以看出这块蛋糕的构成，以此来了解这个蛋糕的全貌。

所以，对于一款游戏来说，制作这样一个垂直切片，便可以清晰地向团队成员、玩家，以及其他外部成员传达游戏的核心概念、核心玩法及核心体验。事实也的确如此，《黑神话：悟空》放出的几段实机演示便是垂直切片最有力的证明。大量玩家被这样一段高质量的演示所吸引，极度期待游戏的正式发售。开发者也会因玩家的反馈而提高自己的自信心和发现其中的问题，并通过制作垂直切片的过程来制订更为精确的开发计划，估算游戏开发时间、迭代测试时间等。因此，这一阶段对于游戏开发来说是非常重要的。

11.2.3　量产阶段

在通过垂直切片对项目标杆达成了统一的认知后，开发团队便可以在这个基础上开始批量生产，扩充游戏内容了。在这个阶段，开发团队根据不同功能、系统及模块的开发计划来扩充开发团队规模，并产出大量的美术资源、程序代码、玩法、系统及关卡，从而让游戏的内容更加完善。比较成熟的开发团队也会使用很多工业化的开发模式，从而提升游戏开发效率。

在开发过程中，开发团队也会根据开发成本和开发计划，适当地对开发内容做出调整。例如，去掉一些游戏内容，增添部分功能以完善某个系统等。最终，开发团队将开发出一个功能玩法完备的、系统架构完整的、游戏体验完善的游戏版本。虽然这个游戏版本可能还是有很多的 Bug，或者有些美术资源的品质未达到最终标准，但将这个游戏版本基本完成便是这个阶段最重要的目标。

11.2.4　Alpha测试阶段

当游戏基本完成后，便会进入粗略测试和迭代的 Alpha 测试阶段，这个阶段的核心目标是通过大量的测试来完善功能体验、修复 Bug、提升游戏质量，使其达到一个基本标准的品质。

在这个阶段，最重要的是保证基础体验的流畅，以及各种功能、系统是否完善。在测试过程中，开发团队会通过像性能测试、回归游戏测试、本地化测试、多平台测试等测试来发现大量的问题，并根据标准去对这些问题进行处理。

11.2.5　Beta测试阶段

在 Alpha 测试阶段完成之后，接下来便会进入 Beta 测试阶段。这个阶段的游戏已经具有了完整的体验及基础的质量标准，开发团队要做的便是进一步修复 Bug、打磨品质，使其达到可以正式上线的标准。

在这个阶段，游戏会经历更多的测试，包括通过各种测试机构及不同规模的用户测试来发现更多的问题。玩家经常在游戏发售前有机会体验其 Beta 测试版。例如，在 PS5 平台可以下载《卧龙：苍天陨落》体验版。这样便会提前让玩家试玩其中一段内容，从而帮助开发团队去根据反馈来进一步提升游戏品质。Beat 测试阶段的结束也宣告游戏开发正式完成。

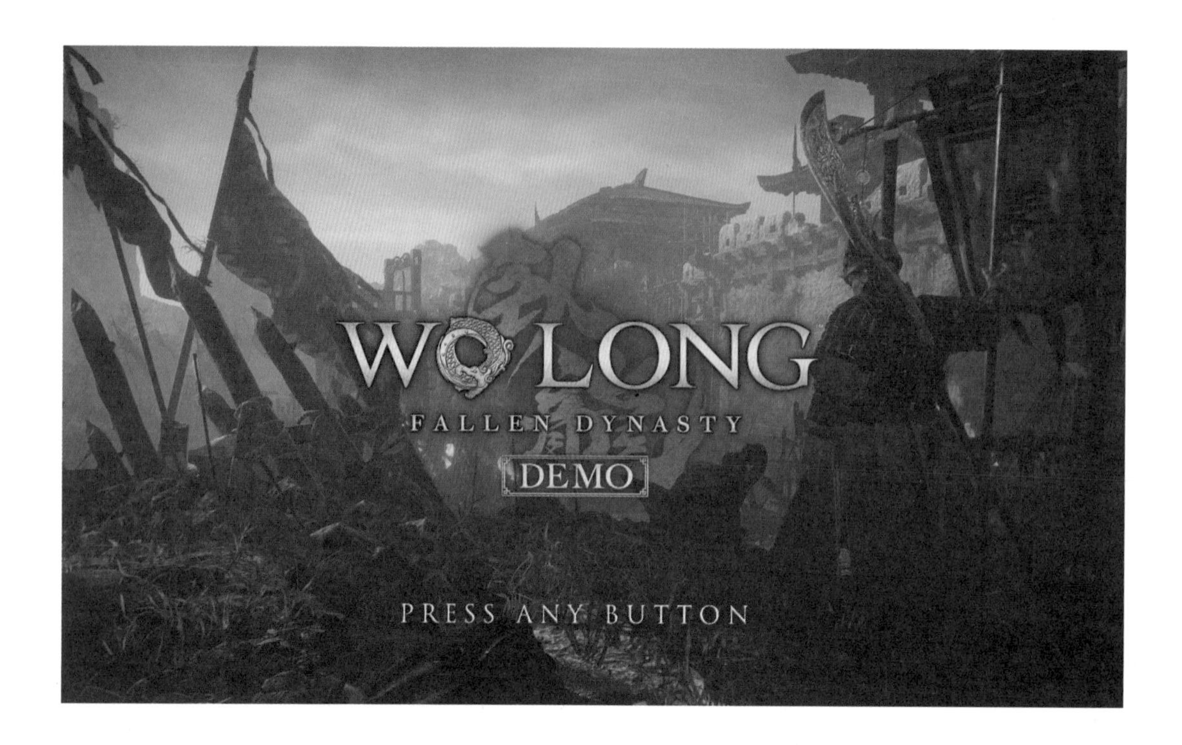

11.3 商业化阶段

当游戏正式开发完成后便会进入宣传、发售、运营、维护等一系列商业化流程。只有游戏真正面向玩家，开发团队才能收获最为真实的体验反馈，所以这个阶段就好像我们辛辛苦苦学习了一个学期，终于要迎来期末考试一样，非常考验开发团队的开发实力、发行实力及运营维护实力。

11.3.1 宣发阶段

在前面就提过，在游戏前期准备阶段，市场部门或发行商便会根据游戏特色去制定一些营销策略。当进入开发中后期，宣传、发行的相关工作便会紧锣密鼓地展开。相关部门会根据游戏的卖点、类型、平台、目标用户群体等特征，以及预期宣发成本，去制定能够突出游戏特点与亮点的宣传方案（如游戏宣传片、社交媒体文案、自媒体视频等），然后在一些如首次曝光、测试期、发售前、运营活动等关键节点，投放到对应的宣传平台（如官网、论坛、游戏网站、视频平台等），同时根据各阶段的关键数据来适当调整宣发策略。

《赛博朋克 2077》预告片

11.3.2　运营阶段

游戏在正式上线后会面对各种各样的活生生的玩家，开发团队要保证游戏能够给玩家带来优质的体验，并及时修复发现的问题。对于持续运营的游戏要定期更新活动，保证玩家的活跃性，这些都是运营阶段开发团队和运营团队需要做的工作。

对于开发团队和运营团队来说，在这个阶段，首先，要根据游戏的各项数据规划接下来的各个版本，确定其版本主题、设计目的、版本内容，并按照开发计划有条不紊地开展工作。

《逆水寒》运营活动

其次，构建玩家社区，搭建游戏官网，维护玩家与项目成员之间良好的沟通关系，以增强玩家的活跃度。

最后，根据玩家在不同平台的实时反馈，发现游戏的 Bug 或影响体验的问题，做出及时的修改、迭代，这也是运营阶段重要的工作内容。

11.3.3 复盘阶段

每个项目的开发都会留下许多宝贵的开发经验，因此在开发完成后，一般都会由开发团队成员整理出项目的成果、教训，分享给其他成员。这样做不仅对之前的开发项目做了一个很好的总结，也为今后继续开发类似项目做了积累和准备。值得一提的是，在 GDC 这样的游戏开发者大会中，团队成员还会将这些经验分享给广大的游戏开发者，以供大家参考。

这便是大多数游戏完整的开发制作流程。可以看到，任何一款游戏都不像很多人想象的那样简单。尤其是那些让我们沉浸其中、无法自拔的优秀作品，更是需要投入大量的人力、金钱及时间成本，这样才能从一个简简单单的创意，变为在显示器、电视、游戏机、手机上能够看到、玩到的游戏。因此，请尊重游戏开发者的辛勤劳动，珍惜他们付出的心血，拒绝盗版，支持正版。只有这样，才能鼓励游戏开发者去创造出更多更好的游戏，为我们的生活增添更多的乐趣。

第 12 章

游戏性与玩家心理

“小宇，你看看这条玩家反馈。”浩哥指着屏幕上玩家论坛里的一个帖子对小宇说。

“挑战关卡的第三关真的不好玩，又难又长，BOSS 还那么难打，真不知道做这个关卡的游戏策划会不会做游戏……”小宇念着帖子上的文字，声音越来越小，眉头也越皱越紧：“他这说得也太主观了吧。”

“不一定，你看看帖子下面的回复，大部分都是支持他的。看来我们还需要根据玩家的实际情况去调整一下难度曲线。要记住，我们需要让玩家有成就感，不然他们就不会感受到乐趣。当然，也不能调得太简单。你可以去思考一下这个度，看看有哪些点可以优化调整，下午咱们对一下。”浩哥笑了笑，耐心地提醒和引导着。

“我明白了，我再去看看用户通关数据。”小宇若有所思地点了点头。

12.1 什么是游戏性

我们经常会说：这款游戏真好玩！但当我们问自己这款游戏到底哪里好玩，为什么好玩的时候，却并不一定能说出个所以然来。其实，游戏的趣味性的确是比较抽象的，它既取决于游戏本身的设计，又取决于玩家的喜好。那么，本章就简单地分析一下游戏为何会带来乐趣。

我们在形容一款游戏好玩的时候，常常会说“这款游戏的游戏性很棒”。尤其是当我们提到任天堂的游戏，如《超级马里奥》《塞尔达传说》等佳作时，“高游戏性”几乎成了它们的代名词。那么，到底什么是“游戏性”呢？

追根溯源，“游戏性”这个词最早来源于英文 Gameplay。在 1999 年 Geoff Howland 发表的《游戏性的焦点》一文中，该词首次出现。但在当时，Gameplay 这个词实际上泛指“游戏的玩法”或“游戏”，与现在所理解的“游戏性”是有一定差别的。现在，一款游戏的游戏性通常是指其“作为游戏的核心性质”，或者更通俗一点，是指“游戏的可玩性”。

这样解释可能更易于理解，游戏性并不是在讨论一款游戏的画面、剧情或音乐，而是单纯去研究它作为游戏，最特殊和最具特性的，不是用来听和看的，而是用来“玩”的独有性质。这也就是当我们去玩以前的那些经典的FC（红白机）游戏，像《小蜜蜂》《坦克大战》时，虽然它们既没有荡气回肠的故事，也没有优秀的画面，但我们仍然能够乐在其中的原因。好的游戏性是简单却优雅的，无须太多华丽的装饰，就可以让人感受到它带来的乐趣。

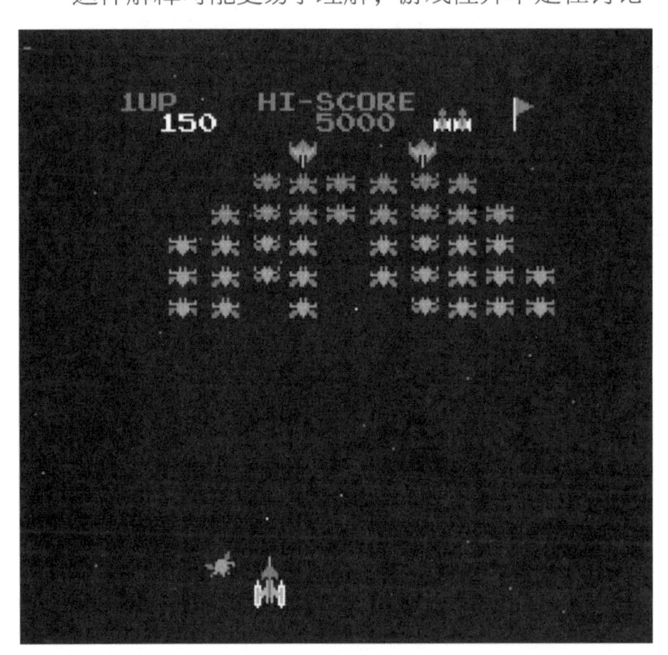

《小蜜蜂》

现在回想在之前章节中讲到的游戏的本质及游戏机制的定

义，其实正是游戏的这些特性，以及由各种游戏机制组成的游戏系统，才让我们去“玩”游戏，并且感受到其中的乐趣。所以，游戏性的好坏主要取决于游戏的各种机制设计——是否构成了有机的整体，是否提供了良好的体验。因此，一名游戏策划在去评估一款游戏的游戏性时，就要透过画面和文字去挖掘它的游戏机制、游戏系统，去找寻真正用来“玩”的部分，这样，游戏策划才能比较客观地、深入地研究游戏、拆解游戏。

当然，游戏带来的各种乐趣和体验也并不全是源于“游戏性”，这一点在全面研究一款游戏的时候需要注意。

12.2　玩家为什么会觉得一款游戏好玩

在了解了什么是一款游戏的“游戏性”后，我们再回头去看那些我们觉得好玩的游戏就会发现它们可能有一些类似的特征。由于好玩和乐趣其实是一种非常主观的感受，所以，这些特征所映射出来的其实是人类的一些心理变化。那么接下来我便分享一些游戏设计中运用比较多的设计技巧，以及玩家心理学原理，看看游戏开发者是如何运用这些技巧和原理让玩家觉得游戏好玩的。

12.2.1　交互与反馈

按住手柄的方向键，屏幕中的马里奥便乖乖地向前奔跑；按住鼠标左键，手中的 AK47 便喷射出带着火焰的子弹，将对面的敌人一击爆头。玩家对游戏所进行的各种操作似乎会马上呈现相应的结果。这种根据玩家和游戏的交互给予及时反馈，便是游戏带来的最基本的乐趣。

如果要探究为何会带来乐趣，我们就要从这几个关键词入手：交互、反馈、及时。

何为交互呢？交互，便是交流互动。简单来说，交互，便是玩家和游戏交流的方式。从最常见的手柄、键盘、鼠标，到各种触摸屏、体感遥控器，甚至是利用声音、脑电波，人类尝试用各种各样的方式去和 PC、游戏机、手机进行“沟通”，去和其中的游戏角色、菜单界面进行“交流”。其实，这也源于人类对于未知事物的好奇，就好像玩家在接触一个新游戏时会乱按一通，看看角色会有什么反应一样——玩家做出交互动作是其想要了解对方的一种主动沟通行为。好奇心，本身就会促使玩家产生探索未知的乐趣。

猴子在用脑电波玩游戏

玩家在走出了沟通的第一步——交互之后，往往会得到各种各样的结果。例如，操纵的游戏角色动起来了——其手中的刀砍出了一道刀光。这种根据交互行为给出的结果便是反馈。事实上，玩家在做出交互行为的时候并没有想着一定会有什么反馈，反馈的形成却让玩家对交互产生了更为浓厚的兴趣。这就好像你对着一只小猫喵喵叫，而小猫突然对着你叫一样——给出的反馈让你的行为变得有意义了。而且，不同的交互带来的不同反馈也代表了交互拥有了各自的含义。这时，交互的“互”（也就是互动）才真正建立起来。如果没有反馈，可能尝试交流一两次之后就会放弃了。这种“交互—反馈”的行为，其本质就是人类的学习本能行为。不管是小孩子还是小动物，他们玩玩具，或者把玩什么东西（如小球），正是他们在学习用各种方法去和玩具、小球沟通，并且根据给出的反馈来改变玩法。有反馈的玩具会让玩耍者产生更浓厚的兴趣。例如，能够移动的小车，按下去就嘀嘀响的电子玩具。因为交互和反馈不仅让玩耍变得更有意义，也让玩耍者产生了操纵的快感。

喜欢玩玩具的孩子

交互有了，反馈也有了，现在你设想一下，当按住鼠标左键 3 秒后枪才射出子弹，你会有什么反应呢？可能你会觉得游戏卡了，或者网络延迟了。那么你会有什么感受呢？如果一个孩子按住遥控汽车的遥控器 3 秒后车子才动，可能他瞬间就会失去兴趣了。事实上，反馈的及时性也的确决定了交互的乐趣。如果说你是一个国王，那你一定不会喜欢听了号令却非要愣一会儿才执行命令的士兵。延迟的反馈降低了操作感，也降低了玩耍的乐趣。这也是游戏中的各种反馈都非常及时的原因。不管是操作角色行动，还是获胜后弹出用户界面，及时反馈都是非常重要的，因为这是对玩家交互最为积极的响应。

及时的受击特效

综上所述，交互和及时反馈带来了玩游戏的基本乐趣。正是这种及时的反馈让玩家更想去玩游戏，而不是去做其他反馈延时的事情。那些需要很久才能看到反馈的事情让人觉得劳累、失去耐心，即使那些事情都是有意义的。所以，游戏策划要利用这种设计方法来让玩家觉得游戏好玩，而玩家依然需要去尝试参与那些枯燥但有益处的延时反馈活动，这样才能更好地享受游戏带来的乐趣。

12.2.2　挑战与成就感

如果我问你，你觉得玩游戏带来的最主要的乐趣是什么？或者说，你为什么要去玩一款游戏？你会如何回答呢？

可能这并不是一个特别容易回答的问题，但没关系，你仔细回想一下，当你玩不同类型的游戏时，乐趣到底从何而来。

在玩 PvP（Player vs Player，玩家对战）游戏时，我们通过自己的技巧和操作击杀对手，赢得胜利，获得乐趣。

PvP 游戏

在玩单机游戏时，我们通过练习，战胜不同的敌人，通关游戏，获得乐趣。

单机游戏

在玩解谜游戏时，我们通过思考谜题的设计思路发现解题的关键，解出谜题，获得乐趣。

解谜游戏

在玩模拟经营类游戏时，我们通过合理的资源分配，达成一个又一个目标，让自己的经营规模越来越大，从而获得乐趣。

模拟经营类游戏

虽然是不同类型的游戏，但玩家都在通过努力去解决一个个问题，去应对一个个挑战，去克服一个个困难，然后从这个过程及得到的结果中获得乐趣。实际上，这种乐趣就是通过挑战成功而获得的成就感。通过解决游戏中的各种问题获得成就感，便是游戏最主要的乐趣来源。

为什么完成挑战会获得成就感呢？其实，这主要与人体内分泌的各种神经递质有关。

- 多巴胺。

多巴胺是一种神经传导物质。这种脑内分泌物与人的情欲、感觉有关，它传递兴奋及开心的信息。当我们通过交互获得正反馈，以及通过完成挑战获得奖励的时候，大脑就会分泌多巴胺，让我们有快乐、满足的感觉。近年的研究表明，就算是在不会带来快乐的高压状态中，多巴胺也会处于峰值。由此可见，我们处于挑战的过程中也会产生兴奋、快乐的感受。

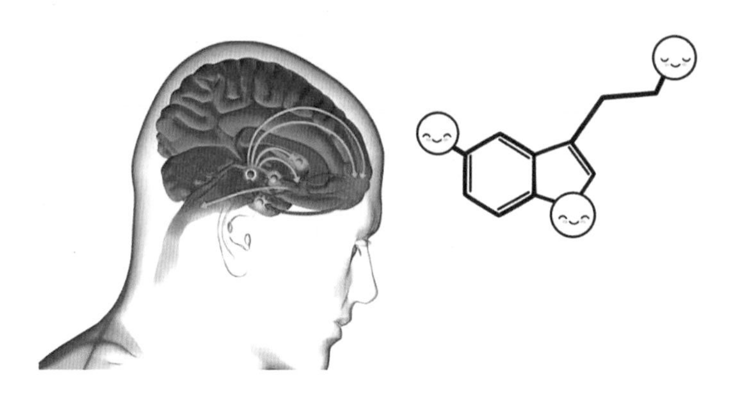

- 内啡肽。

内啡肽是一种内成性（脑下垂体分泌）的类吗啡生物化学合成物激素。它与吗啡受体结合，产生跟吗啡、鸦片剂一样的止痛效果和愉悦感。当我们受到疼痛刺激、冥想或进行长时间的有氧运动时，体内便会分泌内啡肽。在这种状态下，我们会感受到一种平静的喜悦。我们在游戏中完成挑战、达成目标也会促使内啡肽分泌，从而产生愉悦感和成就感。

实际上，除了多巴胺和内啡肽，血清素和催产素也和我们在游戏中获得的乐趣息息相关。这些生物学上的奖励机制让我们拥有面对挑战的兴奋感和获胜后的成就感。包含各种挑战的游戏，便是利用了人的本能——通过完成挑战获得乐趣、释放压力。对于玩家来说，“明确挑战—学习并尝试—完成挑战—获得奖励”这条行为路径便是玩各种游戏最为常见的过程。作为一名游戏策划，如何合理地设立挑战规则、引导玩家学习、设置恰当的难度、提供合理的奖励，是非常考验设计功力的。

12.2.3 风险与回报

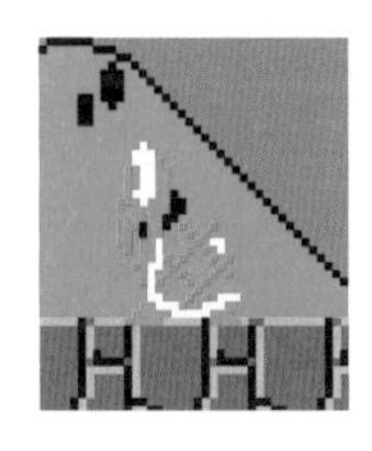

玩过《超级马里奥》系列游戏的玩家肯定对图上的乌龟不陌生。很多人，包括我自己，都很喜欢去踩这个乌龟，然后顺脚踢一下龟壳，看着它把前面的敌人全都撞倒。看上去，这只是一个有意思的玩法，殊不知，这里却隐藏着游戏性的重要原理，那就是风险与回报。

玩家会发现，乌龟离自己越近就越危险，但是相对地，跳跃起来踩中它的命中率也越高。也就是说，玩家承受的风险（被乌龟撞死）越大，得到的回报（踩中乌龟）也就越高。正是因为玩家冒着极大的风险获得了与之匹配的回报，所以玩家才获得了成就感和乐趣。

只有靠近才有机会踩中乌龟

还有一种消灭乌龟的方法——用火球，也能佐证上述理论。玩家在获得火焰花后，便可以从远处扔火球消灭乌龟。有意思的是，如果用火球击中乌龟，乌龟就会直接死亡，而不是变成可以当作武器的龟壳。为什么呢？因为扔火球所冒的风险要远远低于跳踩。所以，扔火球所得到的回报也理所应当地低于跳踩所获得的回报。

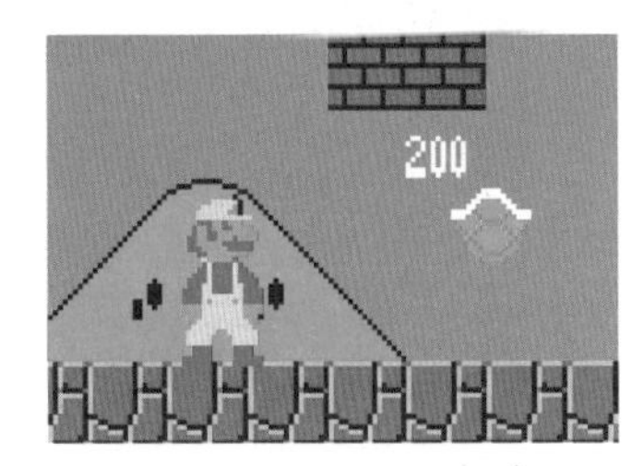

被火球击中直接死亡的乌龟

实际上，我们在仔细研究其他游戏性优秀的游戏后会发现，其中都有着大量关于风险与回报的设计。例如，近战伤害要高于远程伤害，长前摇技能要比短前摇技能更强。可见，这一套理论是游戏性的基础原理。《星之卡比》《任天堂明星大乱斗》等名作的制作人樱井政博在其游戏设计频道对这一理论也做出了比较详尽的讲解。此外，这个频道也有大量关于游戏设计的干货，非常推荐大家去学习研究。

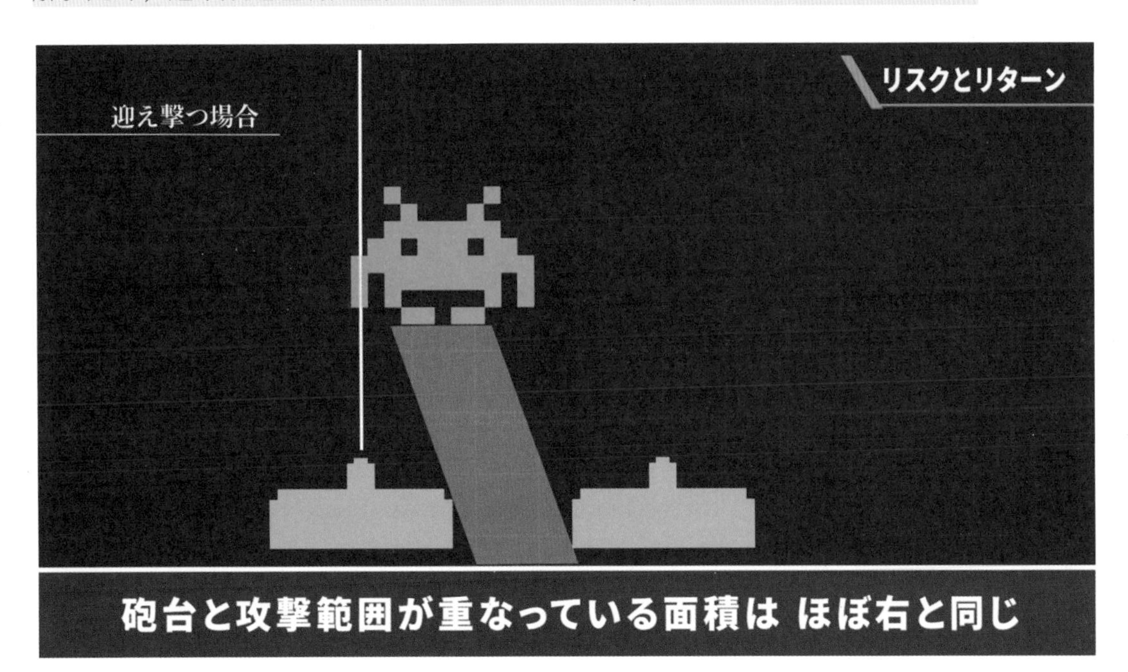

樱井政博的游戏设计频道

12.2.4　心流理论

在 2022 年年初，一部动作 RPG 游戏席卷了整个游戏圈，让全世界的游戏玩家都为之疯狂、沉迷其中。这部游戏——《艾尔登法环》就是由 From Software 开发的，截至 2023 年 2 月，其全球总销量突破了 2000 万份，并且获得 2022 TGA 最佳年度游戏奖。

我们回过头来仔细思考一下，为何这样一部将魂系和开放世界相结合的游戏会让如此众多的玩家不知不觉花费数十小时于其中呢？有人说，是因为它庞大、神秘的世界观架构；有人说，是因为它丰富多样的内容；也有人说，是因为它的难度让人欲罢不能。

我认为，以上这些的确是它成功的要素，但是让玩家上瘾、沉迷其中的最主要原因是它的设计符合心流理论。

什么是心流理论呢？

心流，是指因内在驱动力而完全沉浸于一项活动的状态，是心理学家米哈里·契克森米哈赖在《心流：最优体验心理学》一书中提出的概念。

书中，米哈里·契克森米哈赖提出容易进入心流状态的活动有以下特征。

- 我们愿意去参与的活动。

- 我们会专心参与的活动。
- 有清楚目标的活动。
- 有立即回馈的活动。
- 我们对这项活动有主控感。
- 在参与活动时我们的忧虑感消失。
- 主观的时间感改变——可以参与很长的时间而感觉不到时间的流逝。
- 我们对于所参与的活动是力所能及的，且是具有一定挑战性的，可以通过不断练习来提升自己的能力，攻克更难的难关。

在看到这些特征之后，我想很多人都会发现自己曾经有过这样的感受。我们在做自己喜欢的事情时，如玩游戏、跑步、画画、看书、下棋，会有一种全神贯注、心中无限平静、忘却了时间流逝的感觉。这种状态便是心流状态。

但是，有些人会质疑：我已经很久没有玩一个游戏玩到上瘾和沉迷了。同样是游戏，为何《艾尔登法环》会让我进入心流状态呢？

这就涉及另一个游戏设计中的概念：心流区间。

我们来看下这张图，横坐标是玩家的技巧水平，纵坐标是游戏的挑战难度。当一个游戏的挑战难度远远低于自己的技巧水平时，玩家就会感觉这个游戏有些无聊。而当游戏的挑战难度远远高于自己的技巧水平时，玩家又觉得这个游戏太难了，于是觉得烦躁、焦虑，有的甚至直接删除游戏、掰断光盘。

那么，假如一个游戏的挑战难度始终比自己的技巧水平高一点，以至于玩家感觉只要努力就可以通过挑战，并且通过之后还会有更高一些难度的挑战在等着自己。当游戏的挑战难度持续维持在这样的难度区间，玩家便会进入心流状态，这样的区间称为心流区间。

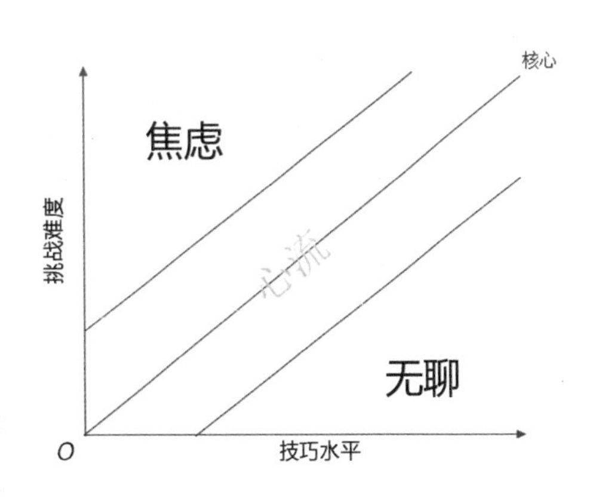

我们此时再去研究《艾尔登法环》的游戏设计便会发现其中的奥秘。传统的魂系游戏一向以高难度著称，玩家通过不断磨炼技巧战胜强大的敌人，从而获得成就感。但是，传统的魂系游戏由于其箱庭关卡的结构，导致玩家在闯关途中可选择的路线数量是有限的。那么，一个玩家一旦在某个 BOSS 处卡住，一直无法挑战成功，往往就会进入焦虑区间，进而放弃游戏。

再看《艾尔登法环》，由于其开放世界的特性，玩家可选择的通关方向是多种多样的。其具备基础难度，所以大部分玩家不会进入无聊区间。不同地区设立的不同数值梯度，不同等级有不同特点的 BOSS 挑战，以及可以自由选择的成长路径和挑战对象，使每个玩家都能找到让自己感受到“有一点点挑战，但我努力应该能通关”的难度曲线。也就是说，这样的设计模式使得大部分玩家创造了自己的心流区间，因此，他们便沉迷其中，不知不觉一玩就是一个通宵。

实际上，除了《艾尔登法环》，很多游戏为了让玩家处于心流区间，也会设计很多动态控制难度的机制。例如，《半条命 2》会根据玩家当前状态来判断箱子中是要多刷子弹和血包，还是要少刷。可以说，如果一个游戏能够设立有效的心流控制机制，那么它便成功了一半。

12.2.5　随机“陷阱”

“石头，剪刀，布！”当你和朋友喊出这句话的时候，那便意味着你和朋友之间已经开始了一场焦灼的比拼。事实上，这场比拼的输赢也许并没有那么重要，但是当你获胜或落败时，游戏过程已然让你觉得充满了乐趣。除此之外，比如玩抽卡游戏，我们总会因为抽不到自己想要的角色而懊恼，或者因为突然抽中了而欣喜若狂。再如玩《炉石传说》这样的卡牌游戏，本来已经处于劣势，却因为一张“神抽”而一举翻盘。如此这般由于随机性而带来的乐趣充斥在各种游戏之中。我们就好像跌入陷阱的小兔子一般，沉醉于各种随机机制而无法自拔。那么，为何游戏中的随机性让玩家如此沉迷呢？

抽卡玩家最期待的画面

1938 年，行为主义者斯金纳发明了一个很有意思的心理学实验装置。他设计了一个封闭的小箱子，在箱壁一边有一个可供按压的杠杆，而在杠杆旁边则有一个小孔，小孔外连接着储存着颗粒食物的释放器。他将一只禁食 24 小时的小白鼠放进去，并观察它的行为。一开始，小白鼠只是盲目地探索，但它后来发现，只要按压杠杆就可以获得食物。于是，它便不停地按压杠杆，最终形成了条件反射。

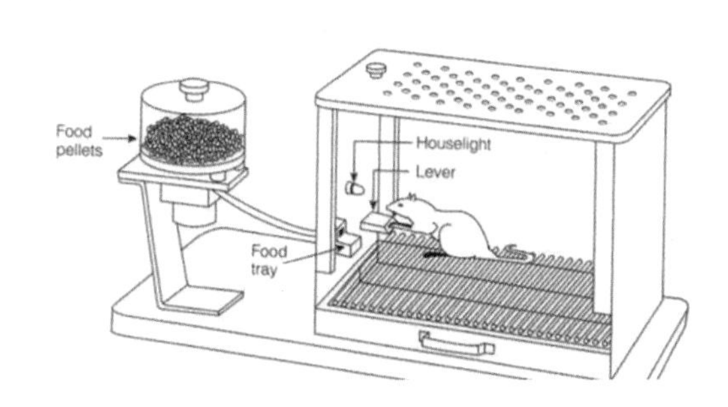

随着实验的进行，小白鼠的行为渐渐变得有趣起来。当把实验装置修改为按压杠杆会随机掉落食物的时候，小白鼠按压杠杆的学习行为并没有变化。尽管直到按压 40 ~ 60 次才会掉落一粒食物，但它仍然会不停地按压杠杆，并且持续很长一段时间。更有意思的是，有的小白鼠培养出了奇特的行为习惯，如撞箱子、作揖，甚至转圈跳舞。

这个实验说明动物的学习行为是随着一个起强化作用的刺激而产生的，如掉落的食物。其实人类也是一样的，我们在知道了自己的某些行为可能会获得奖励后，便会持续尝试，尽管奖励并不稳定。有的人为了获得这些奖励，甚至会相信“中午站在某个雕像上抽卡，抽中的概率会增加”这样的无稽之谈。其实，说白了，我们也都和那些小白鼠一样，掉落在了随机的“陷阱”之中。我们坚信，自己就是那个可以战胜概率、战胜随机的天选之子，于是就一遍遍地投入更多的时间和金钱去赌一个奇迹。这也是很多人沉迷于赌博的原因。

其实，使用恰当的随机机制的确会帮助玩家在游戏中获得更多的乐趣。例如，为了提高玩家的游戏体验，很多随机机制都是伪随机机制，即有保底的随机。很多抽卡游戏，当抽满一定数量时，必定会获得稀有的角色或装备；一些即时战斗类游戏，暴击的概率也会随着玩家没有出现暴击的次数而逐渐增加。这些动态调整概率的机制，虽然让“随机”变得没有那么随机，但也的确让玩家真真切切地感受到了被幸运之神眷顾的乐趣。

= 祈愿规则 =
【5星物品】
在本期「影寂天下人」活动祈愿中，5星角色祈愿的基础概率为0.600%，综合概率（含保底）为1.600%，最多90次祈愿必定能通过保底获取5星角色。

游戏的随机性其实是一把双刃剑。它可以让游戏提高耐玩性，增加游戏时长，但也可能让玩家沉迷氪金，甚至影响正常生活。作为一名有良知的游戏策划，希望你能掌握好随机设计的尺度，不要让本来的幸运给玩家带来太多的不幸。

12.2.6 剧情吸引力

如果我问你，你印象最深刻的游戏情节是哪一段呢？你最喜欢哪一个游戏角色呢？不同的人会给出不同的答案。事实上，在现代游戏开发过程中，游戏的故事情节和角色塑造已经成了吸引玩家的重要因素。一个好的故事情节和富有个性的角色可以为玩家提供更加深入的游戏体验，让玩家有一个真实的情感体验，进而提升游戏的吸引力和深度。

一般来说，游戏剧情会从以下几个方面来提升玩家的游戏体验感。

1. 丰富的情感体验

一个好的剧情可以让玩家有强烈的情感体验，如喜怒哀乐、紧张刺激等，从而让游戏更加有吸引力。设计者通常会通过各种手段来实现这一目标，如刻画人物形象、设置剧情转折点、安排高潮等。

例如，游戏《最后生还者》中有这样一个桥段：乔尔和艾莉在逃难途中遇到了一对兄弟，于是和他们结伴同行。正当他们的关系越来越亲密时，弟弟却不幸被感染了。当弟弟马上就要失去意识扑向艾莉的时候，哥哥绝望地对着弟弟扣下了扳机，然后用枪指向了自己……这个情节通过一系列的铺垫、节奏的变化，以及最后的高潮，给玩家（包括我）带来了极强的情感冲击，也让玩家从中感受到了末世中的情感纠葛，以及生命的脆弱与一个人的无助。

2. 游戏的代入感

剧情可以帮助玩家更好地进入游戏世界，提高游戏的代入感。一个好的剧情可以让玩家觉得自己就是游戏中的主角，从而提高游戏的代入感。设计者通常会通过创造一个完整的游戏世界、安排人物关系、刻画情节转折等手段来实现这一目标。

好的角色形象也可以提高游戏的代入感。游戏中的角色形象可以帮助玩家更好地理解游戏世界中的人物关系和历史文化，从而提高游戏的代入感。此外，好的角色形象还可以让玩家与游戏中的人物建立情感联系，增加游戏的吸引力和玩家的情感投入。

例如，游戏《巫师 3：狂猎》的故事背景设定为一个充满魔法的奇幻世界，玩家扮演主角杰洛特，故事以杰洛特寻找他的养女希里为主线，但同时穿插着许多其他的故事情节和支线任务。其中，主角杰洛特是一个非常出色的角色。他是一名巫师，拥有强大的战斗技能和魔法能力，以及坚定的信念和不屈不挠的精神。他的人物形象非常丰满，既有着强烈的正义感和责任感，又有着复杂的情感纠葛和内心挣扎。

除了主角杰洛特，游戏中的其他角色也都有着不同的人物形象和故事情节。比如特莉丝，她同样是一名巫师，但与杰洛特的关系非常复杂，二者之间有爱情，但又都很痛苦；再如各个王国的领袖和官员，他们有着不同的政治立场和利益纠葛，他们之间的关系也会对故事情节产生重大影响。通过完成各种任务和探索世界，玩家可以深入了解这个游戏世界的文化、历史和各种角色。这种代入感让玩家能够更好地理解游戏世界，从而更加享受游戏带来的体验感。

特莉丝和杰洛特

3. 好奇心

一个故事一般都会有结局，而去探寻结局，或者知晓某个角色的命运，是不少玩家愿意继续玩游戏的重要动力。这主要是因为游戏的剧情常常包含着各种未知的情节、未知的角色性格和行为动机、未知的世界观和历史文化背景等。这些未知元素会引发玩家的好奇心，让他们想要了解更多的信息，从而推动故事情节的发展。

以《最终幻想 7：重制版》为例，玩家扮演年轻的士兵克劳德，其加入了反抗神罗公司的组织“雪崩”，以此为引子逐渐发现隐藏在这个世界的阴谋。但和原版不同，在其前传《最终幻想 7：核心危机》中为了保护克劳德而死的扎克斯，在《最终幻想 7：重制版》的结尾居然再次出现了。他到底是复活了，还是只是平行世界的幻象？这些问题吸引着大量玩家期待着后续故事的发展。同时，玩家也对一些核心人气角色如蒂法、爱丽丝，以及 BOSS 萨菲罗斯的命运走向极其关注。这些都使剧情、角色形象对玩家具有强大吸引力。

12.2.7 社交的魅力

曾经有一段时间，我对《守望先锋》特别痴迷。不光因为这款游戏在那个时候是风靡全球的多人在线竞技射击游戏，更重要的是我有一帮联机打游戏的朋友。那个时候，我们每天中午都会玩上几局，自己也会利用业余时间偷偷练习，希望在联机时能大显身手，出一出风头。后来，由于各种原因，朋友们逐渐放弃了这款游戏，而我因为没有了一起玩的伙伴也慢慢对它失去了兴趣。

如今想来，我一直玩《守望先锋》的理由更多源于社交所带来的驱动力。对于多人游戏来说，社交便是其强大的吸引力元素之一。

为什么游戏中的社交会让玩家觉得游戏非常好玩呢？主要有以下几个原因。

1. 提高玩家的技能水平和增加游戏所带来的乐趣

多人游戏有很多的玩法，如多人组队打副本、多人竞技等。通过多人游戏，玩家可以与其他玩家一起玩，互相交流技巧和策略，分享游戏内部信息。这种互动性和合作性增加了游戏的可玩性，使玩家可以长时间地沉浸在游戏中。并且，由于每局都可能和不同的人一起玩，因此每局的游戏体验也会有所不同。

例如，在《英雄联盟》这款游戏中，玩家可以单独匹配，也可以组队进行对战。遇到的队友和对手水平不同，有可能你什么都不用做就可以躺赢，也有可能你会遇到拖后腿的队友或极其强大的对手而因此输掉比赛。最让我印象深刻的一场对局是在我方大幅度落后的时候，明明一开始还在互相埋怨的队友突然开始互相鼓励，逐渐形成默契，打出漂亮的团战。在大家的共同努力下，我们抢下了大龙，力挽狂澜，推掉了对手的基地，实现了翻盘。当我在聊天频道看到大家纷纷打出“居然赢了”“大家给力”之类的话语时，我真切地感受到了多人游戏的魅力。

多人游戏中的各种不确定性，以及互动性和合作性使玩家们不断地尝试新的战术和策略，从而提高他们的技能水平，这样就增加了游戏所带来的乐趣。

2. 提高玩家的忠诚度和满意度

就像之前提到的，我因为朋友而沉迷于《守望先锋》，又因为朋友的放弃而放弃，由此可见，社交关系可以在一定程度上提高玩家对一款游戏的忠诚度。因此，很多多人游戏，尤其是大型多人在线角色扮演游戏（MMORPG），会有社交系统及社交功能，通过让玩家之间建立联系，让他们更好地融入游戏社区，从而提高他们的忠诚度和满意度。

例如，在《魔兽世界》中，公会系统就是一个非常重要的社交系统。玩家可以通过加入公会与其他玩家建立联系，一起完成任务。公会还可以提供各种资源和帮助，如公会活动、专属资源、副本攻略等。最重要的是，玩家拥有游戏中最昂贵的资源：朋友。当玩家和一帮有共同爱好、共同目标的人一起通过一下午甚至几天的努力，在无数次灭团之后终于攻克一个极其困难的副本时，那种集体荣誉感和成就感是一些单机游戏无法带来的。这也是 MMORPG 拥有大量忠实玩家的主要原因之一。

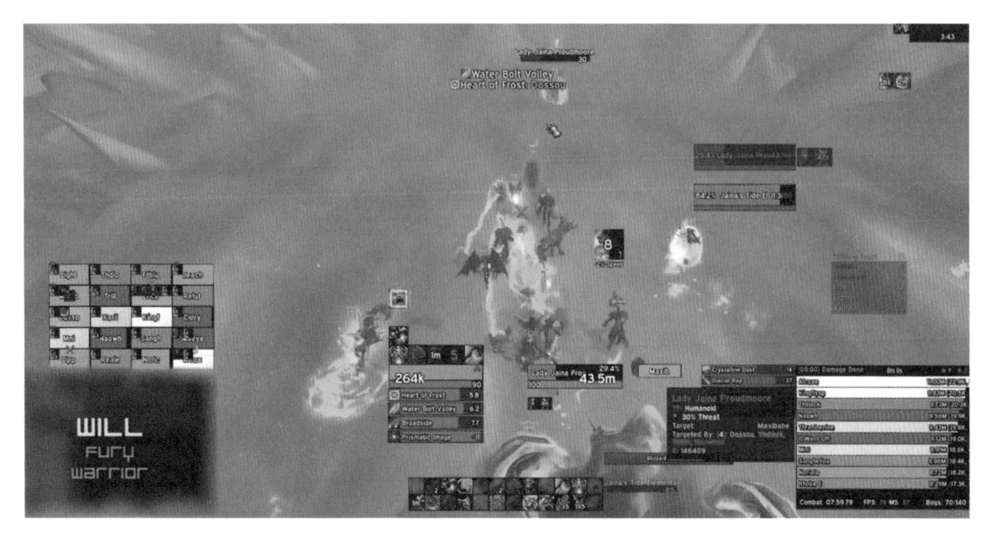

《魔兽世界》公会

12.3 玩家分类

你喜欢什么类型的游戏呢？是FPS？ RPG？ 还是ACT？ 我想，对于不同的玩家来说，答案并不完全相同。事实上，就像这个世界上有各种类型的游戏一样，玩家也有不同的分类。不同类型的玩家有各自的游戏喜好及游戏习惯。

那么，到底有哪些玩家分类呢？实际上，如果从不同的角度去划分，玩家的分类也会有所不同。当今游戏界最为著名也最被认可的莫过于由英国埃塞克斯大学计算机游戏设计专业的荣誉教授理查德·巴蒂尔在1996年提出的玩家四大分类。

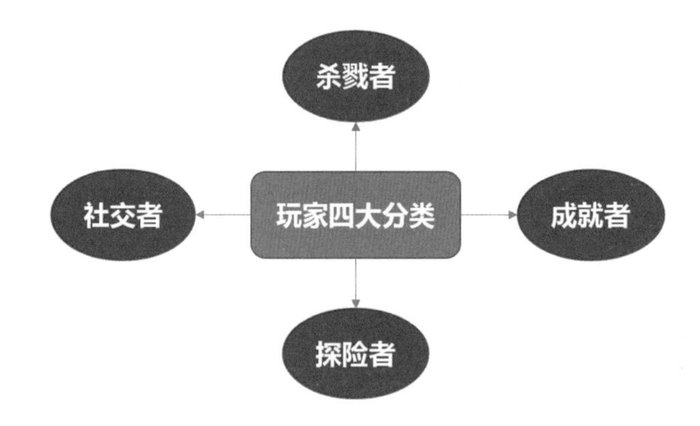

12.3.1 探险者

你是那种喜欢在《塞尔达传说：旷野之息》中探寻每一寸土地、发现每一个秘密的玩家吗？你是那种喜欢在《艾尔登法环》中找寻一个个隐藏的武器和装备，发掘一个个鲜为人知的NPC支线任务的玩家吗？如果你是，那么你应该就是一名“探险者”类型的玩家。

探险者，在游戏中通常是喜欢探索和发现新事物的玩家，他们在游戏中探险/冒险，不断挑战自己的极限，并尝试破解游戏中的各种谜题和难题。他们通常喜欢尝试新的游戏玩法，以寻找更多的乐趣和满足感。探险者类玩家对游戏世界有浓厚的兴趣。他们执着于游戏角色和世界交互产生的反馈，尤其是那些极致的惊喜、隐藏的剧情、奇怪的Bug。他们会探索游戏世界的每个角落，寻找各种隐藏的区域和场所，尝试解锁隐藏的秘密和收集难得的物品。在这个过程中，他们需要发挥自己的观察力和探索力，并通过破解谜题和难题来获得奖励和成就感。他们的目的在于了解整个游戏的机制，成为一个游戏世界的博学者。顶级的探索者类玩家会轻松完成各种任务，达到非常高的游戏水准，甚至在排行榜上占有一定地位，他们热衷于为新手解答问题，成为新手的导师是他们最基本的目标。

这个类型的玩家对于内容丰富、偏探索类的游戏会更感兴趣，如开放世界、MMORPG 类的游戏等。这里就以《塞尔达传说：旷野之息》为例，探险者类玩家会不知疲倦地在这片广阔无垠的开放世界中探索各种神秘的场所和遗迹，完成各种任务和挑战。他们拥有极强的探索欲和分享欲——各大社交平台上的各种游戏攻略、游戏隐藏内容、冷门玩法等也大多出自他们之手。

《塞尔达传说：旷野之息》中被发掘出的各种隐藏玩法

12.3.2 社交者

有的人喜欢自己一个人默默享受游戏的故事、玩法；有的人喜欢和其他玩家一起玩，享受与人同乐的感觉。这些人被称为“社交者”。

社交者类玩家通常喜欢与其他玩家交流和互动，他们善于建立人际关系，喜欢在游戏中寻找志同道合的伙伴，以及与其他玩家合作完成任务和挑战。他们在游戏中会主动与其他玩家交流，分享游戏经验和技巧，建立和维护游戏中的社交圈子。他们在游戏中的目标是认识不同的玩家，与他们建立深厚的友谊，了解他们的价值。享受游戏中的社交体验，这也是他们选择玩游戏的主要原因。他们对其他游戏玩家的兴趣远高于游戏本身，他们也许有一个公会，也许是世界聊天的主力水军，也许是各大高手的粉丝。对于他们来说，玩游戏就是为了与不同玩家接触而产生友情，如果这种友情能够在游戏中对自己有所帮助那就更好了。

对于社交者类玩家来说，不管是注重多人玩的联机游戏（如各种 MMORPG），还是注重与好友或陌生人一起玩的聚会游戏（如《超级马里奥派对》、*Among Us*、《鹅鸭杀》），都是他们展现社交能力的绝佳场所。他们是真正的社交达人。也许，喜欢和其他人在一起只是一种害怕孤独的表现吧。

《超级马里奥派对》

12.3.3　杀戮者

如果你是一名《魔兽世界》的老玩家，你可能听说过这样一个名字——三季稻。这是一位常年游走于暮色森林和荆棘谷的亡灵法师，被称为联盟小号的收割者。据说，三季稻曾在 40 多位联盟的围追堵截中只凭胯下坐骑，就安然纵跨暮色、赤脊山、燃烧平原几个大陆。而像这样非常喜欢 PvP，喜欢用自己的技术和操作换取击杀成就感的玩家，被称为“杀戮者”。

杀戮者类玩家热衷于追求胜利，他们是让游戏变得残酷的罪魁祸首。将自己的快乐建立在别人的挫败感之上，就是他们常做的事情。他们喜欢与其他玩家竞争，以战胜对手为乐趣。这类玩家通常比较激进，喜欢挑战，而且善于察觉对手的弱点，利用这些弱点来获取胜利。在游戏中，他们通常会采取各种策略和手段，以获得更大的胜利。竞技性是他们对游戏的第一要求，他们会为了胜利（或冲排行榜）学习各种技巧。与成就者类玩家不同，杀戮者类玩家并不关心与胜利无关的事情。

对于杀戮者类玩家来说，只要是以 PvP 为核心或有 PvP 的游戏，都是他们的“乐园”。对于他们来讲，比较典型的游戏类型如下。

1. 多人在线射击游戏（如《绝地求生》、*CS:GO*）

多人在线射击游戏是杀戮者类玩家非常喜欢的游戏类型之一，因为这类游戏充满了竞争和挑战，玩家需要在有限的时间内完成各种任务并击败其他玩家，同时需要具备极高的射击和瞄准技巧，以及极佳的作战意识。在这类游戏中，杀戮者类玩家通常会采用各种战术和策略，包括埋伏、追逐、射击等，以此在对手面前占据优势。他们通常具有良好的反应速度、枪法技能和战术意识，能够快速适应游戏环境和对手的行为。

《绝地求生》

2. MOBA游戏（如《英雄联盟》、*DOTA2*）

MOBA 游戏也是杀戮者类玩家的热门选择之一，因为这类游戏需要玩家利用技巧和策略来控制游戏中的英雄，通过击败对手、推掉对方建筑来获得比赛的胜利。在这类游戏中，他们通常会选择一些高输出和高机动性的英雄（如《英雄联盟》中的亚索），采用各种策略来攻击对手。杀戮者类玩家通常有各种技巧和出色的操作能力，能够在与对手的缠斗中游刃有余地进行攻击和躲避，并华丽地解决掉对手。

DOTA2

3. MMORPG游戏（如《魔兽世界》《激战2》）

杀戮者类玩家在 MMORPG 游戏中通常是非常擅长 PvP 的玩家。他们利用自己的游戏技巧和经验在游戏中击败其他玩家，取得更多的荣誉和奖励。在 PvP 中，他们通常会选择强势的职业或角色，并采用各种策略和技巧来攻击对手。他们熟悉游戏中的各种技能和装备，以及其他玩家的弱点和行为模式，并通过分析和预测对手的动向来制定自己的攻击和防御策略。

此外，杀戮者类玩家还善于利用游戏中的各种功能和系统来提升自己的实力和技能水平，在 PvP 中占据更有利的位置。例如，他们会加入强大的公会或战队，与其他玩家合作完成 PvP 任务和战斗，同时从公会中获得更多的资源和支持。

《激战 2》

除了在各种竞技游戏中大显身手，这些杀戮者类玩家中的佼佼者会依靠自己的天赋和技术，投身于电子竞技中，为自己的战队和国家争取荣誉。

12.3.4　成就者

如果你是一名主机玩家，那么你一定知道什么是白金奖杯。白金奖杯是 PlayStation 游戏平台上用来评判玩家是否将一款游戏的所有成就都达成的唯一标准。看起来，将一款游戏的任务全完成是一件并不容易的事情，但是仍然有很多玩家不惜废寝忘食、昼夜颠倒地去“肝”一个个游戏，就只是为了自己的游戏界面上出现那个白金奖杯的标志。在沙特阿拉伯，更有一个“肝帝”Hakoom，他的白金奖杯有 3000 多个，是该项纪录的吉尼斯世界纪录保持者。那么，像这样热衷于完成游戏的各种成就、任务和目标的玩家，被称为“成就者”。

Hakoom

成就者类玩家勇于接受挑战，会主动完成游戏的任务，甚至会自己制定目标。他们喜欢通过完成各种任务、挑战和收集物品等方式来获得游戏中的成就和奖励，从而提升自己在游戏中的地位和能力。他们通常会付出大量的时间和精力来研究游戏的各种机制和玩法，以便更好地完成各种任务和挑战，并获得游戏的成就和奖励。他们的目标是不断地挑战自己，提升自己在游戏中的能力和地位，同时享受游戏带来的成就感和满足感。他们在内心会有一个对游戏掌控度的考量，达到自己心中对游戏掌控度考量的标准是最重要的目标。大部分成就者类玩家会把通关作为基本要求，当然也有一部分人会把目标定得更低一点，毕竟不是谁都有那么多精力和时间去像 Hakoom 一样可以去“肝”这么多白金奖杯的。

成就者类玩家在游戏中通常会展现出一些独有的特点和行为方式。首先，他们往往会对游戏中的各种机制和玩法非常熟悉，并具有较多的游戏技巧和丰富的经验。其次，他们会很注重游戏中的成就和奖励，比如通过完成特定任务或收集特定物品来获得称号、勋章、装备等奖励，或者在排行榜中获得较靠前的排名。最后，他们往往会花费大量的时间和精力来完成游戏中的各种任务和挑战。

一般来说，成就者类玩家会更喜欢玩单机或主机游戏。因为单机游戏一般都有着明确且数量有限的目标（如通关、完成某些任务），这样便于玩家去设立目标，然后去一项项完成。

事实上，玩家不会只有这四类玩家的其中一种特质，而是拥有其中的几种。例如，我就是一半的“成就者”和一半的“杀戮者”。那么，游戏策划去了解这四类玩家的特征，对于根据目标玩家群体设计游戏玩法和系统有很大的帮助。

在本章中，我们了解了什么是游戏性、游戏的乐趣来自哪些方面，以及游戏玩家的分类。这些其实都是让游戏策划从玩家的角度去思考游戏的乐趣来源。玩游戏是一件很主观的事情，游戏的乐趣也是因人而异的。但从更多的角度去探究游戏的乐趣、玩家的喜好，对游戏策划来说是非常必要的。因为，只有从玩家中来，以策划的思维去思考，再回到玩家中去，才能设计出真正让不同的玩家都能从中获得乐趣和成就感的游戏。

第 13 章

学习制作游戏原型

“小宇，你想做新项目吗？”

“啊？新项目？”被突然叫进会议室的小宇一脸茫然地看着眼前笑容可掬的冬哥，难以置信地问道。

“对，现在咱们项目运营得比较稳定了，所以上面决定让我带着几个人去孵化一个新项目。我打算做一个科幻题材的射击游戏，决定叫你还有其他几个人一起先做一个原型出来。你意下如何？”

“我做！”进入游戏行业这么久，小宇胸中沉寂已久的那颗对游戏制作的热爱之心，好像再一次被点燃了。

13.1 制作原型的好处

我相信很多人都有自己做出一款具有创新性且好玩的游戏的梦想。实际上，任何游戏，最初都只是一个有点粗糙和简陋的游戏原型。自己独立做出一款完整的游戏可能比较困难，但假如只是制作一个拥有基础玩法的游戏原型就简单多了。尤其对于想要成为游戏策划的人来说，学习制作游戏原型是一项基本功。所以，这一章就来介绍如何制作游戏原型。

在介绍关卡策划和技术策划的章节中都提到了制作原型是非常有利于游戏策划成长的。那么，制作游戏原型对游戏策划到底有哪些好处呢？

13.1.1 熟悉游戏开发流程

我们从前面的章节中已经了解到，一款游戏的完整开发流程其实是非常复杂且烦琐的，涉及不同岗位的合作，是一个创意落地成为可玩版本的曲折过程。作为设计的主导者——游戏策划，必须非常熟悉开发流程。

那么，在制作原型的时候，游戏策划就不能只从策划的角度出发，而应包揽所有的主要开发岗位，从 0 到 1 完整实现一个有一定完成度的玩法。在这个过程中，游戏策划需要全面思考在创意从设计到落地的过程中需要做什么，该按怎样的步骤去做，过程中需要注意什么，如何解决遇到的问题等。

打个比方，现在你想复刻一个简单的 FPS 玩法原型，那么首先要找到理想中的参考游戏，然后去分析它的 FPS 玩法是由哪些功能模块组成的，每个模块是怎样实现的。例如，角色模块需要怎样的角色模型资源？这些资源是从商店购买还是自己制作？获得资源后如何导入游戏引擎？如何在游戏中配置这些资源并使其正常运行？制作过程中遇到的问题该如何解决……当你从一个只需要文档就可以表述设计理念的游戏策划，变成一个需要去考虑整个实现过程的独立制作者时，你就会发现，就算是一个简单的动作调试也会花掉自己大半天的时间。曾经那些天马行空的想法还没开始“飞”，就被绊了个“狗啃泥”。

这时，你就会沉下心来，慢慢去研究每个细节的实现方法，去寻找每个问题的解决方案。而当你通过自己的不懈努力将一个小的功能点，甚至一个完整的玩法原型实现之后，除了会获得极强的成就感，你还会把这些开发步骤和经验牢牢地刻在自己的脑海中。在今后的游戏开发过程中，若遇到了相同的问题，你便可以快速地给出解决方案，使项目开发顺利进行。因此，制作游戏原型就好像上战场之前的训练。只有经历千锤百炼，在真正面对枪林弹雨的时候，才能更加游刃有余、从容不迫。

13.1.2　熟悉游戏引擎

如果说厨师离不开锅，士兵离不开枪，那么游戏策划便离不开游戏引擎。本书已不止一次强调过，熟练掌握游戏引擎对于一名游戏策划来说有多么重要。但是，毕竟工作内容不是全都围着游戏引擎转的，而且由于工作存在分工，能接触到的引擎功能也比较有限，所以游戏策划更需要利用业余时间去熟悉、学习游戏引擎。正所谓“百学不如一练”，利用游戏引擎制作原型便是最佳的学习方式。理由有以下几点。

- 制作游戏原型有助于了解游戏引擎的基本使用方法。

首先，可以了解如何下载并安装游戏引擎。由于不同版本的游戏引擎可能具有不同的特性和功能，因此需要了解如何选择合适的版本。在选择后，还需要对该版本的游戏引擎进行基本设置，以满足自己的需求。其次，在制作游戏原型时，需要用到游戏引擎各种组件的功能，因此需要了解界面功能、组件编辑功能、资源管理功能和脚本制作功能等基本功能。例如，界面功能可以帮助游戏策划了解游戏引擎的整体布局和各部分之间的关系；组件编辑功能可以让游戏策划添加、修改、删除游戏中的各种组件，如角色、场景、音效等；资源管理功能可以帮助游戏策划管理游戏中的各种资源，如图片、音效、动画等；脚本制作功能可以让游戏策划编写脚本程序，以实现特定的游戏功能等。

- 通过对某个功能的实现了解其实现原理，以熟悉游戏引擎不同系统之间的关联关系。

制作游戏原型需要实现各种不同的功能，如角色移动、音效播放、用户界面设计等。以角色移动为例，要实现该功能，就需要使用游戏引擎提供的相关组件和脚本。实现角色移动功能有助于深入了解游戏引擎的底层运作原理，如角色的位置和速度是如何计算和更新的，不同的物理系统和碰撞检测算法是如何实现的，以及如何处理用户输入和操作等。

- 对于在开发过程中遇到的各种问题，通过查资料、不断尝试并最终解决的过程，可以加深对游戏引擎的了解。

例如，我想在游戏中实现一个能够在玩家观看游戏时展示出不同视角的系统（如监视器），如果没有充分掌握游戏引擎的相关知识，就会感到无从下手。

在这种情况下，首先需要查资料，了解游戏引擎中相关的功能和技术，包括相机系统、动画控制、游戏事件等；接下来，尝试利用这些技术和功能，通过对游戏原型的不断修改和测试，逐渐实现该功能并优化其表现。

虚幻引擎官方文档

在这个过程中，游戏策划需要不断尝试不同的方法，可能会遇到各种各样的问题和困难。但是，通过查资料和学习不同的解决方法，游戏策划就可以逐渐加深对游戏引擎的了解，并掌握相关的技术和知识。因此，如果你想要成为一名熟练掌握游戏引擎的游戏策划，现在就开始着手制作游戏原型是不二之选。

13.1.3　求职加分项

这本书的读者中必定有一大半是想要进入游戏公司成为游戏策划的。那么，如何提升自己的竞争力便是大家最关心的话题。假如你在面试时能够拿出一份有一定完成度和具备一定可玩性的游戏原型，那么它必定能成为你求职路上的一把利剑，为你披荆斩棘。

实际上，现在很多知名大厂的部分校招岗位要求上，有过独立游戏创作经历或有个人作品这一项已经是非常明确的加分项。因为面试官通过作品可以比较直观地看出面试者是否具备一些游戏策划应有的基本能力。

1. 学习和动手能力

在游戏开发过程中，游戏策划需要具备强大的学习能力和动手能力，以便应对各种各样的工作。而成功制作出游戏原型则能在一定程度上证明自己的这些能力。毕竟，让一个能制作出简单的角色扮演游戏的人去学习配置一个角色应该也不是什么难事。

2. 将设计落地的能力

游戏策划需要将游戏设计变为具体的游戏玩法，这就要求游戏策划具备将设计落地的能力。这对于游戏开发来说是必不可少的。而通过制作游戏原型，游戏策划可以将自己心中的游戏设计具体化，将游戏规则、游戏操作等设计落地，并通过游戏原型来验证游戏设计的可行性。

3. 创意和想象力

游戏策划是一个需要有创意和想象力的职业。一个好的游戏策划需要有敏锐的嗅觉，以及对市场趋势和玩家需求的把握能力，并能够创造出独特的、吸引人的游戏玩法。游戏策划制作的游戏原型可以展现出自己的创意和想象力，以及能否将创意转化为具体的游戏玩法和体验。

4. 对于可玩性的理解能力

一个好的游戏需要有好的可玩性——它需要有趣的游戏机制、平衡的游戏难度，以及令人满意的游戏体验，而游戏策划则需要对游戏的可玩性有深刻的理解。通过游戏原型，面试官可以非常直观地感受到面试者对于游戏可玩性的理解。

不仅如此，对于像关卡策划、战斗策划这样的职位，在面试过程中，面试官可能会给出一个主题和一段时间，让面试者制作一个原型 Demo。因此，如果面试者希望提升自己的求职竞争力，找到自己心仪的工作，那么去学习游戏引擎、练习制作游戏原型，绝对会受益匪浅。

岗位职责：

1. 负责动作游戏相关关卡、任务的设计与制作
2. 整体规划关卡的体验与流程，并能够与IP、程序、美术等沟通跟进，最终各方面达到较高品质
3. 结合游戏核心战斗模式，设计、配置并打磨相关关卡玩法细节
4. 制作关卡平面图和白盒，跟进场景制作过程，确保场景符合关卡体验诉求
5. 跟进关卡与场景美术工作流，跟进关卡编辑器的制作与优化

任职要求：

1. 本科计算机相关背景，有较好编程和技术基础，能够快速实现原型进行玩法验证【加分】
2. 有两年及以上动作类或ARPG、MMO、射击游戏关卡或战斗策划经验
3. 丰富的动作游戏经验、3A主机游戏经验，深入理解动作游戏玩法和体验设计
4. 具有一定的美术基础或较强的审美能力，能够自己搭建白盒，对场景功能和表现有深入理解【加分】
5. 熟悉Unity/UE4任一引擎，熟悉lua等至少一种关卡脚本【加分】
6. 主流动作游戏、热门独立游戏的资深玩家【加分】
7. 做过独立游戏或有个人作品【加分】
8. 有过战斗（角色怪物）相关经验【加分】
9. 若有作品，可提供关卡设计作品

某知名游戏公司的关卡策划职位描述（截图）

13.1.4 为今后制作独立游戏做准备

我相信，有不少人想要成为游戏策划是因为最终他们想要去实现自己心中的梦想，也就是制作出属于自己的独一无二的游戏。实际上，很多独立游戏制作者也正是因为这个梦想毅然投身于“为爱发电”的独立游戏制作之中。其中当然有一些成功的案例，如独自一人开发出《传说之下》这样的“神作”的 Toby Fox，开发出《时空幻境》《见证者》等游戏佳作的 Jonathan Blow 等。

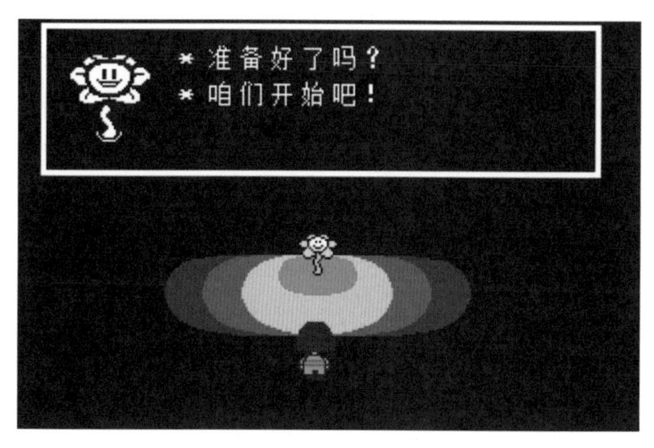

《传说之下》

但是，和这些极其稀少的成功者比起来，大部分独立游戏制作者的开发之路可以说是相当坎坷的，为了梦想踏上这条路却铩羽而归的失败者不计其数。其中，有一大部分都是完全没有准备的，甚至是一毕业就开始独立制作的年轻人。有梦想固然是好事，但正所谓“工欲善其事，必先利其器”。如果没有充足的准备，没有一定的知识积累和开发经验，那么在进行复杂的游戏开发工作时就容易出现许多问题。

- 难以实现想法：独立游戏制作者通常是出于对游戏的热爱和对自己梦想的追求而开始制作游戏的。但是，由于缺乏足够的知识和技能，很难把想法落实到实际的游戏中，这会导致游戏设计无法落地成为可玩的游戏玩法，游戏无法完成，或者体验不尽如人意。
- 缺乏实践经验：即使有一定理论知识的独立游戏制作者，但在实际开发过程中也会遇到许多问题。例如，如何解决编程、美术、音效等方面的技术难题，如何优化游戏性能等。如果没有实践经验，就很难应对这些问题，从而导致游戏质量下降。
- 资金和时间限制：独立游戏制作者通常都是在业余时间进行游戏开发的，因此时间和资金都是非常有限的。如果没有合理的规划和管理，就容易出现开发周期延长或预算超支的问题，最终导致项目失败。

以上这些问题都需要制作者具备一定的知识和经验才能够应对。如果没有准备好，就很难在游戏开发中取得成功。所以，尽早学习游戏引擎、制作游戏原型、熟悉开发工具，积累开发经验，学习游戏设计知识，夯实理论基础，并且从成熟的游戏项目开始做起，熟悉开发流程，这样才有更大的把握去实现自己的梦想。

13.2　学习游戏引擎

通过上一节的介绍，相信大家都能感受到游戏引擎的重要性了，但是游戏引擎毕竟不是游戏，一玩就能上手。那么，作为一个新手，该如何学习游戏引擎呢？这里就来介绍一些方法，帮助大家快速入门。

13.2.1　选择合适的游戏引擎

俗话说得好："知己知彼，百战百胜。"现在市面上的游戏引擎种类繁多，让人眼花缭乱，而想要选择适合自己的，必须先了解它们的特点。下面就介绍几种市面上比较常见的游戏引擎，以供参考。

1. Unity

作为一名想成为游戏策划的人，想必你一定玩过或听说过《炉石传说》《王者荣耀》《原神》这些游戏。这些鼎鼎大名的游戏都是通过 Unity 这款由 Unity Technologies 开发的游戏引擎创造出来的。

《炉石传说》

要说 Unity 最大的优势，莫过于它友好的跨平台支持，以及通杀 2D 游戏和 3D 游戏的强大开发能力。它不仅支持 Windows、macOS 及 Linux 等 PC 平台，PlayStation、Xbox、Wii 和 Switch 等主机平台，iOS、Android 等移动平台，而且支持基于 WebGL 技术的 HTML5 网页平台，以及 tvOS、Oculus Rift、ARKit 等新一代 VR/AR 多媒体平台。可以说，只要你能力足够，就可以利用它开发出任何主流平台的任何类型的 2D/3D 游戏。

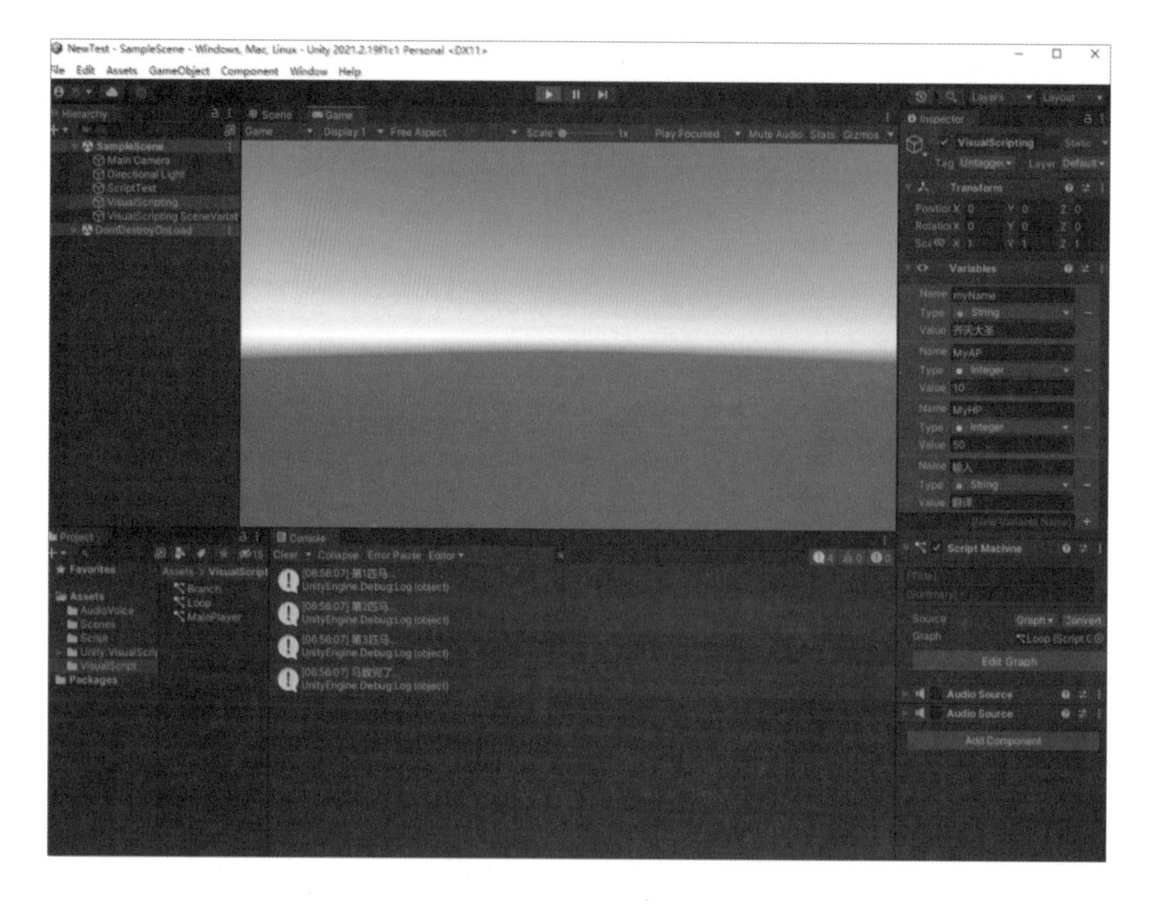

在上手难度方面，完善的图形交互界面、强大的可视化编辑工具、方便自由的开发环境、完善的社区支持、丰富的网络学习资料，对新手来说显得格外友好。在开发制作方面，Unity 主要使用的是 C# 编程语言，相对于比较复杂的 C++ 语言来说，这是一种比较简单的编程语言。就算不想使用编程语言来开发，Unity 也有像 Bolt、PlayMaker 这样的可视化编程插件，多次拖曳就可以实现各种游戏功能。

基于这些优点，以及它的轻量型和便捷性，是当今 80% 的移动端游戏开发者都会选择使用 Unity 来开发的原因。尽管 Unity 也有一些缺点，如它并不开源，商用和插件都需要收费；更适合开发手游而不太适合开发大型 3A 游戏等，但是，它仍然是游戏策划新手最佳的游戏引擎选择之一。

2. 虚幻引擎

虚幻引擎（Unreal Engine）的大名我想大部分玩家都不会感到陌生。它是由 Epic Games 开发的开源游戏引擎。《堡垒之夜》《战争机器》《质量效应》等 3A 大作都是用它开发出来的。它非常适合用于各种 3D 游戏开发，因为它提供了丰富的工具和资源，包括角色动画、物理引擎、脚本语言等。同时，它也支持跨平台开发，可以在 Windows、macOS、Linux、iOS、Android 、Switch、PlayStation、Xbox、VR/AR 等更多平台上运行。

《堡垒之夜》

首先，虚幻引擎最为强大的能力，即它拥有先进的图形技术，可以生成高质量的虚拟环境和特效。而到了虚幻引擎 5，这些优点被进一步放大。Nanite 可以以最高质量的方式加载和渲染任意复杂的三维场景，全新的全局照明系统 Lumen 可以快速捕捉场景中的全局光线，并在全场景中实时应用。一系列强大工具的加入使它带来的视觉效果几乎可以和现实世界相媲美。

虚幻引擎 5：《黑客帝国》Demo

其次，虚幻引擎自带的蓝图系统能帮助不会写程序代码的用户快速开发游戏。这是一个用来创建游戏逻辑和交互式效果的图形化工具，它提供了一种快速而直观的“编写”代码方法。蓝图系统用图形化界面来表示逻辑关系和流程，用户可以通过将各种节点连接在一起来实现自己的想法。每个节点代表一个动作或事件，并且用户可以自由地添加和编辑这些节点，从而实现各种游戏功能。

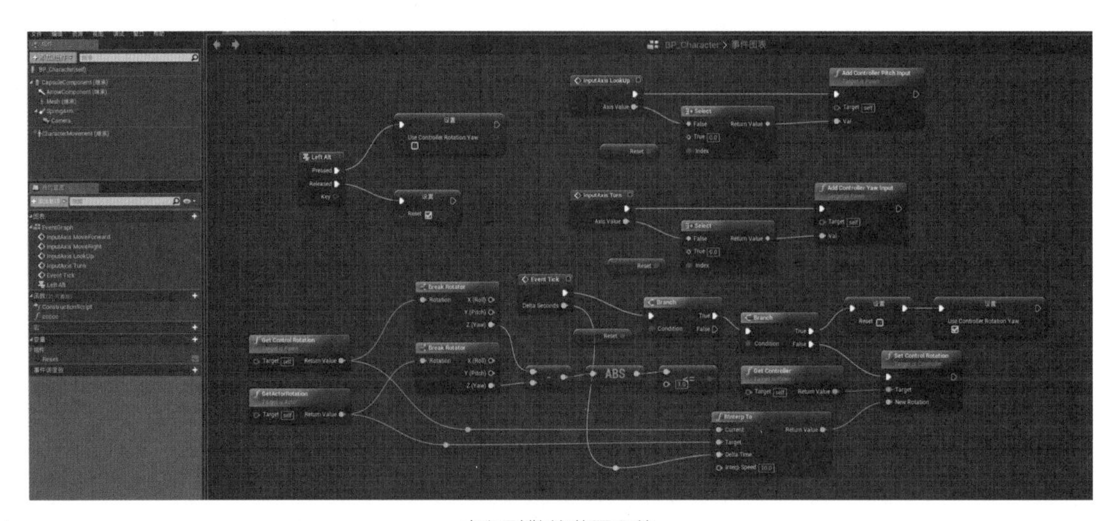

虚幻引擎的蓝图系统

最后，虚幻引擎有着强大的官方社区支持。不管是论坛、官方文档和教程、各种社区内容和项目，还是能够提供大量付费和免费资源的官方商店，都能够极大地帮助开发者解决各种各样的问题，从而节省时间和精力，提高项目质量。

当然，看上去如此强大的虚幻引擎也有缺点。首先，它对 2D 游戏的开发支持相比 Unity 来说更逊一筹。其次，想要学习代码开发的话，虚幻引擎所使用的 C++ 语言上手门槛也比较高，并不适合新手学习。

但不管如何，如果你想快速上手 3D 游戏制作，甚至想开发拥有顶级视觉效果的 3D 游戏，虚幻引擎绝对是不二之选。

上面两个游戏引擎都是目前市面上主流的商业引擎。它们的好处：一是二者都拥有大量的教学资源，以及成熟、灵活的开发环境，能够帮助你快速开发；二是学习的这些引擎知识能够被运用到入职后的项目开发中。但话又说回来，对于一些游戏开发经验几乎为零的人来说，它们仍然有一定的上手门槛。那么，如果说 Unity 和虚幻引擎的上手难度是高中水平，那么接下来我介绍的几款游戏引擎可以说只有初中水平甚至小学水平了。

3. RPG Maker

RPG Maker 是一款用于制作 2D 角色扮演游戏的软件。它允许用户使用图形化界面和预定义的资产来制作游戏。它提供了一系列的工具和功能，如地图编辑器、事件编辑器、角色设计器等，使制作游戏变得容易和有趣。而且它支持自定义脚本语言，使用户可以创造出更多复杂的游戏元素。此外，RPG Maker 还提供了许多可以使用的预制资产，如人物、地图、音乐等，可以让用户快速制作游戏。

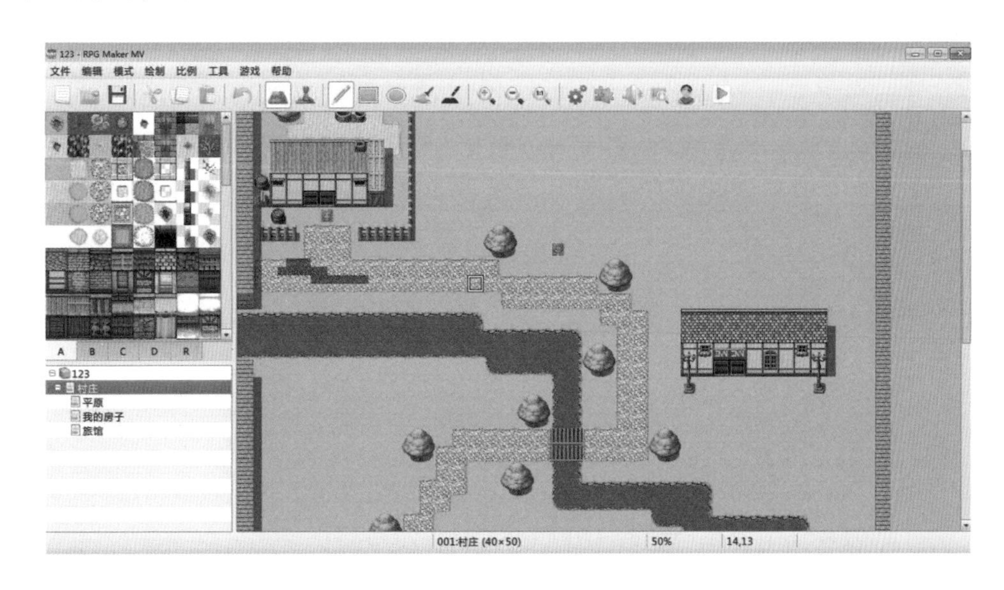

总体而言，RPG Maker 是一款非常强大且易于使用的游戏制作软件，有很多知名的RPG 独立游戏就是用它开发出来的，如让无数玩家动容的《去月球》。它具有类型专精和易上手的特点，非常适合制作角色扮演游戏的初学者和专业人员。

4. Pixel Game Maker MV

和 RPG Maker 一样，Pixel Game Maker MV 也是一款专为轻松制作游戏而设计的 2D 游戏开发工具。它也提供了简单的绘图工具并支持简单的脚本语言，使用户不需要编程知识就能制作游戏。但和 RPG Maker 专精于制作 RPG 不同，Pixel Game Maker MV 可用于制作各种类型的 2D 游戏，包括平台跳跃游戏、角色扮演游戏等。它提供了丰富的资源库，可以帮助用户更轻松地制作游戏。此外，该工具的界面友好且直观，即使你是初学者，也可以立刻开始制作游戏。

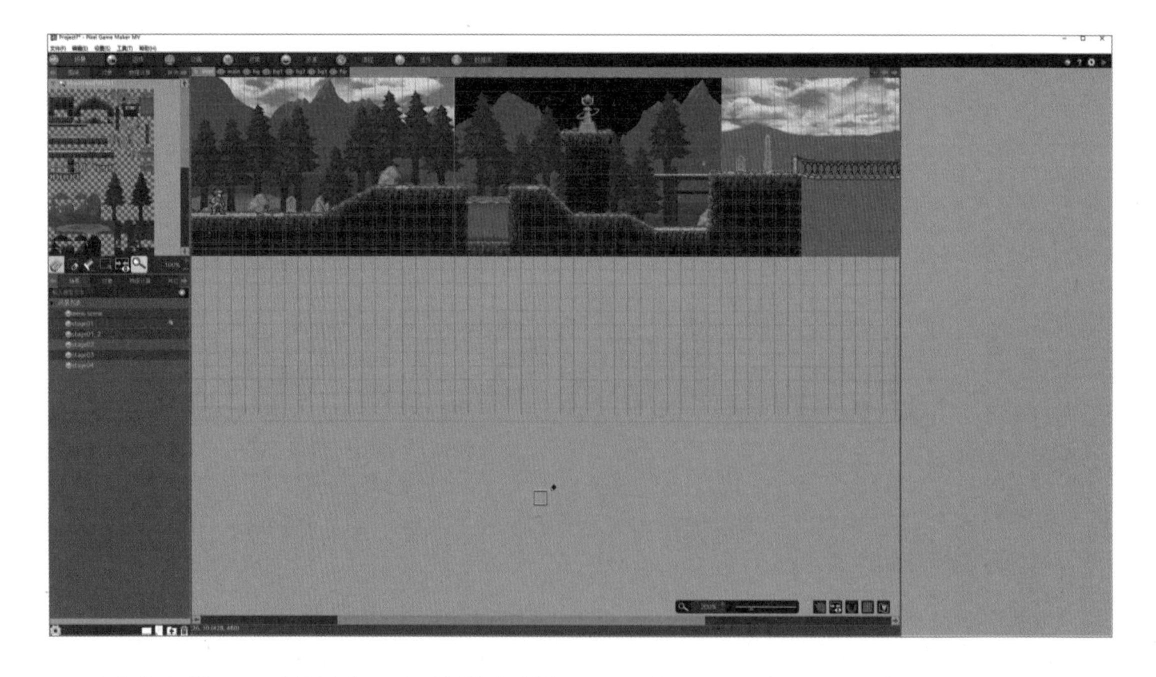

除此之外，还有很多轻量级的游戏引擎，这里就不一一介绍了。对于初学者来说，其也可以先用这些小型引擎快速实现自己的玩法创意，制作游戏 Demo。但由于它们的灵活度和可扩展性比较有限，因此还是建议大家在后面去学习商业引擎。这样不管是提升自己的开发能力，还是积累开发经验，都更合适。

13.2.2　学习方法

现在，假设你已经选择好了心仪的游戏引擎，那么这时你是否知道如何开始学习呢？我想，可能大部分人都不知从何下手，或者盲目地去找东找西。接下来，我介绍一套比较有效的学习方案，帮助你省去大量无意义的劳动，不花一分钱，快速熟悉游戏引擎、制作游戏原型。

1．跟随教学视频制作第一个项目

你需要去搜索相关的教学资源：用你想要学习的引擎名称加上“教学”作为关键字，在一些长视频平台（如 B 站），去搜索相关教程——以下是我搜索“虚幻教学”后给出的大量视频链接；从中选择你感兴趣的，或者播放量、收藏量大的，按照它的教学步骤，一步步去学习。

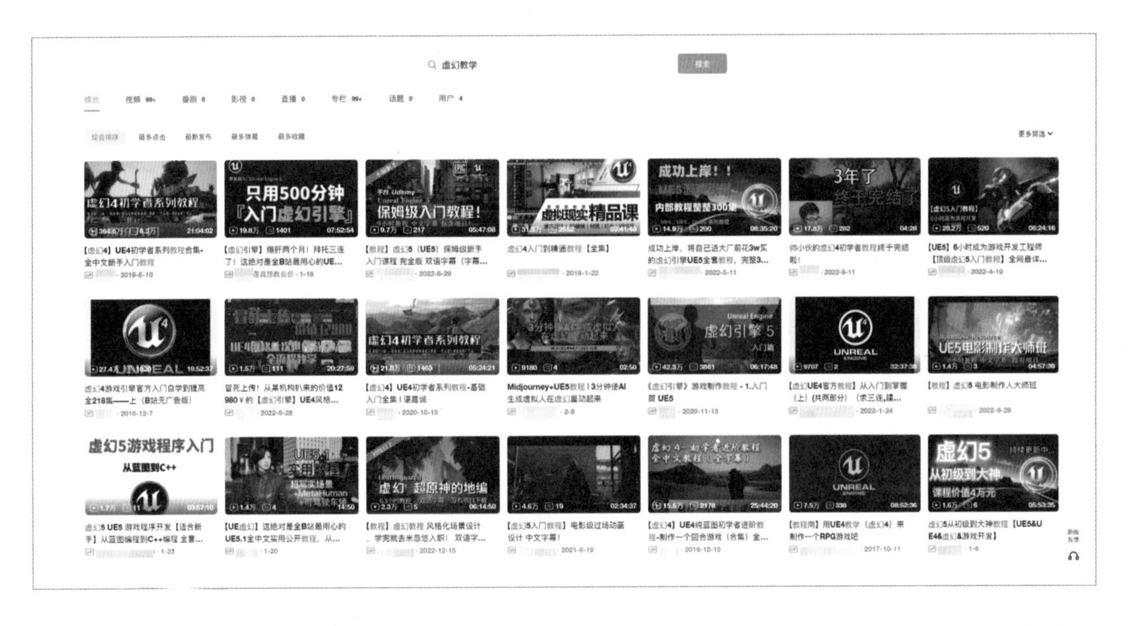

一般来说，这些视频都会带领你从下载和安装引擎开始，直到完成一个有一定完成度的游戏项目结束。这时你不需要特别仔细地去琢磨每一步的含义，只要记住它们有什么作用、在引擎中的哪个模块、在这个视频系列的什么地方可以找到。因为这一步最重要的目的就是去大概了解引擎的各个模块，以及一些核心功能的基本使用方法。在完成一个项目后，你需要回顾整个学习过程，总结出所学到的引擎的各个模块和核心功能的使用方法，以及常见的游戏开发流程。这时有可能你仍然对这个游戏引擎感到一知半解，但这是很正常的。因为这只是学习的开始。

2. 尝试复刻一个玩法

你需要选择一个你想复刻的游戏玩法，或者与所学项目接近的游戏玩法来进行原型制作：可以选择比较简单的玩法，如跳跃、射击等；也可以选择比较复杂的玩法，如 RPG 中的战斗系统等。对于新手来说，我更倾向于建议你选择简单的玩法——当你熟练掌握了制作游戏原型的方法后再去选择复杂的会事半功倍。

在选择游戏玩法后，你需要对其进行分析：大致了解游戏玩法的具体实现方式，需要用到哪些游戏引擎功能和模块，这些模块的具体功能和作用等。你可以通过查看视频教程、拆分功能模块和其他学习资源等方式来分析游戏玩法。

接下来，你就可以开始新建项目了。我相信，虽然已经经过了教学项目的锤炼，但这时的你有可能连这一步怎么做都不记得了。没关系，回到视频教程，根据你的记忆找到能解决问题的部分，然后一点一点去搭建玩法原型。如果视频中没有，那么这时你可以去搜索引擎中查询、查阅官方文档，或者加入开发者社区。由于有了教学项目的基础，因此你会更加明确各种问题的关键点及所属模块，这样有针对性地去学习、验证有助于快速提高个人能力。至于原型中所需的各种资源，要尽量使用 AI 绘画、官方商店和引擎自带的替代资源或简单的模型。不要追求华丽炫酷的效果，应以完成玩法原型为最主要目的。

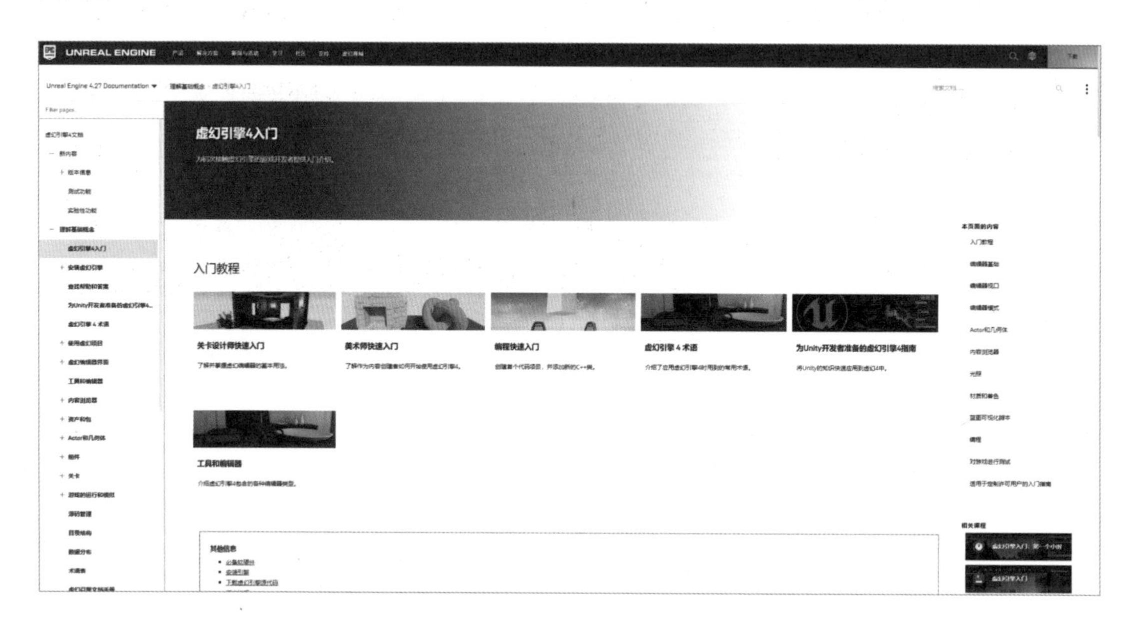

3. 制作完整玩法原型

你复刻出了一个玩法，估计它或者是一些简单的机制（如移动和射击），或者是一段基础的玩法体验（如一些只会跟随你的可以被击杀的 AI 敌人）。这时，你便可以提升难度：既可以开始制作一个全新的自己想要实现的玩法，也可以继续完善当前的 Demo，如制作对应的关卡、优化玩法体验。相比来说，前者会更有挑战性，后者则更加务实。

这时，你就需要在前面学习的基础上，进一步完善玩法原型。你可以从以下几个角度去考虑。

1）游戏性优化

游戏性我们之前有提过，优化游戏性是优化玩法原型的核心内容。在优化游戏性时，你可以从设计关卡体验节奏、难度曲线、玩家操作、AI 设计、数值体验等角度进行思考，争取在现有玩法的基础上优化体验，提高可玩性。

2）画面优化

虽然我们明确指出，玩法原型尽量使用替代资源来进行制作，但是，对于要拿给面试官看的作品来说，我们至少要保证整个画面表现的统一和完整。比如，如果场景使用白模，那么角色和场景要尽量保持统一，不要一个是高清建模，一个是白花花的方块。一致的画风、统一的氛围，比场景的精致和华丽更为重要。

另外，对于场景、道具、特效、动画和 UI，要找准发力的重心。比如，以战斗为主的玩法，那么主角动作、攻击特效、敌人动作表现等就是需要发力的部分。在这些方面根据游戏风格选择合适的资源，以提高游戏的画面表现，这样才能使你的游戏原型在资源有限的情况下让人眼前一亮。

3）完成度优化

对于一个玩法原型来说，一个完整的体验流程要比一个完美的半成品重要得多。因此在制作之时，你对游戏玩法的完成度就要有比较清晰的认知和较高的要求。

首先，需要建立合理的目标，比如 10 分钟的游戏流程、3 种敌人数量、1 个 BOSS、主角有 3 个技能等；并根据这个目标制订计划，包括制作的内容、完成的时间、需要用到的资源等。有了清晰的目标和计划后，你就可以更有针对性地进行工作，避免浪费时间和资源。

其次，在制作时，要不断地进行测试和优化，以提高其完成度和可玩性。测试包括内部测试和外部测试两种。内部测试就是自己测试，外部测试则是让其他玩家（如朋友和家人）进行测试并提出意见和建议。他们可能会提出一些目前不太现实的建议，如希望动作更流畅、画面更好看等。这时，你作为玩法的制作者，要从游戏性的角度去权衡建议的有效性，有选择地修改。最终通过测试和优化，你可以发现和解决游戏玩法原型中的问题，提高其流畅度和可玩性。

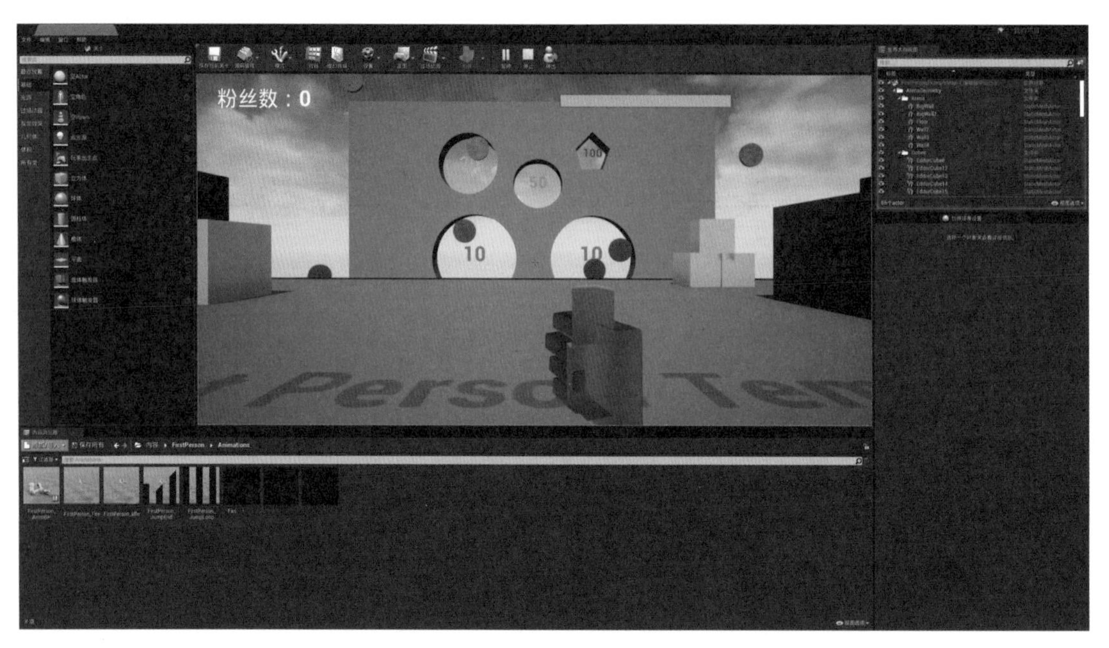

制作玩法原型

对于新手来说，完成一个具有可玩性的游戏玩法原型是一个不小的挑战，但你只要通过列出的这些方法，坚持不懈地学习和探索，就一定可以完成挑战，从而制作出让自己满意的游戏玩法原型，使自己的求职之路和游戏开发学习更加顺利。

13.3　如何产生创意

终于要开始做自己的游戏原型了！但是，什么样的玩法才既好玩又有创意呢？我猜这一定是大部分人在动手开发之前最为苦恼的——不想只是复刻别人的玩法，但又没有什么创新的思路。其实，游戏创意的产生并没有想象中那么复杂。这一节就介绍几种构建创意的方法，给大家提供一些参考。

13.3.1　机制组合

2023 年年初，游戏 *Hi-Fi RUSH* 未经宣传就突然在各大平台上线发售，瞬间在游戏圈投下了一颗炸弹。其融合了节奏和动作的创新玩法、流畅爽快的战斗体验，以及酷炫亮丽的卡通渲染画风，顿时引起了不小的轰动，也获得了极佳的口碑。

该游戏开发者将节奏游戏和动作游戏融为一体，为玩家带来了独树一帜的爽快体验。那么，像 *Hi-Fi RUSH* 这样将不同的机制融合，从而产生全新的玩法创意，便是一种比较常见也比较实用的创意构建方法。我们可以将想要制作或能想到的玩法机制和玩法类型全都罗列出来，两两连线，以此去激发灵感。

节奏　体育　FPS　RTS　MOBA　大逃杀　舞蹈　生存　动作　跑酷　自走棋

机制组合产生创意的方法最难的其实并不是如何构思，而是如何找到机制组合的“点”，并且使其落地。组合得好，那就像 *Hi-Fi RUSH* 一样被人追捧；组合得不好，那就成了大部分玩家口中的“缝合怪”。关于如何找到这个“点”，我们可以试着从总结要组合的两个机制的关键体验出发：组合的最终目的是让玩家同时感受到要组合的两个机制的核心体验，而不是生搬硬套地将两个游戏中的现成机制强行凑到一块。例如，如果我想把“生存”和“跑酷”融合在一起，就可以试着总结出它们的核心体验。

生存：活下去、压力、逃离、躲避。

跑酷：速度、爽快、躲避障碍、到达终点。

我们从中选取一些相近的关键词，如“逃离”和“速度”，从这个点出发去构思玩法框架。那么，一个“在被源源不断的丧尸追逐的过程中，通过不断跨越障碍、获得生存物资、在限定时间到达安全区域的跑酷游戏”的玩法创意就出现了。

当然，融合机制的数量也并不限定于两个，但是对于制作玩法原型的初学者，不建议一开始就融合三五个机制，因为那样既不好控制，也很难突出它们各自的特点。

13.3.2 维度限制

有时候，我们经常会陷入一些固有的思维模式中。例如，操作的角色就是默认可以走、跑、跳的；制作的角色就是默认会攻击、会战斗的。但是，如果我们跳出这个固有思维，给某些机制的某个维度做一些限制，可能会有不一样的结果。

举一个例子，假如角色不会跳，那么他应该怎样上高台和跨越障碍呢？是否可以给他脚底装个弹簧？或者他可以像路飞那样手臂伸长？又或者他需要靠各种跳板？假如角色不能战斗，那么他应该如何击败敌人？是跳到敌人头顶将敌人踩扁，说个冷笑话将敌人冻死？还是干脆说服敌人成为朋友……

我们会发现，当给这些机制增加了一些限定条件时，思路反而被打开了。因为这时我们需要用不常用的手段去解决常规的问题，这会促使我们运用发散思维，激发创造灵感。例如，著名的“受苦”游戏《和班尼特福迪一起攻克难关》就是用类似的思路创造出来的。

《和班尼特福迪一起攻克难关》

13.3.3　思维逆转

如果我问你，图上画的是什么？你可能会说：这是一个高脚杯吧？但如果你把这个图形的内外逆转一下再看，就会发现其实这个杯子是由两个人的侧脸组成的。

其实，如果我们把思维逆转过来，反向思考游戏机制和游戏体验，就会得出一些令人惊讶的创意。

例如，从游戏体验层面，我们总是扮演英雄去战胜敌人、拯救公主。反过来，如果我们是敌人，而我们的目标是阻止英雄呢？假如我们是公主，我们的目标是自己从密室中逃脱呢？或者我们是敌人，勇士是被公主骗走的，我们需要去拯救勇士呢？这样听上去是不是挺有意思？

我们再从机制层面反过来思考，常见的是攻击敌人才能造成伤害，那么，假如是靠敌人攻击（如太极八卦）才能对敌人造成伤害呢？我们扮演的医生，攻击敌人不是造成伤害，而是给敌人加血呢？我们还可以脑洞再大一点：平常游戏主角都是在地面上跳来跳去的，那么，假如玩家操作的是地面，用地面来控制玩家的行为呢？

这些创意都是通过思维逆转创造出来的。实际上，很多游戏便是用这种方法来设计的，如通过创造敌人来阻止勇者的策略游戏《勇者别嚣张》系列。

《勇者别嚣张 2》

13.3.4 从生活中获取灵感

我们总是在思考，如何创造出更酷炫、更惊世骇俗的游戏。我们当把目光放在创造一个新世界上时，却经常忽略其实很多的灵感就来源于我们的生活。观察日常生活，发现生活中的现象，将其转化为游戏机制和玩法，这也是一种非常有效的创新思考模式。

那么，我们该如何从生活中获取灵感呢？我们可以从以下几个方面去思考。

1. 观察周围人的行为和社会现象

人们的行为和社会现象是游戏创意的重要灵感来源之一。我们通过观察周围人的行为和社会现象，可以发现很多有趣的点子，将其应用到游戏中可以增加游戏的趣味性和吸引力。例如，大家熟知的《模拟人生》系列便是基于现实中人们的行为所创造出的虚拟生活模拟游戏系列。玩家可以扮演一个虚拟人物，在游戏中建立自己的家庭、工作环境等，体验虚拟世界的生活。游戏中的玩法设计灵感来源于现实中人们的行为和社会现象，如生活中的婚姻、家庭、工作、社交等。

《模拟人生 4》

2. 观察周围的自然环境

除了人，自然环境也是游戏创意的灵感源泉之一：通过观察自然环境可以发现不少有趣的点子，将其应用到游戏中，以此增加游戏的真实感和趣味性。

《塞尔达传说：旷野之息》就是一个典型的游戏创意借鉴自然环境的例子。游戏中充满了各种自然环境元素，这些元素不仅使游戏变得更加真实，也为游戏提供了丰富的游戏玩法和冒险体验。

例如，游戏中的天气系统是根据现实世界的气候情况进行模拟的。玩家需要注意当前的天气情况，如果是下雨天，山岩就会湿滑，很难攀登；如果还打着雷，就不能携带金属的武器，否则会被雷劈。这些机制使游戏中的天气更加真实，也让玩家需要考虑更多的战略性和策略性。

雷雨天一定要注意安全

3. 观察历史文化

人类社会发展至今，留下的各种历史文化都是我们的宝藏，也是游戏创意的灵感来源。我们通过观察周围的历史文化也可以发现一些有意思的创意。

比如经典的回合制策略游戏《文明 6》，它的玩法与现实中的历史演变、文化发展有很大的联系。玩家可以选择不同的文明，从石器时代迈向信息时代，并成为世界的领导者。在尝试建立起世界上赫赫有名的伟大文明的过程中，玩家将启动战争、实行外交、促进文化，同时正面对抗历史上的众多领袖人物。游戏中文明发展玩法的设计灵感便来源于现实中的历史文化发展进程，而可选的各位文明领袖也是历史上赫赫有名的各方豪杰，如中国的秦始皇、马其顿王国的亚历山大等。

《文明 6》

以上便是观察身边生活的一些方法和例子。在观察时，我们需要多关注周围的人、事、物，同时需要注意细节和变化，重点是思考如何通过游戏机制去还原自己想要的文化和历史体验。

13.3.5　头脑风暴

“关于这个点子，我们今天来场头脑风暴吧。”在很多场合，当我们对某个想法没什么头绪的时候，我们经常会用头脑风暴来激发灵感，发现游戏创意当然也可以使用这种方法。头脑风暴是一种集体创意技术，它旨在鼓励参与者自由地提出想法和解决问题。我们采用头脑风暴的目的是收集尽可能多的想法，并为问题或挑战提供尽可能多的解决方案。参与者可以通过提出自己的想法、与他人互动、改进和扩展他人的想法等方式来参与头脑风暴。

头脑风暴通常需要一个主题、一个主持人、一个时间限制和一些规则。参与者在规定的时间内提出自己的想法，主持人在白板或纸上记录这些想法，而规则旨在鼓励参与者提出独特和多样化的想法。头脑风暴可以在许多场合基于不同的目的使用，包括创新、解决问题、策划和改进等。

那么，我们该如何利用头脑风暴来提出游戏创意呢？

- 定义主题：确定头脑风暴的主题。例如，以时间为主题设计一个解谜游戏。

- 确定规则：确定头脑风暴的规则。例如，每个人有几分钟时间提出想法，每个人可以提出多少个想法等。
- 开始头脑风暴：让所有参与者自由地提出想法。这些想法可以是基于主题的，也可以是关于游戏设定、故事、角色、玩法、关卡等方面的。
- 组织想法：主持人在白板或纸上记录所有的想法，并将它们划分为不同的类别。例如，可以将所有关于游戏故事的想法放在一起，可以将所有关于游戏设定的想法放在一起。
- 评估想法：现在参与者可以开始评估和讨论他们认为比较好的想法：让他们分享自己喜欢的想法，并看看是否有其他人也喜欢这些想法，然后讨论每个想法的可实现性。
- 筛选想法：从所有想法中选择比较好的几个。注意：在选择时要考虑游戏的类型、受众、故事、玩法等因素，并确保所选的想法是可实现的。

以上便是用头脑风暴来提出游戏创意的步骤。记住，这是一个有趣且具有创造性的过程。头脑风暴可以激发我们的想象力，提高与他人合作的效率，最终利用集体的智慧想出创意。

13.3.6 建立灵感宝库

我有这样一个习惯：当我突然想到一个好的点子，或者看到一些有启发的话语，就会马上将它记录在我的一个小本子上。我管这个小本子叫作“灵感宝库”。它可以帮助我记录和保留灵感，并激发进一步的想法。

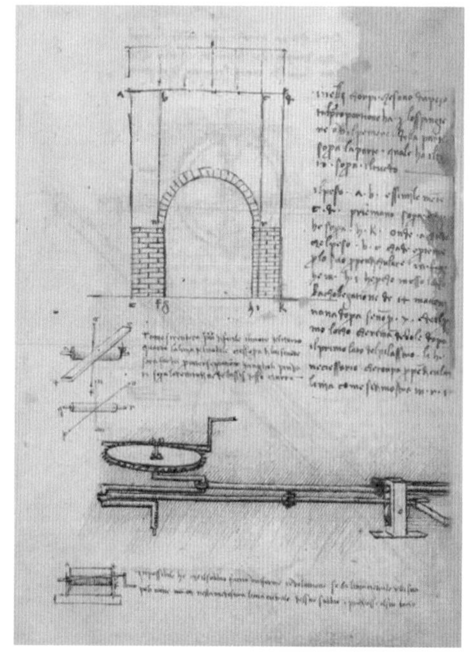

达・芬奇的笔记

我建立灵感宝库的习惯其实也是学习了大师的做法。比如著名的画家、科学家达・芬奇，他从小就有通过使用笔记本和草图来记录和整理自己想法的习惯。达・芬奇的笔记本中包括了他对艺术、科学和工程的思考和研究，以及他的日常观察等。其中的很多草图，内容涵盖了人体解剖、机械结构和飞行等领域。这些草图不仅记录了达・芬奇的思考过程，而且显示出了他的才华和天赋。总之，通过使用笔记本和草图来建立灵感宝库的方法使他在艺术、科学和工程领域取得了许多伟大的成就。

因此，我也学习使用这种方法建立了自己的灵感宝库。当我需要进行游戏创意思考，或者在开发过程中遇到瓶颈时，我就会翻一翻这个本子，从中找寻一些灵感。它也的确在很多时候给我提供了帮助。

可见，建立自己的灵感宝库，不仅可以帮助我们记录在日常工作、生活中的灵感，而且能通过量变带来质变，拓宽思维广度，激发出新的创意。

我们使用以上这些产生创意的方法可能有助于我们想到绝妙的点子，但无法帮助我们制作出让人叹服的游戏。因为对于游戏来说，创意并不值钱，只有那些能够实际落地并且体验良好的创意才有价值。也许我们苦思冥想出的几个绝佳创意早就被别人做出来了，只是好玩或不好玩罢了。有了创意，最初或许我们只能创造出一个简陋且枯燥的游戏，只有经过无数次的打磨、迭代，才能最终成为让人觉得好玩的佳作。例如，创造出了“魂系”这个游戏品类的From Software，历经了约20年的积累，经过《国王密令》、《恶魔之魂》、《黑暗之魂》系列、《血源诅咒》、《只狼》等游戏作品的不断沉淀、改进，才开发出了狂卖2000万套的《艾尔登法环》，从而让这个创新的小众游戏类型走入了大众的视野。所以，不要执迷于“我一定要想出让所有人都眼前一亮的绝妙创意”，而要脚踏实地地研究游戏设计、打磨体验、优化细节。这样，就算是平平无奇的玩法，也能绽放出夺目的光彩。而且，只有通过大量基础的学习和实践，当创意来临时，我们才能更理性地去权衡这个创意的可行性，并将其落地。

13.4　应注意的要点

想要制作一个具有一定完成度和可玩性的游戏原型可不是一件容易的事情。在这个过程中，你会遇到无数的问题和障碍，但其中的一些问题，其实在开发初期就完全可以避免。接下来，我将整理一些在制作玩法原型过程中需要注意的要点，以帮助大家避开这些大坑，少走一些弯路。顺便一提，这里的一些建议对于想要制作独立游戏的开发者来说同样适用。

13.4.1　脚踏实地

“我想做一个结合生存、建造、养成、多人社交的 Rougelike 游戏（随机生成冒险游戏）！这就是我心目中最想做的游戏！”我经常会收到类似这样的私信，语气中满是自信。但我总会给他们泼上一盆凉水：“你觉得你做这么一款游戏需要多久？需要多少资金？”他们往往会被问住。实际上，像他们这样只有一腔热血，但对游戏开发一无所知或只懂皮毛的大有人在。年轻人有梦想是好事。我当年也曾有如此的想法，心中都是各种 3A 大作，对那些小游戏嗤之以鼻，直到我真正开发游戏后才知道，就算是一个简单的跳跃，想要做好也要花不少心思。比如获得 2018 年 TGA 最佳独立游戏的《蔚蓝》，它的跳跃就极其流畅丝滑。而想要达到这样的效果，就必须利用一些小技巧，如允许玩家离地不久时仍能起跳、跳跃时遇到障碍物后会被自动挤开等。而对于这些技巧，如果开发者没有丰富的游戏开发经验，或者长期的研究及试错，是无法实现的。

《蔚蓝》中流畅丝滑的跳跃

因此，对于新手来说，能把一个核心玩法打磨好，做一套基础的游戏系统，再制作一个几分钟的关卡，这些就足够折腾许久了。对于一些没有什么经验的独立游戏开发者来说更是如此，不要一上来就想整个大活儿，而要从小的项目做起，如跳跃游戏或解谜游戏，以此来熟悉游戏制作的流程和各种技术。一步一个脚印，一个项目一个项目地锻炼自己，这样才能更好地提升自己的开发实力，制作出让玩家喜爱的游戏作品。

13.4.2 完成比完美更重要

在视频网站上，我们经常能看到一些华丽的独立游戏 Demo。它们精致、酷炫的效果往往能吸引不少的观众，会有很多观众持续关注它们的进度，希望能早日玩到成品。但是，其中的大部分 Demo，要么拖五六年，迟迟无法发售；要么干脆“胎死腹中”，杳无音信。这些不成功的项目之所以会落得这般下场，最大的问题就是开发者没有太多开发和管理方面的经验，把很多精力放在了画面和效果上，导致没有足够的时间去打磨玩法和机制；或者是迟迟无法确定核心玩法和给出可玩性验证。最终资金和人心被消耗殆尽，开发者只能苦苦支撑或干脆放弃。

国产游戏《幻》

实际上，很多新手在初期都会犯同样的错误，那就是沉迷于抠每一个细节，力求表现完美。这个动作不满意？调！那个特效颜色不对？调！实际上，这时核心玩法甚至还没有雏形，游戏怎么玩也还无从知晓，就已经把场景调得五光十色，把角色打扮得光鲜亮丽。等到调整玩法时，他会发现之前的努力全都是无用功，还得再改一遍。这不管是对开发进度，还是对开发自信心来说，都是毁灭性的打击。

因此，对于新手来说，先将一个玩法原型用“简陋”的方法开发出来，将其游戏性打磨好，再去优化细节表现，这样才更有效率。对于独立游戏开发者来说，先将一个小项目做完，再想办法去把它做好，或者直接根据自己的经验教训去开发下一个项目，这样才能更好地提升自己的能力。并且，不要沉迷于进行无休无止的优化，该结束就立马结束，该放弃就果断放弃。这个世界上没有完美的游戏，只有更好的游戏。而更好的游戏，永远都是你的下一款游戏。在此，我就将《游戏设计艺术（第 3 版）》中的一句话送给各位游戏开发者：

“你做的前十个游戏都是垃圾，所以赶紧做掉吧！”

13.4.3　善用纸面原型

想好了游戏玩法，却迟迟不敢下手。害怕自己做了半天却都是无用功，只能推翻重来。这时，你不妨试着先搭建一个纸面原型。

纸面原型指的是在程序开发之前，使用纸和笔等手工工具来制作的游戏原型。它用于探索游戏的基本概念和玩法机制，以及验证游戏玩法是否有足够的吸引力和可玩性。制作纸面原型，对于新手或独立开发团队来说有以下几点好处。

- 验证游戏概念：通过手绘或文字描述，开发者可以在最初的阶段快速验证游戏的核心概念、玩法和机制等是否可行和是否有吸引力，从而减少开发过程中的风险。
- 快速迭代：游戏纸面原型具有快速迭代的优势。基于此，开发者可以快速进行多个游戏版本的设计和调整，从而尽快找到最佳游戏原型。
- 降低成本：与电子原型相比，纸面原型成本更低，可以在开发初期帮助开发者迅速锁定核心玩法，减少不必要的开发时间和成本。
- 沟通交流：对于独立开发团队来说，游戏纸面原型可以帮助开发团队更好地沟通交流，帮助理解和传达游戏的概念和设计思路，同时可以让投资者和游戏发行商更好地了解游戏的基本情况，以便做出明智的决策。

由此可见，在开发初期制作纸面原型可以有效提升开发效率。那么，该如何制作纸面原型去实现自己的玩法创意呢？

这里就以一款 RPG 的游戏纸面原型来说。首先，根据游戏概念和核心机制画出游戏的主要界面、场景，用纸牌或简单的玩具模型去模拟角色、道具、敌人，用标有各种图案和数字的卡牌代表这些角色的属性，用便签做注释，用骰子去模拟随机事件等。然后，根据设想的游戏操作流程，亲手操控这些角色（手中拿着一个玩具模型），假想角色使用了哪些技能（使用不同类型的卡牌），造成了多少伤害（用带有数值的卡牌放置在敌人的模型旁）等。如果是一些偏动作类型的游戏，就可以用乐高或其他积木玩具搭建预想的关卡，控制角色在这些关卡中“游玩”。

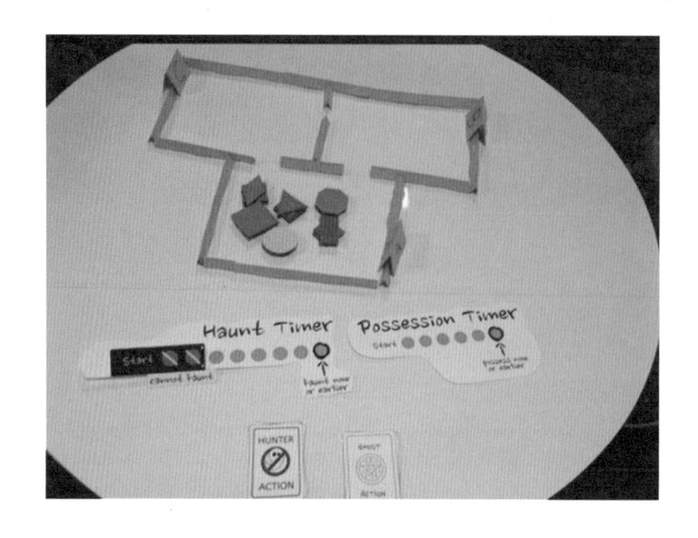

制作纸面原型有点像在玩一场熟悉的桌游，也有点像小时候玩玩具。但是，这种看似很简单的方法，却可以快速地验证基础玩法设计和系统设计，以及检验创意是否可行。不管怎么说，重新画一张图、摆几个玩具总比重新在引擎中制作一个工程容易多了。因此，大家在开始制作自己的玩法原型甚至是独立游戏的时候，可以多尝试使用这种纸面原型，以此来提升开发效率、减少开发风险。

13.4.4 要学会变“懒”

游戏开发是一个烦琐而又充满挑战的过程，开发者需要花费大量的时间和精力去打磨游戏体验，对于新手来说更是如此。然而，在这个过程中，一些开发者却能够做到事半功倍，他们的秘诀就是让自己变“懒”。这种“懒”不是让你什么也不做，而是指利用各种工具和资源来提高开发效率，从而获得更好的开发体验、减少开发风险。

那么，如何变“懒”呢？可以试试以下几种方法。

1. 充分利用替代资源

对于游戏原型制作来说，如何获得资源是让人很头疼的。对此，我们要想办法去寻找各种替代资源来提高开发效率。比如，我们可以去各种引擎商城中寻找替代资源。以虚幻商城为例，它是一个强大的资源库，里面有大量的高质量资源可以用于游戏开发，每个月都有免费的资源可以一键入库，长期积累可以为开发者提供大量的高质量资源储备。例如，可以使用商城中的模型、材质、特效等来快速搭建场景，从而缩短开发周期。同时，商城中也有很多工具可以帮助开发者快速开发游戏，如 UI 框架、AI 系统等。

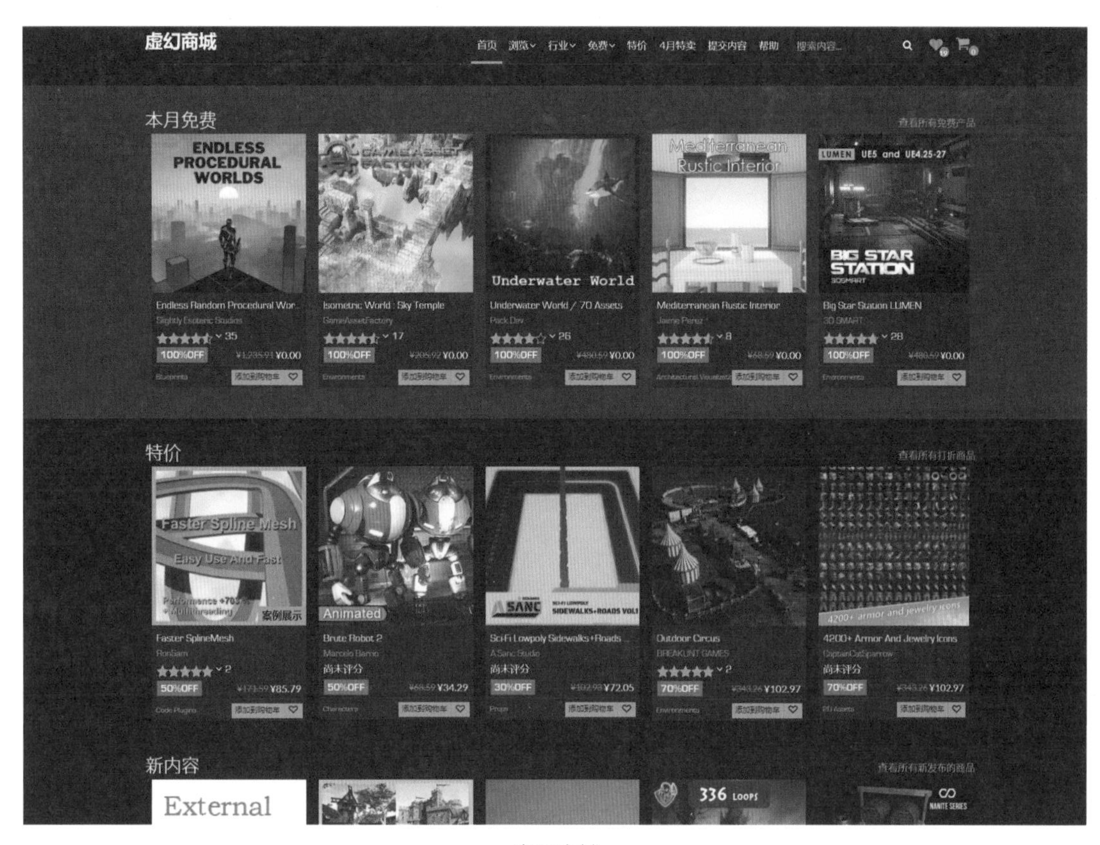

虚幻商城

2. 关注开发者社区

开发者社区是一个非常重要的资源，里面有大量的资料和工具可以帮助开发者提高效率。开发者可以通过社区了解最新的技术动态，获取各种插件、模板和教程，还可以在社区发帖求助，以获得更多的帮助和支持，从而加速开发。

3. 合理使用AI技术

随着 AI 技术的不断发展，越来越多的开发者开始尝试利用 AI 技术来提高游戏开发效率。例如，可以使用 Midjouney、Stable Difusion 等 AI 绘图工具来快速制作游戏素材，使用 ChatGPT 等语言处理工具去自动生成故事或对话文本、书写和修改代码，使用 AI 语音识别技术来自动生成对话语言等。随着 AI 技术的不断发展，后续像 AI 生成 3D 模型和场景、自动编写游戏功能等使用场景，都是有可能实现的。毫无疑问，合理使用 AI 技术可以极大地提升开发效率。然而，使用 AI 技术也需要注意版权问题，必须在合规的情况下使用。例如，在使用 AI 绘图工具时，需要确保所使用的素材和模板都是合法的，不能侵犯他人的知识产权。

强大的 AI 绘图

4. 及时查询官方文档和教程

在开发过程中，开发者可能会遇到各种问题和挑战，这时候查询官方文档和教程就显得尤为重要了。官方文档和教程通常包含了丰富的知识和经验，不仅可以帮助开发者解决各种问题，还可以帮助开发者更好地理解游戏引擎和工具的使用。同时，在查询官方文档和教程时，开发者还可以了解一些最佳实践和技巧，从而提高开发效率。

综上所述，合理使用这些工具和平台能够极大地提升开发效率，让开发者把更多的精力放在打磨玩法和体验上。这才是制作游戏原型最重要的目标。

学习了这一章，相信大家已经初步了解了游戏引擎及如何去制作游戏原型。但实际上，对于很多初学者来说，制作游戏原型过程中遇到的最大的困难其实并不是难用的引擎或恼人的 Bug，而是自己的懒惰和拖延。俗话说得好，种一棵树最好的时间是十年前，再就是现在。所以，不要去给自己找任何借口，现在就放下书本，打开计算机，马上开始制作第一个游戏原型吧！

后记

直到我写下最后一章的最后一个字的那一刻，我仍然无法相信我真的把这本书写完了。

在写作的这近一年的时间，我既被无形的压力包围着、被懒惰的本性耻笑着，又被学习总结带来的收获点醒着、被分享的愉悦和成就感鼓舞着。就这样，我战战兢兢，却又欣喜若狂地写下了这一字字、一行行，只希望自己能够不负当初立下的“豪言壮志”，不负这十年光阴馈赠给我的辛酸和喜悦。

在我的视频结尾，我总会说：“我是希望用游戏改变世界的阵雨。”细细想来，这句话好像从我决定要做游戏那一刻起，就好像一颗种子，深深地埋入了我的心田。回顾这十年游戏策划的经历，我好像并没有多么成功，也并没有取得什么傲人的成绩。但是，就是因为这颗种子，它一直都在慢慢地发育、成长，它的脉络和向上的力量始终提醒着我不要忘记当初进入游戏行业的初心。那就是制作出自己心仪的游戏，制作出广受好评的游戏，制作出能够改变世界的游戏。

但是，游戏的确不好做，尤其是在国内。很多人满怀憧憬地进入游戏行业，但后来要么只能去做自己不喜欢的游戏；要么转行，成为一个游戏圈的伤心人。但仍然有这么一群人，他们从基层做起，一点点积累开发经验，积攒人才资源，最终花费数年做出了自己心目中的好游戏。甚至还有一些人，他们破釜沉舟，毅然踏上了制作国内第一款 3A 游戏这条血路。我敬佩他们，并祝福他们。也许某一天，我也会踏上和他们一样的道路。但我目前仍然觉得，面对着无数前辈踏出的星辰大海，自己还只是一个在海边捡贝壳的孩子。如果我能把这些贝壳拿给其他准备闯荡这片大海的人看看，就算我自己无法实现做出好游戏的梦想，也许有一天，他们中的某些人，就算只有一个人，能够去看看海那边的美景，我也心满意足。

对于这本书的完成，我要感谢很多人。首先，我要感谢我的父母。我特别感谢他们在并不情愿的情况下还是愿意让我进入游戏行业，让我去做自己想做的事情。而我写这本书的目的之一也是希望能在出版之后拿一本给我老爸看看。“您看，您的孩子，在这一行也算是没白混，还能写本书。所以，您就别担心我了。”

然后，我要感谢我的老婆。不管我做什么，无论是做视频，还是写书，她都是最支持我的那个人。感谢她在我无助和低沉的时候给我安慰，也感谢她在我懒惰和拖延的时候对我进行督促。可以说，没有她，这本书不可能按时完成。“谢谢老婆，出版那天，我给你做你最喜欢吃的糖醋排骨，好不好？”

最后，我要感谢我曾经和现在正在共事的所有同事，以及我的各位好朋友和好兄弟，谢谢他们给予我的支持和帮助。没有大家，就没有现在的我。

最后的最后，我还要感谢一个人，那就是我自己。“谢谢你能够一直坚持下去，没有轻言放弃。希望再过 10 年、20 年，你仍然能坚持现在的梦想，做自己想做的事，成为自己想要成为的那个人。”

下面这些话送给正在阅读它的你。

很多人都想做游戏，但其中只有两成人会去真正开发游戏，其中也只有两成的人能坚持下去，最后他们之中可能只有不到一成的人能够成功。可以说，做游戏绝对不像玩游戏那么简单。但是，既然你已经看到了这里，我相信你是有着一颗做好游戏的心的。几年前，我曾经在一次 GDC 分享上看到了这样一句话，它是由已故的前任天堂总裁岩田聪先生所说的。我至今仍然将这句话作为我游戏策划生涯的座右铭。在本书的结尾，我也把这句话送给你，希望你能不忘初心，以一颗玩家之心去实现伟大的梦。

“在我的名片上，我是任天堂的社长。在我的脑海里，我是一名游戏开发者。而在我内心深处，我是一名玩家。”